施工现场专业管理人员实用手册系列

监理员实用手册

郭 嵩 主编

中国建筑工业出版社

图书在版编目（CIP）数据

监理员实用手册/郭嵩主编. —北京：中国建筑工业出版社，2017.3
（施工现场专业管理人员实用手册系列）
ISBN 978-7-112-20205-8

Ⅰ.①监… Ⅱ.①郭… Ⅲ.①建筑工程-施工监理-手册 Ⅳ.①TU712-62

中国版本图书馆 CIP 数据核字（2017）第 004403 号

本书是《施工现场专业管理人员实用手册系列》中的一本，供施工现场监理员学习使用。全书结合现场专业人员的岗位工作实际，详细介绍了监理员岗位职责、地基基础工程质量监理、主体结构工程质量监理、地下防水工程质量监理、建筑装饰装修工程质量监理 、建筑电气工程质量监理、工程建设安全监理及职业发展方向、工程建设监理的基础知识、工程建设监理质量控制、监理组织以及监理文件等。内容新颖、实用，可操作性强。本书可作为监理员的培训教材，也可供职业院校师生和相关专业技术人员参考使用。

责任编辑：王砾瑶　范业庶
责任设计：李志立
责任校对：李欣慰　刘梦然

施工现场专业管理人员实用手册系列
监理员实用手册
郭　嵩　主编
*
中国建筑工业出版社出版、发行（北京海淀三里河路 9 号）
各地新华书店、建筑书店经销
北京科地亚盟排版公司制版
北京圣夫亚美印刷有限公司印刷
*
开本：850×1168 毫米　1/32　印张：10⅝　字数：273 千字
2017 年 3 月第一版　　2017 年 3 月第一次印刷
定价：**29.00** 元
ISBN 978-7-112-20205-8
（29649）

版权所有　翻印必究
如有印装质量问题，可寄本社退换
（邮政编码 100037）

施工现场专业管理人员实用手册系列
编审委员会

主　　任：史文杰　陈旭伟

委　　员：王英达　余子华　王　平　朱　军　汪　炅

徐惠芬　梁耀哲　罗　维　胡　琦　王　羿

邓铭庭　王文睿

出版说明

建筑业是我国国民经济的重要支柱产业之一，在推动国民经济和社会全面发展方面发挥了重要作用。近年来，建筑业产业规模快速增长，建筑业科技进步和建造能力显著提升，建筑企业的竞争力不断增强，产业队伍不断发展壮大。因此，加大了施工现场管理人员的管理难度。

现场管理是工程建设的根本，施工现场管理关系到工程质量、效率和作业人员的施工安全等。正确高效专业的管理措施，能提高建设工程的质量；控制建设过程中材料的浪费；加快建设效率。为建筑企业带来可观的经济效益，促进建筑企业乃至整个建筑业的健康发展。

为满足施工现场专业管理人员学习及培训的需要，我们特组织工程建设领域一线工作人员编写本套丛书，将他们多年来对现场管理的经验进行总结和提炼。该套丛书对测量员、质量员、监理员等施工现场一线管理员的职责和所需要掌握的专业知识进行了研究和探讨。丛书秉着务实的风格，立足于工程建设过程中施工现场管理人员实际工作需要，明确各管理人员的职责和工作内容，侧重介绍专业技能、工作常见问题及解决方法、常用资料数据、常用工具、常用工作方法、资料管理表格等，将各管理人员的专业知识与现场实际工作相融合，理论与实践相结合，为现场从业人员提供工作指导。

本书编写委员会

主　　编：郭　嵩

编写人员：董宏波　罗　维　杨乾慧　董　静　应信群

前　言

建筑工程专业技术管理人员是工程建设的参与者，也是建筑工程施工现场的重要管理人员，而监理员在建筑工程施工过程中肩负着重要的责任与义务。监理员是建设工程施工阶段项目监理机构中的一个层次的监理工作人员，作为现场监理员，如何依据最新的标准在施工现场进行检查、巡检、旁站、检测、验收等质量控制工作，使得建设工程能按预期投资、预期进度完成，工程达到规范标准要求，是所有建筑监理工作最终目标。为提高从事监理行业人员的专业技术水平与管理能力，全面系统的掌握知识，我们根据建筑施工企业的特点，针对监理员岗位人员的实际工作需要，结合实际工作经验、有关法律、法规，以及规范、标准和规程编写了本手册。本手册以满足对我国建筑工程专业技术管理人员岗位培训的要求来编写，内容具有规范性、针对性和实用性等特点。

为使本丛书具有较强的实用性和通用性，以能力为重点，编写时力求做到内容准确、精炼、突出应用、强化实践，符合在岗施工管理人员的学习需求。

全书共分 12 章，内容包括监理员岗位职责及职业发展方向、工程建设监理的基础知识、工程建设监理质量控制、地基基础工程质量监理、主体结构工程质量监理、地下防水工程质量监理、建筑装饰装修工程质量监理、建筑电气工程质量监理、工程建设安全监理、工程建设监理的组织、工程建设监理文件、工程监理单位用表。本书按照当前最新法规、标准规范的有关要求编写，内容新颖、实用，可操作性强。

本书由浙江天成项目管理有限公司郭嵩担任主编，宁波市建设工程质量安全监督总站董宏波、杭州天恒投资建设管理有限公司罗维、杭州市萧山区市场监督管理局杨乾慧、浙江天成项目管理有限公司董静、浙江文华建设项目管理有限公司应信群参与编写。

本书在编写过程中参考了业内同行的著作，在此一并表示感谢。在编写过程中也难免存在不足，我们恳请使用本丛书的读者多提宝贵意见，以便我们今后进一步修订，使其不断完善。

目 录

第1章 监理员岗位职责及职业发展方向

1.1 监理员的地位及特征

1.1.1 监理员的地位

工程建设监理是指监理单位受项目法人的委托，依据国家批准的工程项目建设文件、有关工程建设的法律、法规和工程建设监理合同及其他工程建设合同，对工程项目实施的监督管理。

监理员是指经过监理业务培训，具有同类工程相关专业知识，从事具体监理工作的人员。监理员作为监理公司在工程项目上的管理者，行使工程建设监理合同赋予的权力，并履行合同所规定的义务，全面负责受委托的监理工作。对内向公司负责，对外向项目业主负责。因此，监理员的作用发挥的好与坏，不仅仅会影响到项目监理机构工作的有效性，甚至会影响到整个工程项目建设目标的实现。所以，监理员的地位是非常重要的，可以说是工程质量的直接把关人。

1.1.2 监理员的特征

监理员在履行监理合同义务和开展监理活动的过程中，要建立自己的组织，要确定自己的工作准则，要运用自己掌握的方法和手段，根据自己的判断，独立地开展工作。监理员既要认真、勤奋、竭诚地为委托方服务，协助业主实现预定目标，也要按照公正、独立、自主的原则开展监理工作。

监理员的这种独立性是建设监理制的要求，是监理员在工程项目建设中的第三方地位所决定的，是它所承担的工程建设监理的基本任务所决定的。

在工程项目建设中，监理员在工程建设过程中，一方面应当作为能够严格履行监理合同各项义务，能够竭诚地为客户服务的“服务方”，同时，应当成为“公正的第三方”。也就是在提供监理服务的过程中，监理员应当排除各种干扰，以客观、公正的态度对待委托方和被监理方，特别是当业主和被监理方发生利益冲突或矛盾时能够以事实为依据，以有关法律、法规和双方所签订的工程建设合同为准绳，站在第三方立场上公正地加以解决和处理，做到“公正地证明、决定或行使自己的处理权”。公正是监理行业的必然要求，它是社会公认的职业准则，也是监理员的基本职业道德准则。

监理员应认真学习和贯彻有关建设监理的政策、法规以及国家和省、市有关工程建设的法律、法规、政策、标准和规范，在工作中做到以理服人。熟悉所监理项目的合同条款、规范、设计图纸，在专业监理工程师领导下，有效开展现场监理工作，及时处理施工过程中出现的问题。

在工程建设中，监理员要利用自己的知识、技能和经验、信息以及必要的试验、检测手段，为建设单位提供管理和技术服务。监理员对施工方履约行为和结果须进行监督管理，其效果归属于委托人。建设工程监理员以协助建设单位实现其投资目的为己任，力求在计划的目标内建成工程。

1.2 监理员应具备的条件

（1）监理员应具备较高的与工程技术或建筑经济有关的理论知识和实际运用技能；

（2）大学专科及以上学历，建筑、土木、工民建类相关专业；

（3）监理员应经过监理业务培训，具有同类工程相关专业知识，精通工程监理、工程管理等相关专业知识，了解建筑法、合同法、招标投标法等相关法律法规，了解工程概（预）算相关知识；

（4）监理员应具有较高的判断决策能力，能及时决断，灵活应变；

（5）监理员应具有能处理各种矛盾、纠纷的能力，并具备良好的协调能力和控制能力；

（6）监理员应具有监督作业的能力；

（7）监理员应具有完成附带事务的能力；

（8）监理员应具有高尚的职业道德；

（9）监理员要具有审查工程计划的能力，技术上的判断能力；

（10）监理员应有科学的工作态度和严谨的工作作风，要实事求是、创造性地开展工作。

1.3 监理员应完成的主要工作任务

任何建设项目必须有明确的目标，有相应的约束条件。工程建设项目的目标系统主要包括三大目标，即投资、质量和进度。这三大目标是相互关联、相互制约的目标系统。建设工程监理的中心任务就是控制工程项目目标，也就是控制经过科学的规划所确定的工程项目的三大目标投资、质量和进度。这也是项目业主委托工程监理企业对工程项目进行监督管理的根本出发点。建设工程监理要达到的目的是“力求”实现项目目标。

建设工程监理中心任务的完成，主要是通过各阶段具体的监理人员工作任务的完成来实现的。监理人员工作任务的划分如图1-1、图1-2所示。

1.4 监理员的岗位职责、权利和义务

1.4.1 监理员的岗位职责

（1）在专业监理工程师的指导下，开展现场监理工作；

（2）检查并记录进场材料、设备、构配件的原始凭证、检测报告等质量证明文件，以及施工人员的使用情况；

（3）复核或从施工现场直接获取工程计量的有关数据并签署原始凭证；

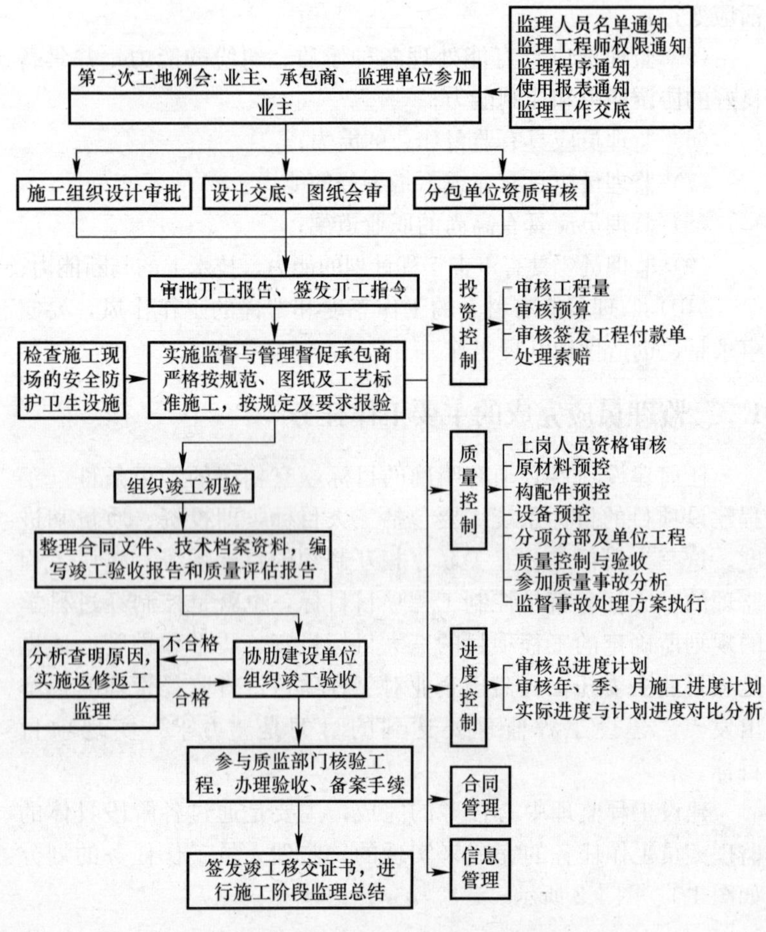

图 1-1　施工监理的主要工作程序

（4）按设计图及有关标准，对承包单位的工艺过程或施工工序进行检查和记录，对加工制作及工序施工质量检查结果进行记录；

（5）担任旁站监理工作，并做好记录；

（6）做好监理日记，文件记录做到重点详细，及时完整；

（7）收集并整理相关监理资料；

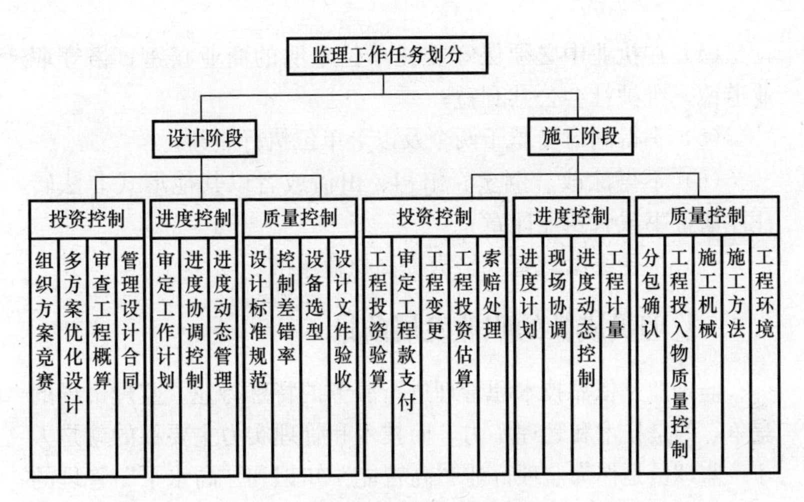

图 1-2 监理工作任务的划分

(8) 检查施工现场的安全状况，当发现重大施工质量和安全问题时，及时指出并向专业监理工程师报告，还应协同有关方面采取相应措施予以处理，并按有关规定及时报告建设单位和建设行政主管部门。

1.4.2 监理员的权利

(1) 有使用监理员的职称的资格；

(2) 在规定范围内依法从事执业活动；

(3) 依据本人能力从事相应的执业活动；

(4) 获得相应的劳动报酬；

(5) 法律、法规赋予的其他权利。

1.4.3 监理员的义务

(1) 遵守法律、法规，严格依照相关的技术标准在专业监理工程师指导下开展工作；

(2) 保证执业活动成果的质量，并承担相应责任；

(3) 监理员不得利用委托事务的借口，为自己谋取委托合同约定报酬以外的利益，监理员不得接受承包人的报酬经济利益，也不得参与与委托人利益相冲突的活动；

（4）在执业中必须保守委托单位申明的商业秘密，恪守职业道德，维护社会公共利益；

（5）不得同时受聘于两个及以上单位执行业务；

（6）不得涂改、倒卖、出租、出借或者以其他形式非法转让注册证书或者执业印章；

（7）接受继续教育，努力提高执业水准。

1.5 监理员成长的职业发展前景

监理业是依靠技术和管理进行服务的特殊行业。监理市场的竞争靠的是技术和管理实力，而技术和管理实力主要靠的就是人才。监理员是作为监理行业“高智能”知识和“高水平”管理的载体，是成为决定监理公司保持优势竞争地位的关键因素。监理企业能否吸引、留住并合理充分使用高素质人才，发挥全体员工的主观能动作用是监理业管理中不容忽视的核心问题。随着我国经济的不断发展，工程建设监理领域也不断得到丰富与完善，监理员地位日益提升，作用日益重要，所以监理员是必不可少的。

我国从 1988 年开始建设工程监理试点以来，建设工程监理在我国取得了较好的发展。但目前仍是发展初期，从服务的内容、范围和水平来看，都有待进一步发展，其发展趋势体现在以下几个方面。

1. 建设工程监理向规范化、法制化发展

虽然我国目前颁布的法律法规中有关工程监理的条款不少，尤其是《建设工程监理规范》实施，对施工阶段的监理行为进行了规范。但是，我国在法制建设方面还比较薄弱，突出体现在市场规则和市场机制方面。而且合同管理意识不强，无法可依，或有法不依的现象还屡屡发生。监理管理的水平还较低，监理行为也经常不规范，远不能适应发展的需要。因此，建设工程监理必须向规范化和法制化发展。

2. 由单纯的施工监理向全方位、全过程监理发展

建设工程监理是工程监理企业向建设单位提供项目管理服

务的，因此，在建设程序的各阶段都可接受建设单位的委托。然而，在实际中，主要是以施工阶段的监理为主，并且工作的重点是质量监督和工期控制，投资控制和合同管理等方面的工作虽然也在进行，但起到的作用有限。从建设单位的角度出发，决策阶段和设计阶段对项目的投资、质量具有决定性的影响，非常需要管理服务，不仅需要质量控制，还需要工期控制和投资控制、合同管理与组织协调等。所以，代表建设单位进行全方位、全过程的项目管理是建设工程监理的发展趋势。

3. 工程监理企业结构向多层次发展

工程监理行业的企业结构向综合性监理企业与专业性监理企业、中小型监理企业相结合的合理结构发展。按工作内容，逐渐建立起承担全过程、全方位监理任务的综合性监理企业与能承担某一专业监理任务的监理企业相结合的企业结构。按工作阶段，建立起能承担工程建设全过程监理的大型监理企业与能承担某一阶段工程监理任务的中型监理企业和只提供旁站监理劳务的小型监理企业相结合的企业结构。从而使各类监理企业都能有合理的生存和发展空间。

4. 监理的业务水平向高层次发展

虽然目前我国从业的监理人员均接受监理理论和法律法规知识，投资、质量、进度三大控制以及合同管理方面的学习并通过地方的考试才允许执业的。但是，相当多的监理人员的专业水平和管理知识根本无法胜任全方位、全过程的监理工作。有些人专业技术能力很强，但管理水平不行；有些人管理知识不少，但由于专业技术水平太差，根本无法综合解决实际监理问题；甚至有些监理人员将监理工作简单理解为验收和检查，日常工作就是在做质量检查员。监理人员的从业素质低，已经成为监理业务向全方位、全过程发展的一大瓶颈。因此，应加强监理工程师、监理员等监理人员的继续教育，引导监理人员不断学习新技术、新结构和新工艺，学习管理和合同知识，不断总结经验和教训，使其业务水平向高层次发展。

5. 建设工程监理向国际化发展

我国加入 WTO 以后，越来越多的外国监理企业进入我国市场建设工程，同时，我国的企业也有机会进入国际市场参与国际竞争。然而，我国工程监理企业不熟悉国际惯例，执业人员的素质不高，现代企业管理制度不健全，要想在与国际上同类企业竞争中取胜，就必须与国际惯例接轨，从而向国际化发展。

第 2 章　工程建设监理的基础知识

2.1　工程建设监理的基本概念

2.1.1　建设监理概念

工程建设监理是指具有相应资质的监理单位受工程项目建设单位的委托，依据国家有关工程建设的法律、法规，经建设主管部门批准的工程项目建设文件［有关工程批准文件、土地使用证、规划许可证、施工许可证、建设工程安全质量报监手续（100 万元以上项目）等］，建设工程委托监理合同及其他建设工程合同（施工合同等）、设计施工图等文件，对工程建设项目实施专业化监督管理。实行建设工程监理制，目的在于确保工程建设质量，提高投资效益和社会效益。

"监理"是"监"与"理"的组合词。"监"是对某种预定的行为从旁观察或检查，使其不得逾越行为准则，即为监督的意思，也就是发挥约束作用。"理"是对一些相互协作和相互交错的行为进行协调，以理顺人们的行为和权益关系，即对一些相互协作和相互交错的行为进行调理，避免抵触；对抵触了的行为进行理顺，使其顺畅；对相互矛盾的权益进行调理，避免冲突；对冲突了的权益进行调解，使其协作。概括地说，它起着协调人们的行为和权益关系的作用。所以，"监理"一词可以解释为：一个机构或执行者依据某种行为准则（或行为标准），对某一行为的有关主体进行监督、检查和评价，并采取组织、协调等方式，促使人们相互密切协作，按行为准则办事，顺利实现群体或个体的价值，更好地达到预期目的。监理单位对建设工程监理的活动主要是针对一个具体的工程项目展开的，同时也是微观性质的建设工程监督管理；对于建设工程参与者的行为进行监控、督导及评价，从而使建设行为符合国家法律及法规，制止建设行为的随意性和盲目性，使建设进度、造价与工程质量按计划实现，确保建设行为的合法性、科学性、合理性和经济性。

2.1.2 监理活动实现

监理活动的实现需要具备的基本条件是：

（1）应当有明确的“监理执行者”，也就是必须有监理组织；

（2）应当有明确的“行为准则”，它是监理的工作依据；

（3）应当有明确的被监理“行为”和被监理“行为主体”，它是被监理的对象；

（4）应当有明确的监理目的和行之有效的思想、理论、方法和手段。

实行建设监理，已经成为我国的一项重要制度，故称之为“建设监理制”。我国的建设监理制指的是国家把建设监理作为建设领域的一项新制度提出来。这项新制度把原来工程建设管理由业主和承建单位承担的体制，变为业主、工程监理企业和承建单位三家共同承担的新管理体制。在一个工程项目上，投资的使用和建设的重大问题决策实行项目法人责任制，工程监理企业实行总监理工程师负责制，工程施工实行项目经理负责制。工程监理企业作为市场主体之一，对规范建筑市场的交易行为、对充分发挥投资效益、对发展建筑业的生产能力等，都具有不可忽视的巨大作用。

2.2 工程建设监理的基本制度

建设监理制就是在建设工程设计、施工、运行等过程中时必须由建设单位邀请监理单位监理的强制性制度。

我国的建设工程监理制于 1988 年开始试点，1997 年，《中华人民共和国建筑法》以法律制度的形式作出规定，“国家推行建筑工程监理制度”，从而使建设工程监理在全国范围内进入全面推行阶段。从法律上明确了监理制度的法律地位。

2.2.1 我国建立建设监理制度的原则

制度是上层建筑，是为经济基础服务的。我国试行建设监理制度以来，已初步建立了一套适合我国国情的建设监理制度，并已规划了逐步补充和完善该制度体系的进程和目标内容。按照建设部的统一部署，我国建立建设监理制度的原则是：参照国际惯例，结合中国国情，适应社会主义市场经济发展的需要。

1. 参照国际惯例

建设监理制度在西方国家已有悠久的发展历史，形成了一种相对稳定的格局，具有严密的法律规定，完善的组织机构以及规范化的方法、手段和实施程序。近年来，国际上监理理论迅速发展，监理体制趋于完善，监理活动日趋成熟，无论是政府监理还是社会监理都形成了相对稳定的格局，具有严密的法律规定、完善的组织机构和规范化的方法、手段和实施程序。

FIDIC（国际咨询工程师联合会）土木工程合同条件被国际承包市场普遍认可和采用，其中突出了监理工程师负责制，并总结了世界上百余年来创造的建设监理经验，把工程技术、管理、经济、法律有机地结合在一起，详细规定了业主、承包商和监理工程师的责任、权利和义务，形成了建设监理的思想宝库和方法大成。因此，在我国建立建设监理制度，必须吸收国际上成功的经验，学习 FIDIDC 的监理思想和方法。这既是一条捷径，又是与国际惯例接轨的必需举措。

2. 结合中国国情

我国正在建立的社会主义市场经济，是适应我们自己国情的市场经济。我国现阶段商品经济正在发展，还不发达；我国的市场经济正在建立，发育程度还很低；我国工程建设投资主要来源于国家和地方政府，以及公有制企事业单位，不同于私人投资占主要成分的资本主义国家，我国工程投资参与者各方都是公有制经济的组成部分。所以我们不能原封不动地把市场经济程度高、商品经济高度发展、完全是私有化占主导地位的国家的监理模式照搬过来。但是，我国地域广大、人口众多，工程建设活动具有分地区、分部门、分层次管理的特点。所以，根据我们自己的国情，建立具有我国特点的、适应我国经济建设和发展的监理体制是今后时期的重要任务。我们应该结合我国国情，建立和发展我国的建设监理队伍和制定我国的建设监理制度，积累经验，然后全面推开。

3. 适应社会主义市场经济发展的需要

在计划经济条件下，并没有提出建立建设监理制度的迫切需要。改革开放以后，随着社会主义市场经济的建立和逐步发展，建立建设监理制度被迫切地提了出来，才有了我国建设监理的起步和发展。国际经验表明，实施建设监理制度有助于市场经济的发展。换一个说法就是，建立建设监理制度也必须适应建立社会主义市场经济的需要，实现我们建立建设监理制度的初衷。在社会主义市场经济条件下，需要解决投资多元化目标决策的监督问题，需要规范建设市场秩序，需要进行投资、进度、质量控制以提高经济效益和社会效益，需要协调业主、承包商等各方的经济利益，并制约相互之间的关系使之协调，需要加强法制。总之，建设监理制度必须适应建立社会主义市场经济对工程建设的各种需要，在这一大前提下使我国的建设监理事业得到发展和完善。

随着社会主义市场经济体制在我国的确立和发展，工程建设领域商品经济关系得到加强，经济利益主体出现多元化的格局越来越明显。政府方面，监督项目决策，规范建设市场秩序，控制工程实施的经济效果和社会效果已成为必不可少的工作；社会方面，工程建设各参与者之间的独立利益也应该得到有效的横向制约。因此，对建设监理制的需求更趋迫切。

2.2.2 我国的建设监理制度发展模式

我国建立建设监理制度的目标模式是：一个体系、两个层次；在项目监理方式上采取因地制宜、因部门制宜、因国情制宜的灵活做法，实行多种方式并取。

1. 一个体系

这是指政府从组织机构和手段上加强和完善对工程建设过程的监督和控制，同时把建设单位自行组织管理工程建设的封闭式体制，改为建设单位委托专业化、社会化的建设监理单位组织工程建设的开放体制。社会监理工作在建设中自成体系，有独立的思想、组织、方法和手段，奉行公正、科学的行为准则，坚持按工程合同和国家法律、行政法规、规章和技术标准、规范办事，既不受委托监理的建设单位随意指挥，也不受施工单位和材料供应商的干扰。

2. 两个层次

两个层次指宏观层次和微观层次。宏观层次指政府监理，微观层次指社会监理。两者相辅相成，缺一不可，共同构成我国建设监理的完整系统。

政府监理是指我国政府有关部门对工程建设实施强制性监理和对社会监理工作进行监督管理。政府监理对工程建设活动覆盖两个阶段，即建设项目决策阶段和工程建设实施阶段。两个阶段分别由计划部门和建设部门实施监理。

社会监理是指社会监理单位受建设单位委托，对工程建设全过程或某一阶段实施监理。它既与建设单位签订委托合同，代表建设单位，又处于独立的第三方地位，主要依据工程合同，具体组织管理和监督工程建设活动，在工程实施阶段控制投资、质量和进度，并维护建设单位和施工单位双方的合法权益。

3. 多种方式

多种方式是指社会监理工作既可以由建设单位委托专业化、社会化的监理单位承担，也可以由建设单位直接派出相对独立的监理组织承担，但后者应逐步做到由政府监理机构审查其监理组织的资格。

专业化、社会化的建设监理单位有以下几类：

（1）专门提供监理服务的建设监理公司或建设监理事务所。它们在工程管理的格局中独立地存在并公开行使职权，不属于业主，也不是承包商的“合伙人”，是发展的主要模式。

（2）从事工程建设技术和管理的工程咨询公司。

（3）设计或科研单位组织相对独立和固定的监理班子，兼承监理业务。

（4）由建设单位直接派出监理组织实施监理。这种方式今后应是少量的，主要是规模庞大、技术复杂、建设单位工程技术和管理力量雄厚的大中型工业交通项目。大量的工程筹建人员在进行适当培训后，可以由建设单位直接委派进行建设监理，但提倡逐步向专业化社会化的建设监理单位过渡，承担社会监理任务。

2.3 工程建设监理的性质

工程建设监理是一种特殊的工程建设活动。它有着与其他工程建设活动明显的区别和差异，所以现在工程建设监理已成为一种新的独立行业，在建设领域中已成为我国建筑市场的三大行为主体之一。总结其性质有以下四点：

1. 服务性

建设工程监理具有服务性，是从它的业务性质方面定性的。建设工程监理的主要手段是规划、控制、协调，主要任务是控制建设工程的投资、进度和质量，最终应当达到的基本目的是协调建设单位在计划的目标内将建设工程建成投入使用。它既不同于承包单位的直接生产活动，也不同于建设单位的直接投资活动；它既不是工程承包活动，又不是工程发包活动；也不需要投入大量的资金、材料、设备、劳动力；它不向建设单位承包工程造价，也不参与工程承包单位的赢利分成。这就是建设工程监理的管理服务的内涵。

建设单位的工程项目是建设工程监理的服务客体，建设单位是建设工程监理的服务对象。建设工程监理的服务性活动是严格按照监理合同和其他有关工程建设合同来实施的，是受法律约束和保护的。

这里的“服务”绝不是一个笼统的概念，在市场经济条件下，监理单位没有任何合同责任和义务为被监理方提供直接服务，但在总体目标上，参与项目建设的三方是一致的，他们要携起手来共同完成工程项目建设。

2 科学性

工程建设监理具有科学性，是从它的业务方面定性的。工程建设监理的科学性体现为其工作的内涵是为工程管理和工程技术提供知识的服务。工程建设监理以协助建设单位实现其投资目的为己任，力求在计划的目标内建成工程。面对工程规模日趋庞大，环境日益复杂，功能、标准要求越来越高，新技术、新工艺、新材料、新设备不断涌现，参加建设的单位越来越多，市场竞争日益激烈，风险日渐增加的情况，只有采用科学的思想、理论、方法和手段才能驾驭工程建设。

监理的科学性表现为：监理企业应当由组织管理能力强、工程建设经验丰富的人员担任领导；应当有足够数量并有丰富的管理经验及应变能力的监理工程师组成的骨干队伍；应当有一套健全的管理制度；应当有现代化的管理手段；应当掌握先进的管理理论、方法和手段；应当积累足够的技术、经济资料及数据；应当有科学的工作态度和严谨的工作作风；应当实事求是、创造性地开展工作。

3. 独立性

《建筑法》明确指出，工程监理企业应当根据建设单位的委托，客观、公正地执行监理任务。《工程建设监理规定》和《建设工程监理规范》要求工程监理企业按照“公正、独立、自主”原则开展监理工作。其独立性主要表现在以下几个方面：

（1）监理单位在人际关系、业务关系和经济关系上必须独立，其单位和个人不得与参与工程建设的各方发生利益关系。我国《建筑法》明确指出，监理单位的“各级监理负责人和监理工程师不得是施工、设备制造和材料供应单位的合伙经营者，或与这些单位发生经营性隶属关系，不得承包施工和建材销售业务，不得在政府机关、施工、设备制造和材料供应单位任职”。之所以这样规定，正是为了避免监理单位和其他单位之间利益牵制，从而保持自己的独立性和公正性，这也是国际惯例。

（2）监理单位与建设单位的关系是平等的经济合同关系。监理单位所承担的任务不是由建设单位随时指定，而是由双方事先按平等协商的原则确立于合同之中，监理单位可以不承担合同以外建设单位随时指定的任务。如果实际工作中出现这种需要，双方必须通过协商，并以合同形式对增加的工作量加以确定。监理委托合同一经确定，建设单位不得干涉监理人员的正常工作。

（3）监理单位在实施监理的过程中，是处于工程承包合同签约双方，即建设单位和承建单位之间的独立一方，它以自己的名义，行使依法成立的监理委托合同所确认的职权，承担相应的职业道德责任和法律责任。

（4）监理单位按照独立性要求，应当严格地按照有关法律、法规、规章、工程建设文件、工程建设技术标准、建设工程委托监理合同及有关的建设工程合同等的规定实施监理；在委托监理的工程中，与承建单位不得有隶属关系及其他利益关系；在开展工程监理的过程中，应当建立自己的组织，按照自己的工作计划、程序、流程、方法及手段，并根据自己的判断，独立地开展工作。

4. 公正性

监理单位应当成为建设单位与承建商之间的公正的第三方。在任何时候，监理方均应依据国家法律、法规、技术标准、规范、规程和合同文件，并站在公正的立场上进行判断、证明并行使自己的处理权，并且维护建设单位和被监理单位双方的合法权益。

公正性是社会公认的职业道德准则，是监理行业能够长期存在和发展的基本职业道德准则；也是监理单位和监理工程师顺利实施其职能的重要条件。监理成败的关键在很大程度上取决于能否与承包商以及业主进行良好的合作，相互支持、互相配合，而这一切都是以监理的公正性为基础的。

公正性也是对工程建设监理进行约束的条件。实施建设监理制的基本宗旨是建立适合社会主义市场经济的工程建设新秩序，为开展工程建设创造安定、协调的环境，为业主和承包商提供公平竞争的条件。建设监理制的实施，使监理单位和监理人员在工程项目建设中具有重要的地位。所以，为了保证建设监理制的实施，就必须对监理单位和它的监理人员制定约束条件。

公正性是监理制的必然要求，是社会公认的职业准则，也是监理单位和监理人员的基本职业道德准则。公正性必须以独立性为前提。

2.4 工程建设监理的作用

建设工程监理制度在我国实施时间虽然不长，但已经发挥出明显的作用，主要体现在以下几个方面：

1. 提高建设工程投资决策的科学化水平，满足业主的需要

建设单位委托和授权工程监理企业在项目可行性研究和项目投资决策阶段进行监理，工程监理企业一方面可协助建设单位选择适当的工程咨询机构管理评估工作；另一方面，也可直接从事工程咨询工作，为建设单位提供决策建议。这有利于提高投资决策的科学化水平，避免项目投资决策失误，也为实现建设工程投资综合效益最大化打下良好的基础。

2. 实现政府在工程建设中的职能转变，规范工程建设参与各方的建设行为

中共中央关于经济体制改革的决定中明确提出，政府在经济领域的职能要转移到“规划、协调、监督、服务”上来。实行建设工程监理，工程建设领域的微观监督管理工作由建设工程监理企业来完成，这有利于政府在工程建设中的职能转变。

在建设工程实施过程中，工程监理企业依据委托监理合同和有关的建设工程合同对承建单位的建设行为进行监督管理。工程监理企业采用主动控制与被动控制相结合的方式，合理有效地规范各承建单位的建设行为，最大限度地避免和控制不当建设行为的发生，最大限度地减少其不良后果。同时，工程监理企业还可以向建设单位提出合理建议，从而避免由于建设单位不了解建设工程有关的法律、法规、规章、管理程序和市场行为准则而可能发生的不当建设行为。

3. 有助于培育、发展和完善我国建筑市场

由于建设监理制的实施，我国工程建设管理体制开始形成以项目业主、监理企业和承建商直接参加的，在政府有关部门监督管理之下的新型管理体制，我国建筑市场的格局也开始发生结构性变化。建设监理制能够连接项目法人责任制、工程招标投标制和加强政府宏观管理，从而形成一个有机整体，有利于发挥市场机制作用。

4. 有利于促使承建单位保证建设工程质量和使用安全

建筑产品具有价值大，使用寿命长的特点，并且关系到人民的生命财产安全和健康的生活环境。工程监理企业接受建设单位的委托，从产品需求者的角度对建设工程生产过程进行监督管理。采用事前、事中、事后的管理方式对材料、设备、构配件质量，分项、分部工程质量严格进行监督检查，确保工程质量和使用安全。

2.5 工程建设监理的目的

由于工程建设监理具有委托性，所以监理单位可以根据业主的意愿并结合它自身的情况来协商确定监理范围和业务内容。既可承担全过程监理，也可承担阶段性监理，甚至还可以只承担某专项监理服务工作。因此，具体到某监理单位承担的工程建设监理活动要达到什么目的，由于它们服务范围和内容的差异，会各有不同。但是，从建设监理制度出发，就整个工程建

设监理而言，它应当起到的作用和要达到的目的是十分明确的，那就是通过监理工程师谨慎而勤奋的工作，力求在计划的投资、进度和质量目标内实现建设项目。全过程监理要力求全面实现项目总目标，阶段性监理要力求实现本阶段建设项目的目标。

工程建设监理要达到的目的是“力求”实现项目目标。监理单位和监理员“将不是，也不能成为任何承包商的工程的承保人或保证人”。这是因为在市场经济条件下，任何承包单位作为建筑产品的卖方，都应当根据工程承包合同的要求，按规定的时间、费用和质量要求完成合同约定的工程勘察、设计、施工、供应的承包任务，否则，将承担合同责任。它们与买方，即项目业主是承发包的关系，它们要承担承包风险。项目业主和工程承包单位对它们的合同义务只能保证完成。而作为工程承包合同“甲方、乙方”之外的“第三方”的监理单位和监理员则没有承担它们双方义务的义务。谁设计谁负责，谁施工谁负责，谁供应材料和设备谁负责。

工程建设监理是一种技术服务性的活动。在监理过程中，监理单位只承担服务的相应责任，它不直接进行设计，不直接进行施工，也不直接进行材料、设备的采购、供应工作。因此，它不承担设计、施工、物资采购方面的直接责任。监理单位只承担整个建设项目的监理责任，也就是在监理合同中确定的职权范围内的责任。

在预定的目标内实现建设项目是参与项目建设各方共同的任务。监理方的责任就是“力求”通过目标规划、动态控制、组织协调、合同管理、信息管理，与业主和承建单位一起共同实现这一任务。在实现建设项目的过程中，外部环境潜伏着各种风险，会带来各种干扰。而这些干扰和风险并非监理人员完全能够驾驭的，他们只能力争减少或避免这些干扰和风险造成的影响。所以，对于提供监理服务的监理单位来说，它不承担其专业以外的风险责任。

2.6 工程建设监理的范围、内容和权限

2.6.1 工程建设监理的范围

根据《建筑法》，国务院公布的《建设工程质量管理条例》对实行强制性监理的工程范围作了原则性的规定，2001年建设部颁布了《建设工程监理范围和规模标准规定》（86号令），规定了必须实行监理的建设工程项目的主要范围。

1. 工程范围（见表2-1）

工程监理范围　　表2-1

国家重点建设工程	依据《国家重点建设项目管理办法》所确定的对国民经济和社会发展有重大影响的骨干项目
大中型公用事业工程项目	大中型公用事业工程项目主要是指项目总投资在3000万元以上的下列工程项目： 1）供水、供电、供气、供热等市政工程项目 2）科技、教育、文化等项目 3）体育、旅游、商业等项目 4）卫生、社会福利等项目 5）其他公用事业项目
成片开发建设的住宅小区工程	建设面积在50000m^2以上的住宅建设工程必须实行监理；50000m^2以下的住宅建设工程可以实行监理，具体范围和规模标准由省、自治区、直辖市人民政府建设行政主管部门规定
利用外国政府或者国际组织贷款、援助资金的工程	1）使用世界银行、亚洲开发银行等国际组织贷款资金的项目 2）使用外国政府及其机构贷款资金的项目 3）使用国际组织或者外国政府援助资金的项目
国家规定的必须实行监理的其他工程	1）总投资在3000万元以上的关系公共利益和公众安全的基础设施项目： ① 煤炭、石油、化工、天然气、电力、新能源项目 ② 铁路、公路等交通运输业项目 ③ 邮政、电信信息网等项目 ④ 防洪等水利项目 ⑤ 道路、轻轨、污水、垃圾、公共停车场等城市基础设施项目 ⑥ 生态保护项目 ⑦ 其他基础设施项目 2）学校、影剧院、体育场项目

2. 阶段范围

工程建设监理可以适用于工程建设投资决策阶段和实施阶段，但目前主要是建设工程施工阶段。

在建设工程施工阶段，建设单位、勘察单位、设计单位、施工单位和工程监理企业等工程建设的各类行为主体均出现在建设工程当中，形成了一个完整的建设工程组织体系。在这个阶段，建筑市场的发包体系、承包体系、管理服务体系的各主体在建设工程中会合，由建设单位、勘察单位、设计单位、施工单位和工程监理企业各自承担工程建设的责任和义务，最终将建设工程建成投入使用。在施工阶段委托监理，其目的是更有效地发挥监理的规划、控制、协调作用，为在计划目标内建成工程提供最好的管理。

2.6.2 工程建设监理的内容

建设部和国家计委联合颁发的"建监［1995］737号"文件，即《工程建设监理规定》中指出，工程建设监理的主要内容是控制工程建设的投资、建设工期和工程质量；进行工程建设合同管理，协调有关单位间的工作关系。因此，工程建设监理的主要内容可以理解为"三控制""两管理""一协调"。

1. 投资控制

投资控制主要是在建设前期对可行性研究进行监理，协助业主正确地进行投资决策，控制好估算投资总额；在设计阶段对设计方案、设计标准、总概算（或修正总概算）和概（预）算进行审查；在建设准备阶段协助确定标底和合同造价；在施工阶段审核设计变更，核实已完工程量，进行工程进度款签证和控制索赔；在工程竣工阶段审核工程结算。

2. 进度控制

进度控制首先要在建设前期通过周密分析研究，确立合理的工期目标，并在实施阶段将工期要求纳入设计合同和施工合同；在建设实施期，通过运筹学、网络计划技术等科学手段，审查、修改施工组织设计和进度计划，并在计划实施中紧密跟踪，做好协调与监督，排除干扰，使单项工程及其分阶段目标工期逐步实现，最终保证建设项目总工期实现。

3. 质量控制

质量控制要贯穿在项目建设从可行性研究、设计、建设准备、施工、竣工动用到用后维修的全过程中。主要包括组织设计方案竞赛与评比，进行设计方案磋商及图纸审核，控制设计变更；在施工前通过审查承包单位资质，检查建筑物所用材料、构配件、设备质量和审查施工组织设计等，实施质量预控；在施工中通过重要技术复核、工序操作检查、隐蔽工程验收和工序成果检查，认证并监督标准、规范的贯彻，以及阶段验收和竣工验收，把好质量关。

4. 合同管理

合同管理是进行投资控制、进度控制和质量控制的手段。合同既是监理单位站在公正的立场上，采取各种控制、协调与监督措施，履行调解纠纷职责的依据，也是实施三大目标控制的出发点和归宿。

（1）协助建设单位与承包单位、材料供应单位签订各类合同，避免合同缺陷的发生；

（2）对建设单位签订的承包合同等所管理的合同进行履约分析和风险分析，预测可能出现的问题；

（3）提醒或协助建设单位履约，如：及时供料、及时付款、对材料设备进行验收等；

（4）针对合同履行中的情况，公正地解释合同条款的含义；

（5）根据建设单位的授权，发布开工令、停工令和复工令；

（6）公正地处理工程变更事宜；

（7）公正地处理索赔事宜；

（8）组织工地会议，协调各方关系；

（9）进行工程质量的控制；

（10）进行工程进度的控制；

（11）进行工程计量、支付的控制；

（12）提交有关阶段的、专项的或总体的工程报告（月报、评估报告）；

（13）做好监理记录，管理监理档案工作。

5. 信息管理

信息管理是指信息的收集、整理、处理、存储、传递与应用等一系列工作的总称。工程建设信息管理的主要内容有信息资料的收集、监理信息的加工整理、监理信息的储存、传递和监理资料的归档。

6. 组织协调

组织协调是指监理单位在监理过程中，对相关单位的协作关系进行协调，使相互之间加强合作，减少矛盾，避免纠纷，共同完成项目目标。所谓相关单位主要包括建设单位、设计单位、施工单位、供应单位；此外，还有政府部门有关管理部门等。

2.6.3　工程建设监理的权限

（1）施工组织设计中的施工方案必须经项目总监理工程师的审核认可，方能开工；施工进度计划必须经总监理工程师审查批准后方可实施；

（2）施工单位现场管理人员、特殊工种操作人员必须经监理方审查资格合格方可上岗；

（3）施工单位选择的分包商应经监理方审查资质后方可进场；

（4）工程上使用的原材料、半成品、成品和设备的质量必须经专业监理工程师认可后，方准使用；

（5）凡隐蔽工程必须经专业监理工程师复核签证后，才能进入下一道工序；

（6）分项分部工程须经监理工程师验收合格后方可进入下一道工序；

（7）单位工程完工后必须经监理方初验，达到合同要求的质量标准，监理方才能出具质量监理报告，之后方可进行正式竣工验收；

（8）已经完成的工程形象进度和施工质量，必须经总监理工程师签证认可后，业主才可予以支付工程款；

（9）当施工单位有不按图纸或不遵守施工操作规程、验收规范规定进行施工时，监理工程师可签发监理通知单，书面通知整改；当施工单位不听劝阻强行施工或发生严重危及安全和质量事件等情况下，总监理工程师报请业主同意后有权签发停工通知单，施工单位接到停工通知后，必须立即停止施工；未接到复工通知书前，不得擅自施工。

第 3 章 工程建设监理质量控制

3.1 质量控制概述

3.1.1 工程质量和质量控制

1. 质量管理

《质量管理体系　基础和术语》（GB/T 19000—2008）中质量管理的定义为："质量评价和改进的一系列工作。"

作为组织，应当建立质量管理体系实施质量管理。具体来说，组织首先应当制定能够反映组织最高管理者的质量宗旨、经营理念和价值观的质量方针，然后在该方针的指导下，通过组织的质量手册、程序性管理文件和质量记录的制定，组织制度的落实、管理人员与资源的配置、质量活动的责任分工与权限界定等，最终形成组织质量管理体系的运行机制。

2. 质量控制

《质量管理体系　基础和术语》（GB/T 19000—2008）中质量控制的定义为："质量控制是质量管理的一部分，致力于满足质量要求的一系列相关活动。"

工程项目的质量要求是由业主（或投资者、项目法人）提出来的，是业主的建设意图通过项目策划，包括项目的定义及建设规模、系统构成、使用功能和价值、规格档次标准等的定位策划和目标决策来确定的。它主要表现为工程合同、设计文件、技术规范规定和质量标准等。因此，在建设项目实施的各个阶段的活动和各阶段质量控制均是围绕着致力于业主要求的质量总目标展开的。

质量控制所致力的活动，是为达到质量要求所采取的作业技术活动和管理活动。这些活动包括：确定控制对象，例如一道工序、设计过程、制造过程等；规定控制标准，即详细说明控制对象应达到的质量要求；制定具体的控制方法，例如工艺规程；明确所采用的检验方法，包括检验手段；实际进行检验；说明实际与标准之间有差异的原因；为了解决差异而采取的行动。质量控制贯穿于质量形成的全过程、各环节，要排除这些环节的技术、活动偏离有关规范的现象，使其恢复正常，达到控制的目的。

质量控制是质量管理的一部分而不是全部。两者的区别在于概念不同、职能范围不同和作用不同。质量控制是在明确的质量目标和具体的条件下，通过行动方案和资源配置的计划、实施、检查和监督，进行质量目标的事前预控、事中控制和事后纠偏控制，实现预期质量目标的系统过程。

3.1.2 施工项目质量控制的原则

质量控制是质量管理的一部分。质量控制是在明确的质量目标条件下通过行动方案和资源配置的计划、实施、检查和监督来实现预期目标的过程。在质量控制的过程中，运用全过程质量管理的思想和动态控制的原理，主要可以将其分为3个阶段，即质量的事前预控、事中控制和事后纠偏控制。

1. 事前质量预控

事前质量预控是利用前馈信息实施控制，重点放在事前的质量计划与决策上，即在生产活动开始以前根据对影响系统行为的扰动因素做种种预测，制定出控制方案。这种控制方式是十分有效的。如在产品设计和工艺设计阶段，对影响质量或成本的因素作出充分的估计，采取必要的措施，可以控制质量或成本要素的60%。有人称它为储蓄投资管理，意为抽出今天的余裕为明天的收获所做的投资管理。

对于工程项目，尤其是施工阶段的质量预控，就是通过施工质量计划或施工组织设计或施工项目管理实施规划的制定过程，运用目标管理的手段，实施工程质量的计划预控，在实施质量预控时，要求对生产系统的未来行为有充分的认识，依据前馈信息制订计划和控制方案，找出薄弱环节，制定有效的控制措施和对策；同时，必须充分发挥组织的技术和管理方面的整体优势，把长期形成的先进管理技术、管理方法和经验智慧，创造性地应用于工程项目。

2. 事中质量控制

事中质量控制也称作业活动过程质量控制，是指质量活动主体地自我控制和他人监控地控制方式。自我控制是第一位的，即作业者在作业过程中对自己质量活动行为的约束和技术能力的发挥，以完成预定质量目标的作业任务；他人监控是指作业者的质量活动和结果，接受来自企业内部管理者和来自企业外部有关方面的检查检验，如工程监理机构、政府质量监督部门等的监控。事中质量控制的目标是确保工序质量合格，杜绝质量事故发生。

3. 事后纠偏控制

事后纠偏控制也称为事后质量把关，以使不合格的工序或产品不流入后道工序、不流入市场。事后纠偏控制的任务是对质量活动结果进行评价、认定，对工序质量偏差进行纠偏，对不合格产品进行整改和处理。

从理论上讲，对于工程项目如果计划预控过程所制定的行动方案考虑得越周密，事中自控能力越强、监控越严格，实现质量预期目标的可能性就越大。但是，由于在作业过程中不可避免地会存在一些计划时难以预料的因素，包括系统因素和偶然因素的影响，质量难免会出现偏差。因此当出现质量实际值与目标值之间超出允许偏差时，必须分析原因，采取措施纠正偏差，保持质量受控状态。工程项目质量的事后控制，具体体现在施工质量验收各个环节的控制方面。

以上3个系统控制的三大环节，它们之间构成了有机的系统过程，其实质就是PDCA（Plan计划、Do执行、Check检查、Action纠正）循环原理的具体运用。

3.1.3 工程质量形成过程及影响因素

1. 质量的基本特征

工程项目从本质上说是一项拟建或在建的建筑产品，建设项目是多变的，业主对工程质量的需求也是不同的，质量标准和规范也随着社会的进步和科学技术的发展而不断地发生变化，但工程项目质量的基本要求是一致的。而且，工程项目和一般产品具有同样的质量内涵，即一组固有特性满足明确或隐含需要的程度。这些特性是指产品的安全性、适用性、耐久性、可靠性、维修性、经济性、美观性、与环境协调性和可持续性等方面。在过程管理实践和理论中，可以将工程项目质量的基本特征概括如下：

（1）反映安全可靠的质量特性。安全性是指工程在使用过程中的安全程度。各类建筑物在规定的荷载下，在一定的使用期限内，应满足强度和稳定性的要求，并具有足够的安全系数。可靠性是指工程在规定的时间内和规定的条件下，完成规定的功能能力的大小和程度。满足质量要求的工程，不仅在竣工验收时达标，在一定使用期限内也应满足正常使用功能要求。

（2）反映使用功能的质量特性。工程项目的功能性质量，主要是反映对建设工程使用功能需求的一系列特性指标，如房屋建筑的平面空间布局、通风采光性能；工业工程项目的生产能力和工艺流程；道路交通工程的路面等级、通行能力等。

（3）反映建筑环境的质量特征。作为项目管理对象的工程项目，可能是独立的单项工程或单位工程，甚至某一主要分部工程；也可能是一个由群体建筑或线形工程组成的建设项目，如新建、改建、扩建的工业厂区，大学城，高速公路等。建筑环境质量包括项目用地范围内的规划布局、道路交通组织、绿化景观，更追求其与周边环境的协调性或适宜性。

（4）反映艺术文化的质量特性。建筑产品具有深刻的社会文化背景，人们历来都把建筑产品视同艺术品，关注其个性的艺术效果，包括建筑造型、立面外观、文化内涵、时代表征以及装饰装修、色彩视觉等。工程项目艺术文化特性的质量来自于设计者的设计理念、创意和创新，以及施工者对设计意图的领会与精益生产。

2. 质量的形成过程

工程项目质量的形成过程，贯穿于整个建设项目的决策过程和各个工程项目设计与施工过程，体现了工程项目质量从目标决策、目标细化到目标实现的系统过程。因此，必须分析工程建设各个阶段的质量要求，以便采取有效的措施控制工程质量。

（1）建设项目决策阶段。这一阶段包括建设项目发展规划、项目可行性研究、建设方案论证和投资决策等工作。这一阶段的质量只能在于识别业主的建设意图和需求，对建设项目的性质、建设规模、使用功能、系统构成和建设标准要求等进行策划、分析、论证，为整个建设项目的质量目标，以及建设项目内各个工程项目的质量目标提出明确要求。

（2）建设工程设计阶段。建设工程设计是通过建筑设计、结构设计、设备设计使质量目标具体化，并指出达到工程质量目标的途径和具体方法。这一阶段是工程项目质量目标的具体定义过程。通过建设工程的方案设计、扩大初步设计、技术设计和施工图设计等环节，明确定义工程项目各细部的质量特性指标，为项目的施工安装作业活动及质量控制提供依据。

（3）建筑施工阶段。施工阶段是建设目标的实现过程，是影响工程建设项目质量的关键环节，包括了施工准备工作和施工作业活动。通过严格按照施工图纸施工，实施目标管理、过程监控、阶段考核、持续改进等方法，将质量目标和质量计划付诸实施。

（4）竣工验收及保修阶段。竣工验收是对工程项目质量目标完成程度的检验、评定和考核过程，它体现了工程质量水平的最终结果。此外，一个工程项目不只是经过竣工验收就完成的，还要经过使用保修阶段，需要在使用过程中对施工遗留问题及发现的新质量问题进行巩固和改进。只有严格把握好这两个环节，才能最终保证工程项目的质量。

3. 质量的影响因素

影响工程项目质量的因素很多，通常可分为五个方面，即

4M1E，即：人（Man）、材料（Material）、机械（Machine）、方法（Method）和环境（Environment）。事前对这五方面的因素严加控制，是保证施工项目质量的关键。

（1）人。人是生产经营活动的主体，也是直接参与施工的组织者、指挥者及直接参与施工作业活动的具体操作者。人员素质，即人的文化、技术、决策、组织、管理等能力的高低直接或间接影响工程质量。

为此，除了加强政治思想、劳动纪律、职业道德教育、专业技术培训，健全岗位责任制，改善劳动条件，公平合理地激励劳动热情以外，还需要根据工程特点，从确保质量出发，在人的技术水平、人的生理缺陷、人的心理行为、人的错误行为等方面来控制人的使用。因此，建筑行业实行经营资质管理和各类行业从业人员持证上岗制度是保证人员素质的重要措施。

（2）材料。材料包括原材料、成品、半成品、构（配）件等，它是工程建设的物质基础，也是工程质量的基础。要通过严格检查验收，正确合理地使用，建立管理台账，进行收、发、储、运等各环节的技术管理，避免混料和将不合格的原材料使用到工程上。

（3）机械。机械包括施工机械设备、工具等，是施工生产的手段。要根据不同工艺特点和技术要求，选用合适的机械设备；正确使用、管理和保养好机械设备。工程机械的质量与性能直接影响到工程项目的质量。为此要健全人机固定制度、操作证制度、岗位责任制度、交接班制度、技术保养制度、“安全使用”制度、机械设备检查制度等，确保机械设备处于最佳使用状态。

（4）方法。方法包含施工方案、施工工艺、施工组织设计、施工技术措施等。在工程中，方法是否合理，工艺是否先进，操作是否得当，都会对施工质量产生重大影响。应通过分析、研究、对比，在确认可行的基础上，切合工程实际，选择能解决施工难题、技术可行、经济合理，有利于保证质量、加快进度、降低成本的方法。

(5) 环境。影响工作环境的因素较多，有工程技术环境，如工程地质、水文气象等；工程管理环境，如质量保证体系、质量管理制度等；劳动环境，如劳动组合、作业场所、工作面等；法律环境，如建设法律法规等；社会环境，如建筑市场规范程度、政府工程质量监督和行业监督成熟度等。环境因素对工程质量的影响，具有复杂而多变的特点，如气象条件就变化万千，温度、湿度、大风、暴雨、酷暑、严寒都直接影响工程质量。又如，前一工序往往就是后一工序的环境，前一分项、分部工程也就是后一分项、分部工程的环境。

因此，加强环境管理，改进作业条件，把握好环境，是控制环境对质量影响的重要保证。

3.1.4 工程质量责任体系及工程质量管理制度

工程项目的实施，是业主、设计、施工、监理等多方主体活动的结果。他们各自承担了工程项目的不同实施任务和质量责任，并通过建立质量控制系统，实施质量目标的控制。

1. 项目质量控制系统的性质

工程项目质量控制系统是工程项目目标控制的一个子系统，与投资控制、进度控制等依托于同一项目目标控制体系，它既不是建设单位的质量管理体系，也不是施工企业的质量保证体系。它是以工程项目为对象，由工程项目实施的总组织者负责建立的一次性的面向对象开展质量控制的工作体系，随着项目的完结和项目管理组织的解体而消失。

2. 项目质量控制系统的范围

(1) 系统涉及的主体范围。建设单位、设计单位、工程总承包企业、施工企业、建设工程监理机构、材料设备供应厂商等构成了项目质量控制的主体，这些主体可以分为两类，即质量责任自控主体和监控主体，它们在质量控制系统中的地位与作用不同。承担工程项目设计、施工或材料设备采购的单位，负有直接的产品质量责任，属质量控制系统中的自控主体；在工程项目实施过程，对各质量责任主体的质量活动行为和活动结果实施监督控制的组织，称质量监控主体。如业主、项目监理机构等。

（2）系统涉及的工程范围。系统涉及的工程范围，一般根据项目的定义或工程承包合同来确定。具体可能有以下三种情况：

① 工程项目范围内的全部工程。

② 工程项目范围内的某一单项工程或标段工程。

③ 工程项目某单项工程范围内的一个单位工程。

（3）系统涉及的任务范围。项目实施的任务范围，即由工程项目实施的全过程或若干阶段进行定义。工程项目质量控制系统服务于工程项目管理的目标控制，其质量控制的系统职能贯穿于项目的勘察、设计、采购、施工和竣工验收等各个实施环节，即工程项目全过程质量控制的任务或若干阶段承包的质量控制任务。

3. 项目质量控制系统的结构

工程项目质量控制系统，一般情况下形成多层次、多单元的结构形态，这是由其实施任务的委托方式和合同结构所决定的。

（1）多层次结构。多层次结构是相对于工程项目工程系统纵向垂直分解的单项、单位工程项目质量控制子系统。系统纵向层次机构的合理性是工程项目质量目标、控制责任和措施分解落实的重要保证。在大中型工程项目，尤其是群体工程的工程项目，第一层面的质量控制系统应由建设单位的工程项目管理机构负责建立，在委托代建、委托项目管理或实行交钥匙式工程总承包的情况下，应由相应的代建方项目管理机构、受托项目管理机构或工程总承包企业项目管理机构负责建立。第二层面的质量控制系统，通常是指由工程项目的设计总负责单位、施工总承包单位等建立的相应管理范围内的质量控制系统。第三层面及其以下是承担工程设计、施工安装、材料设备供应等各承包单位的现场质量自控系统，或称各自的施工质量保证体系。

（2）多单元结构。多单元结构是指在工程项目质量控制总体系统下，第二层面的质量控制系统及其以下的质量自控或保证体系可能有多个。这是项目质量目标、责任和措施分解的必然结果。

4. 项目质量控制系统的特点

工程项目质量控制系统是面向对象而建立的质量控制工作体系，有如下的特点：

（1）建立的目的。工程项目质量控制系统只用于特定的工程项目质量控制，而不是用于建筑企业或组织的质量管理。

（2）服务的范围。工程项目质量控制系统涉及工程项目实施过程所有的质量责任主体，而不只是某一个承包企业或组织机构。

（3）控制的目标。工程项目质量控制系统的控制目标是工程项目的质量标准，并非某一具体建筑企业或组织的质量管理目标。

（4）作用的时效。工程项目质量控制系统与工程项目管理组织系统相融合，是一次性而非永久性的质量工作系统。

（5）评价的方式。工程项目质量控制系统的有效性一般由工程项目管理的总组织者进行自我评价与诊断，不需进行第三方认证。

5. 质量控制系统的建立

工程项目质量控制系统的建立，为工程项目的质量控制提供了组织制度方面的保证。这一过程，是工程项目质量总目标的确定和分解过程，也是工程项目各参与方之间质量管理关系和控制责任的确定过程。为了保证质量控制系统的科学性和有效性，必须明确系统建立的原则、主体和程序。

（1）建立的原则：

1）目标分解。项目管理者应根据控制系统内工程项目的分解结构，将工程项目的建设标准和质量总体目标分解到各个责任主体，明示于合同条件，由各责任主体制订出相应的质量计划，确定其具体的控制方式和要求。

2）分层规划。工程项目管理的总组织者（如建设单位）和承担项目实施任务的各参与单位，应分别进行工程项目质量控制系统不同层次和范围的规划。

3）明确责任。应按照建筑法和建设工程质量管理条例有关建设工程质量责任的规定，界定各方的质量责任范围和控制要求。

4）系统有效。工程项目质量控制系统，应从实际出发，结合项目特点、合同结构和项目管理组织系统的构成情况，建立项目各参与方共同遵循的质量管理制度和控制措施，并形成有效的运行机制。

(2) 建立的主体。

一般情况下，工程项目质量控制系统应由建设单位或建设工程项目总承包企业的工程项目管理机构负责建立。在分阶段依次对勘察、设计、施工、安装等任务进行分别招标发包的情况下，通常应由建设单位或其委托的工程项目管理企业负责建立工程项目质量控制系统，各承包企业应根据该系统的要求，建立隶属于该系统的设计项目、施工项目、采购供应项目等质量控制子系统，以具体实施其质量责任范围内的质量管理和目标控制。

(3) 建立的程序。

工程项目质量控制系统的建立过程，一般可按以下环节依次展开工作。

1）确定系统质量控制主体网络架构。明确系统各层面的建设工程质量控制负责人，一般包括承担项目实施任务的项目经理（或工程负责人）、总工程师，项目监理机构的总监理工程师、专业监理工程师等，以形成明确的项目质量控制责任者的关系网络架构。

2）制定系统质量控制制度。包括质量控制例会制度、协调制度、报告审批制度、质量验收制度和质量信息管理制度等。形成工程项目质量控制系统的管理文件或手册，作为承担工程项目实施任务各方主体共同遵循的管理依据。

3）分析系统质量控制界面。工程项目质量控制系统的质量责任界面，包括静态界面和动态界面。一般来说，静态界面根据法律法规、合同条件、组织内部职能分工来确定。动态界面是指项目实施过程设计单位之间、施工单位之间、设计与施工单位之间的衔接配合关系及其责任划分，必须通过分析研究，确定管理原则与协调方式。

4）编制系统质量控制计划。工程项目管理总组织者负责主持编制工程项目总质量计划，并根据质量控制系统的要求，部署各质量责任主体编制与承担任务范围相符的质量计划，按规定程序完成质量计划的审批，作为其实施自身工程质量控制的依据。

6. 质量控制系统的运行

工程项目质量控制系统的运行，是系统功能的发挥过程，也是质量活动职能和效果的控制过程。质量控制系统有效地运行，有赖于系统内部的运行环境和运行机制的完善。

（1）运行环境。

工程项目质量控制系统的运行环境，主要是指为系统运行提供支持的管理关系、组织制度和资源配置的条件。

1）建设工程的合同结构。建设工程合同是联系工程项目各参与方的纽带。合同结构合理、质量标准和责任条款明确、严格履约管理直接关系到质量控制系统的运行成败。

2）质量管理的组织制度。工程项目质量控制系统内部的各项管理制度和程序性文件的建立，为质量控制系统各个环节的运行，提供必要的行动指南、行为准则和评价基准的依据，是系统有序运行的基本保证。

3）质量管理的资源配置。质量管理的资源配置是质量控制系统得以运行的基础条件，它包括专职的工程技术人员和质量管理人员的配置；以及实施技术管理和质量管理所必需的设备、设施、器具、软件等物质资源的配置。

（2）运行机制。

工程项目质量控制系统的运行机制，是质量控制系统的生命，是由一系列质量管理制度安排所形成的内在能力。它包括了动力机制、约束机制、反馈机制和持续改进机制等。

1）动力机制。工程项目的实施过程是由多主体参与的价值增值链，只有保持合理的供方及分供方等各方关系，才能形成合力，保证项目的成功。动力机制作为工程项目质量控制系统运行的核心机制，它可以通过公正、公开、公平的竞争机制和利益机制的制度设计或安排来实现。

2）约束机制。约束机制取决于各主体内部的自我约束能力和外部的监控效力。约束能力表现为组织及个人的经营理念、质量意识、职业道德及技术能力的发挥；监控效力取决于工程项目实施主体外部对质量工作的推动和检查监督。两者相辅相成，构成了质量控制过程的制衡关系。

3）反馈机制。反馈机制是对质量控制系统的能力和运行效果进行评价，并为及时做出处置提供决策依据的制度安排。项目管理者应经常深入生产第一线，掌握第一手资料，并通过相关的制度安排来保证质量信息反馈的及时和准确。

4）持续改进机制。应用 PDCA 循环原理，即计划、实施、检查和处置的方式展开质量控制，注重抓好控制点的设置和控制，不断寻找改进机会，研究改进措施，完善和持续改进工程项目质量控制系统，提高质量控制能力和控制水平。

3.2 质量管理体系

3.2.1 ISO 9001 质量管理体系

1. ISO 9001 质量管理体系简介

ISO 9000 质量管理体系是国际标准化组织（ISO）制定的国

际标准之一，在 1994 年提出的概念，是指“由 ISO/TC176（国际标准化组织质量管理和质量保证技术委员会）制定的所有国际标准”。该标准可帮助组织实施并有效运行质量管理体系，是质量管理体系通用的要求和指南。我国在 20 世纪 90 年代将 ISO 9001 系列标准转化为国家标准，随后，各行业也将 ISO 9001 系列标准转化为行业标准。

ISO 9001 质量管理体系是由国际标准化组织（ISO）制定，该组织是世界上最主要的非政府间国际标准化机构，成立于二次世界大战以后，总部位于瑞士日内瓦。该组织成立的目的是在世界范围内促进标准化及有关工作的开展，以利于国际贸易的交流和服务，并发展在知识、科学、技术和经济活动中的合作，以促进产品和服务贸易的全球化。ISO 组织制定的各项国际标准是在全球范围内得到该组织的 100 多个成员国家和地区的认可。

质量保证标准，诞生于美国军品使用的军标。二次世界大战后，美国国防部吸取二次世界大战中军品质量优劣的经验和教训，决定在军火和军需品订货中实行质量保证，即供方在生产所订购的货品中，不但要按需方提出的技术要求保证产品实物质量，而且要按订货时提出的且已订入合同中的质量保证条款要求去控制质量，并在提交货品时提交控制质量的证实文件。这种办法促使承包商进行全面的质量管理，取得了极大的成功。1978 年以后，质量保证标准被引用到民品订货中来，英国制定了一套质量保证标准，即 BS5750。随后欧美很多国家，为了适应供需双方实行质量保证标准并对质量管理提出的新要求，在总结多年质量管理实践的基础上，相继制定了各自的质量管理标准和实施细则。

ISO/TC176 技术委员会是 ISO 为了适应国际贸易往来中民品订货采用质量保证做法的需要而成立的，该技术委员会在总结和参照世界有关国家标准和实践经验的基础上，通过广泛协商，于 1987 年发布了世界上第一个质量管理和质量保证系列国际标准，即ISO 9001系列标准。该标准的诞生是世界范围质量管理和质量保证工作的一个新纪元，对推动世界各国工业企业的质量管理和供需双方的质量保证，促进国际贸易交往起到了很好的作用。

2. ISO 9001认证

ISO 9001认证标准是国际标准化组织（International Organization for Standardization，简称ISO）在1987年提出的概念，延伸自旧BS5750质量标准，是指由ISO/TC176（国际标准化组织质量管理和质量保证技术委员会）制定的国际标准。ISO 9001不是指一个标准，而是一组标准的统称。根据ISO 9001-1：1994的定义："ISO 9001族是由ISO/TC176制定的所有国际标准。"据统计，ISO 9001是ISO发布之12000多个标准中最畅销、最普遍的产品。

3. ISO 9001质量管理体系特征

随着国际贸易发展的需要和标准实施中出现的问题，特别是服务业在世界经济的比重所占的比例越来越大，ISO/TC176分别于1994年、2000年对ISO 9001质量管理标准进行了两次全面的修订。由于该标准吸收国际上先进的质量管理理念，采用PDCA循环的质量哲学思想，对于产品和服务的供需双方具有很强的实践性和指导性。所以，标准一经问世，立即得到世界各国普遍欢迎，到目前为止世界已有70多个国家直接采用或等同转为相应国家标准，有50多个国家建立质量体系认证/注册机构，形成了世界范围内的贯标和认证"热"。全球已有几十万家工厂企业、政府机构、服务组织及其他各类组织导入ISO 9001并获得第三方认证，在中国，截至2004年底已有超过13万家单位通过ISO 9001认证。

ISO组织最新颁布的ISO 9001：2015系列标准，有四个核心标准：

（1）质量管理体系 基础和术语。

（2）质量管理体系 要求。

（3）质量管理体系 业绩改进指南。

（4）质量和（或）环境管理体系审核指南。

其中《质量管理体系要求》是认证机构审核的依据标准，也是想进行认证的企业需要满足的标准。

3.2.2 工程监理公司推行 ISO 9001 质量管理体系认证的现实意义

工程监理公司以提供高智能技术服务为主要工作内容，依据国家有关法律、法规对建设工程实行监督管理。工程监理公司的产品就是工程建设中的监理服务以及服务过程中产生的有关文件和资料。ISO 9001 质量管理体系对于工程监理公司能进一步提高企业的质量管理水平，能有效提高工程监理服务质量和完善工程监理公司质量管理。

1. 质量管理体系运行保证了工程监理服务质量的稳定

质量管理体系贯彻了预防为主的思想。在质量管理体系的运作中，通过对工程建设工程监理活动过程的策划，将工程中可能出现的问题进行了提前考虑和预测，并对此针对性地制定相应的工程投资、质量、进度的预控措施，减少或避免各类隐患的出现，变被动工程监理为主动监理，保证了监理服务质量的稳定。

质量管理体系强调了过程的控制。任何监理活动都是通过各种过程来实现的。为防止不符合要求的情况出现，必须强调监理的过程控制。过程控制是在工程建设中，对施工的人、机、料、法、环五大因素的控制。在工程监理服务过程中，一是对工程监理的实施过程的控制，即工程监理企业内部对监理人员的管理，如：监理人员持证上岗、工作到位情况，对服务过程中形成的各类监理资料、记录、报告、文件的管理等；二是对工程项目实体投资、质量、进度的控制，即采取何种监理手段、方法或措施使工程的投资、质量、进度达到预期的目标。通过对主要施工技术方案的分析审查，采用科学的检验、实验方法，确定材料、工艺的可靠性，想方设法寻求节约投资，确保工期和保证质量。

质量管理体系确保了资源的提供。只有在具备符合要求和能力的人员、先进的检测装备、适宜的工作环境和必要的基础设施保障的情况下，才能保证监理服务质量水平的提高，满足顾客的要求。

2. 质量管理体系运行保证了工程监理服务质量的提高

质量管理体系具有持续改进的功能。体系针对监理服务过程中的不合格及不良趋势，采取有效的纠正措施或预防措施；有计划地开展质量管理体系内部审核活动，发现、纠正、改善不足之处，促进监理服务质量的提高，促进工程监理公司质量管理水平的持续改进。

质量管理体系具有良性循环、稳步前进的机制。标准要求以顾客为关注焦点，重视顾客的要求和反馈，通过收集、分析信息和数据，寻找不断改进的机会，达到改进和提高服务质量的目的；强调对服务活动过程的策划，促使工程监理服务有计划、有目的地开展提出始于教育，终于教育的原则，通过加强对质量管理体系标准的学习，以及对新技术、新材料、新规范、新标准的专业培训，达到增强质量管理意识，理解企业的质量方针，提高个人素质和企业的工程监理服务质量的目的。

3. 质量管理体系运行完善了工程监理公司质量管理

在实施工程监理服务过程中，需要有很强的组织性、技术性和系统性。若缺乏质量管理或体系不完善、不健全，就不能或者很难使所依据的法规、标准以及资源配置得到切实贯彻。体系将各阶段、各环节的工作有机地组织起来，按有关法律、法规、标准的规定和程序运作，再通过信息反馈，对工程监理服务质量进行动态控制，形成一个既能明确任务、职责和权限，又能互相协调、促进的有机整体。这是任何技术标准、规范所不能替代的。

4. 质量管理体系运行体现了工程监理服务的规范化

质量管理体系为了使企业建立完善的组织机构，健全各项规章制度，强化质量管理，通过编制质量管理体系文件——《质量手册》、《程序文件》以及《作业指导书》（或规章制度/管理办法）来明确质量方针和目标，建立符合标准的质量管理体系。

在管理体系的有效运行中，工程监理公司有目的地制定一系列考核办法，使每位监理人员清楚自己的工作目标、工作标准、工作程序以及定量定性的考核内容，保证监理工作整体水平的提高，使工程监理公司管理实现标准化、程序化和规范化。

5. 质量管理体系运行实现了工程监理公司的动态管理

质量管理体系通过内部质量审核、纠正及预防措施，以及管理评审等活动，对工程监理公司运行中不合格或不能满足顾客要求的因素不断地进行改进、纠正，以达到动态管理，自我完善，持续改进的良性机制，促使企业为顾客提供长期稳定、满意的服务质量，甚至去超越顾客的期望，增强工程监理企业的市场竞争能力。

因此，推行 ISO 9001 质量管理体系认证是工程监理公司谋求自身发展，迎合行业发展趋势的必然规律，也是中国加入 WTO 后工程监理公司迎接挑战，与国际接轨的必由之路。

3.3 质量控制的任务

工程建设质量控制的目的是确保工程项目质量目标全面实现，提高工程项目的投资效益、社会效益和环境效益。因此，质量控制的任务就是根据工程合同规定的工程建设各阶段的质量目标，对工程建设全过程的质量实施监督管理。

1. 项目决策阶段质量控制的任务

项目决策阶段质量控制的任务是审核可行性研究报告。主要审核其是否符合国民经济发展的长远规划、国民经济建设的方针政策，是否符合项目建议书或业主的要求，是否具有可靠的自然、经济、社会环境等基础资料和数据，是否符合相关的技术经济方面的规范、标准和定额等指标，可行性研究报告的内容、深度和计算指标是否达到标准要求等。

2. 设计阶段质量控制的任务

(1) 审查设计基础资料的正确性和完整性。设计方案的先进性和合理性，确定最佳设计方案。

(2) 协助业主编制（或审核）设计招标文件。组织设计方案竞赛，督促设计单位完善质量保证体系，建立内部专业交底及专业会签制度。

(3) 进行设计质量跟踪检查，控制设计图纸的质量。在初步设计和技术设计阶段（或扩初阶段），主要检查生产工艺及设备的选型、总平面与运输的布置、建筑与设施的布置、采用的设计标准和主要技术参数；在施工图设计阶段，主要检查计算是否有错误、选用材料及做法是否合理、标注的各部分设计标高和尺寸是否有误、各专业之间是否有矛盾等。

(4) 组织施工图会审，评定、验收设计文件。

3. 施工阶段质量控制的任务

施工阶段质量控制是关键环节，工程质量很大程度上取决于施工阶段质量控制。其中心任务是通过建立健全有效的质量监督工作体系来确保工程质量达到合同规定的标准和等级要求。根据工程质量形成的时间阶段，施工阶段的质量控制又可分为质量的事前控制、事中控制和事后控制。其中，工作的重点应是质量的事前控制。质量的事前、事中、事后控制的任务如下。

(1) 质量的事前控制

1) 确定质量标准，明确质量要求，建立本项目的质量控制体系。

2) 施工场地的质检验收。包括：现场障碍物的拆除、迁建及清除后的验收，现场定位轴线及高程标桩的测设、验收。

3) 审查承包单位、分包单位的资质，督促其建立并完善质量保证体系。开工时应检查工程主要技术负责人是否到位。

4) 检查工程使用的原材料、半成品。包括：审核出厂证明、技术合格证或质量保证书，抽检材料、半成品质量，采用新材料、新型制品应检查技术鉴定文件。

5）查验施工机械、设备及计量器具是否符合要求。

6）审查施工单位提交的施工组织设计或施工方案对保证工程质量是否有可靠的技术和组织措施。结合监理工程项目的具体情况，要求施工单位编制重点分部（项）工程的施工工法文件，提交针对当前工程质量通病制定的技术措施，提交为保证工程质量而制定的预控措施；要求总包单位编制“土建、安装、装修”标准工艺流程图，审核施工单位制定的成品保护措施、方法；完善质量报表、质量事故的报告制度等。

（2）质量的事中控制

1）施工工艺过程质量控制采用现场检查、旁站、量测及试验等方法。对工序交接检查要坚持上道工序不经检查验收不准进行下道工序的原则。

2）做好隐蔽工程检查验收工作和工程变更及技术核定工作。对工程质量事故的处理，要分析事故的原因、责任，审核、批准处理事故的技术措施或方案，检查其效果。

3）为了保证工程质量，监理工程师可以行使质量监督权，下达停工指令，严格工程开工报告和复工报告审批制度，进行质量、技术鉴定，对工程进度款的支付签署质量认证意见。

4）建立质量监理日志，组织现场质量协调会，定期向业主报告有关工程质量动态情况。

（3）质量事后控制

1）组织单位、单项工程竣工验收，对工程项目进行质量评定。

2）审核竣工图及其他技术文件资料，整理工程技术文件资料并编目建档。

（4）保修阶段质量控制

审核承包单位的《工程保修证书》，检查、鉴定工程质量状况和使用情况，对出现的质量缺陷确定责任者并督促承包单位修复质量缺陷，在保修期结束后检查工程保修状况，移交保修资料。

3.4 质量控制的方法

3.4.1 建设监理质量控制的方法

监理员在选用质量控制方法时，必须根据需要，有针对性。许多方法是融合在一起且很难截然分开的，因此在采用时要有辩证观点、系统观点和求实精神。质量控制方法可大致分类如下。

1. 技术方法

技术方法包括：审核施工方案，图纸会审，技术交底，质量检查，质量检验和试验，质量验收，质量评定，采用新技术、新工艺、新材料、新设备、新结构，审核技术措施，技术革新和技术改进等。

（1）审批承包商的施工方案、质量计划、施工组织设计或施工计划，控制工程施工质量有可靠的技术措施保障。

（2）审批承包商提交的有关材料、半成品、构（配）件质量证明文件或出厂合格证、试验报告等，确保工程质量有可靠的物质基础。

（3）审批有关工程变更、修改设计等，确保设计、施工的质量。

（4）审核有关应用新技术、新工艺、新材料等技术鉴定书，审批其应用申请报告，确保新技术应用的质量。

2. 组织方法

组织方法包括建立质量保证体系，推行质量责任制，开展小组活动质量审核制度等。

（1）审批有关工程质量事故或质量问题的处理报告，确保质量事故或质量问题处理的质量。

（2）审批与签署现场有关质量技术签证、文件等。

（3）审核承包商的资质证明文件，控制承包商的质量体系。

（4）审批承包商的开工申请，检查核实其施工准备工作质量。

3. 管理方法

管理方法包括：全面质量管理活动，质量咨询、监理与监督，设立质量奖，对质量事故进行惩处，合同管理方法，数理统计方法，信息管理方法，各种图表方法等。

第4章 地基基础工程质量监理

基础是建筑物的最下部分的承重构件，是建筑物的一部分。基础承受建筑物上部结构传递下来的全部荷载，并把这些荷载连同本身的重量一起传到地基上。

基础下面承受压力的土层或岩层称为地基。地基的土层分为岩石、碎石土、砂土、粉土、黏性土和人工填土。地基有天然地基和人工地基两类。凡天然土层具有足够的承载力，不需要人工改良或加固，可直接在上面建造房屋的称为天然地基；而当土层的承载力差时，必须对土层进行加固，这种经过人工处理的地基，即人工地基。

4.1 地基工程质量监理

4.1.1 灰土地基

1. 材料质量监理

(1) 土料。采用就地挖土的黏性土及塑性指数大于4的粉土；土内不得含有松软杂质和耕植土；土料应过筛，其颗粒不应大于15mm。

(2) 石灰。应使用Ⅲ级以上新鲜的块灰，氧化钙、氧化镁含量越高越好，使用前1～2d消解并过筛，其颗粒不得大于5mm，且不应夹有未熟化的生石灰块及其他杂质，也不得含有过多水分。

2. 监理巡视与验收

(1) 监理巡视要点

1) 在施工前应检查原材料，例如灰土的土料、石灰以及配合比、灰土拌匀的程度。

2) 在施工过程中应检查分层铺设厚度，分段施工时上下两层的搭接长度，夯实时的加水量、夯压遍数等。

3）每层施工结束后应检查灰土地基的压实系数。压实系数 λ_C 为土在施工时实际达到的干密度 ρ_d 与室内采用击实试验得到的最大干密度 ρ_{dmax} 之比，即：

$$\lambda_c = \rho_d / \rho_{dmax}$$

灰土应逐层用贯入仪检验，以达到控制（设计要求）压实系数所对应的贯入度为合格，或用环刀取样检测灰土的干密度，除以试验的最大干密度求得。在施工结束后，应检验灰土地基的承载力。

（2）监理验收

1）验收标准

① 灰土地基施工质量检查主控项目检验应符合表 4-1 的规定。

灰土地基施工质量检查主控项目检验表　　　表 4-1

序号	检查项目	允许偏差或允许值		检查方法	检查数量
		单位	数值		
1	地基承载力	按设计要求		按规定方法	每单位工程应不少于 3 个检验点，1000m² 以上工程，每 100m² 至少应有 1 个检验点；3000m² 以上工程，每 300m² 至少应有 1 个检验点。每一独立基础下至少应有 1 个检验点，基槽每 20 延米应有 1 个检验点
2	配合比	按设计要求		按拌合时的体积比	柱坑按总数抽查 10%；但不少于 5 个；基坑、沟槽每 10m² 抽查 1 处，但不少于 5 处
3	压实系数	按设计要求		现场实测	应分层抽样检验土的干密度，当采用贯入仪或钢筋检验垫层的质量时，检验点的间距应小于 4m。当取土样检验垫层的质量时，对大基坑每 50～100m² 应不少于 1 个检验点；对基槽每 10～20m² 应不少于 1 个检验点；每个单独柱基应不少于 1 个检验点

② 灰土地基施工质量检查一般项目检验应符合表4-2的规定。

灰土地基施工质量检查一般项目检查表　　表4-2

序号	检查项目	允许偏差或允许值		检查方法	检查数量
		单位	数值		
1	石灰粒径	mm	≤5	筛分法	柱坑按总数抽查10%；但不少于5个；基坑、沟槽每$100m^2$抽查1处，但不少于5处
2	土料有机质含量	%	≤5	试验室焙烧法	随机抽查，但土料产地变化时须重新检测
3	土颗粒粒径	mm	≤15	筛分法	柱坑按总数抽查10%；但不少于5个；基坑、沟槽每$10m^2$抽查1处，但不少于5处
4	含水量（与要求的最优含水量比较）	%	±2	烘干法	应分层抽样检验土的干密度，当采用贯入仪或钢筋检验垫层的质量时，检验点的间距应小于4m。当取土样检验垫层的质量时，对大基坑每50～$100m^2$应不少于1个检验点；对基槽每10～$20m^2$应不少于1个检验点；每个单独柱基应不少于1个检验点
5	分层厚度偏差（与设计要求比较）	mm	±50	水准仪	柱坑按总数抽查10%；但不少于5个；基坑、沟槽每$10m^2$抽查1处，但不少于5处

2）验收资料

① 地基验槽记录。

② 配合比试验记录。

③ 环刀法与贯入度法检测报告。

④ 最优含水量检测记录和施工含水量实测记录。

⑤ 载荷试验报告。

⑥ 每层现场实测压密系数的施工竣工图。

⑦ 分段施工时，上下两层搭接部位和搭接长度记录。

⑧ 灰土地基分项质量检验记录（每一个验收批需提供一份记录）。

4.1.2 砂和砂石地基

1. 材料质量监理

(1) 砂

宜用颗粒级配良好、质地坚硬的中砂或粗砂，当用细砂、粉砂时，应掺加粒径20～50mm的卵石（或碎石），但要分布均匀。砂中有机质含量不超过5%，含泥量应小于5%，兼作排水垫层时，含泥量不得超过3%。

(2) 砂石

用自然级配的砂砾石（或卵石、碎石）混合物，粒级应在50mm以下，其含量应在50%以内，不得含有植物残体、垃圾等杂物，含泥量小于5%。

2. 监理巡视与验收

(1) 监理巡视要点

1) 在施工前应检查砂、石等原材料质量及砂、石拌合均匀程度。

2) 在分段施工时，接头处应做成斜坡，每层错开0.5～1m，并应充分捣实。在铺砂及砂石时，如地基底面深度不同，应预先挖成阶梯形式或斜坡形式，以先深后浅的顺序进行施工。

3) 砂石地基应分层铺垫、分层夯实。每铺好一层垫层，经密度检验合格后方可进行上一层施工。

4) 在施工过程中必须检查地基分层厚度、分段施工时搭接部分的压实情况、加水量、压实遍数、压实系数。

5) 施工结束后，应检验砂石地基的承载力。

(2) 监理验收

1) 验收标准

① 砂和砂石地基施工质量检查主控项目检验应符合表4-3的规定。

砂和砂石地基施工质量检查主控项目检查表　　表 4-3

序号	检查项目	允许偏差或允许值	检查方法	检查数量
1	地基承载力	符合设计要求	按规定方法	每单位工程应不少于 3 个检验点，1000m² 以上工程，每 100m² 至少应有 1 个检验点；3000m² 以上工程，每 300m² 至少应有 1 个检验点。每一独立基础下至少应有 1 个检验点，基槽每 20 延米应有 1 个检验点
2	配合比		检查拌合时的体积比或重量比	柱坑按总数抽查 10%；但不少于 5 个；基坑、沟槽每 10m² 抽查 1 处，但不少于 5 处
3	压实系数		现场实测	应分层抽样检验土的干密度，当采用贯入仪或钢筋检验垫层的质量时，检验点的间距应小于 4m。当取土样检验垫层的质量时，对大基坑每 50～100m² 应不少于 1 个检验点；对基槽每 10～20m² 应不少于 1 个检验点；每个单独柱基应不少于 1 个检验点

② 砂和砂石地基施工质量检查一般项目检验应符合表 4-4 的规定。

砂和砂石地基施工质量检查一般项目检查表　　表 4-4

序号	检查项目	允许偏差或允许值		检查方法	检查数量
		单位	数值		
1	砂石料有机质含量	%	≤5	焙烧法	随机抽查，但砂石料产地变化时须重新检测
2	砂石料含泥量	%	≤5	水洗法	石子的取样、检测。用大型工具（如火车、货船或汽车）运输至现场的，以 400m³ 或 600t 为一验收批；用小型工具（如马车等）运输的，以 200m³ 或 300t 为一验收批。不足上述数量者以一验收批取样的取样、检测
3	石料粒径	mm	≤100	筛分法	

续表

序号	检查项目	允许偏差或允许值		检查方法	检查数量
		单位	数值		
4	含水量（与最优含水量比较）	%	±2	烘干法	每 $50\sim100m^2$ 不少于 1 个检验点
5	分层厚度偏差（与设计要求比较）	mm	±50	水准仪	柱坑按总数抽查 10%，但不少于 5 个；基坑、沟槽每 $10m^2$ 抽查 1 处，但不少于 5 处

2）验收资料

① 地基验槽记录。

② 配合比试验记录。

③ 环刀法与贯入度法检测报告。

④ 最优含水量检测记录和施工含水量实测记录。

⑤ 载荷试验报告。

⑥ 每层现场实测压密系数的施工竣工图。

⑦ 分段施工时，上下两层搭接部位和搭接长度记录。

⑧ 砂和砂石地基分项质量检验记录（每一个验收批提供一份记录）。

4.1.3 粉煤灰地基

1. 材料质量监理

粉煤灰，是指从煤燃烧后的烟气中收捕下来的细灰。粉煤灰是燃煤电厂排出的主要固体废物，有良好的物理力学性能，用它作为处理软弱土层的换填材料，已在许多地区广泛应用。

粉煤灰外观类似水泥，颜色在乳白色到灰黑色之间变化。粉煤灰的颜色是一项重要的质量指标，可以反映含碳量的多少和差异，在一定程度上也可以反映粉煤灰的细度。颜色越深的粉煤灰粒度越细，含碳量越高。粉煤灰可分为低钙粉煤灰和高钙粉煤灰。通常高钙粉煤灰的颜色偏黄，低钙粉煤灰的颜色偏灰。粉煤灰颗粒呈多孔型蜂窝状组织，比表面积较大，具有较高的吸附活性，颗粒的粒径范围为0.5～300μm，并且珠壁具有多孔结构，孔隙率高达50%～80%，有很强的吸水性。

粉煤灰中严禁混入植物、生活垃圾及其他有机杂质。粉煤灰进场，其含水量应控制在±2%范围内。

2. 监理巡视与验收

（1）监理巡视要点

1）在施工前应检查粉煤灰材料，并对基槽清底状况、地质条件予以检验。

2）在施工过程中，应检查铺筑厚度、碾压遍数、施工含水量控制、搭接区碾压程度、压实系数等。

3）在施工结束后，应对地基的压实系数进行检查，并做载荷试验。载荷试验（平板载荷试验或十字板剪切试验）数量，每单位工程不少于3点和3000m² 以上工程，每300m² 至少一点。

（2）监理验收

1）验收标准

① 粉煤灰地基施工质量检查主控项目检验应符合表4-5的规定。

粉煤灰地基施工质量检查主控项目检查表　　表4-5

<table>
<tr><th>序号</th><th>检查项目</th><th>允许偏差或允许值</th><th>检查方法</th><th>检查数量</th></tr>
<tr><td>1</td><td>压实系数</td><td rowspan="2">设计要求</td><td>现场实测</td><td>每柱坑不少于2点；基坑每20m² 查1点；但不少于2点；基槽、管沟、路面基层每20m² 查1点，但不少于5点；地面基层每30～50m² 查1点，但不少于5点；场地铺垫每100～400m² 查1点；但不得小于10点</td></tr>
<tr><td>2</td><td>地基承载力</td><td>按规定方法</td><td>每单位工程应不少于3点；1000m² 以上工程，每100m² 至少应有1点，3000m² 以上工程，每300m² 至少应有1点。每一独立基础下至少应有1点，基槽每20延米应有1点</td></tr>
</table>

② 粉煤灰地基施工质量检查一般项目检验应符合表 4-6 的规定。

粉煤灰地基施工质量检查一般项目检查表　　　表 4-6

序号	检查项目	允许偏差或允许值		检查方法	检查数量
		单位	数值		
1	粉煤灰粒径	mm	0.001～2.000	过筛	同一厂家、同一批次为一批
2	氧化铝及三氧化硅含量	%	≥70	分析试验室化学	
3	烧失量	%	≤12	试验室烧结法	
4	每层铺筑厚度	mm	±50	水准仪	柱坑按总数抽查 10%；但不少于 5 个；基坑、沟槽每 $10m^2$ 抽查 1 处，但不少于 5 处
5	含水量（与要求的最优含水量比较）	%	±2	取样后试验室确定	对大基坑每 50～$100m^2$ 应不少于 1 点，对基槽每 10～$20m^2$ 应不少于 1 个点，每个单独柱基应不少于 1 点

2）验收资料

① 地基验槽记录。

② 最优含水量试验报告和施工含水量实测记录。

③ 载荷试验报告。

④ 每层现场实测压实系数的施工竣工图。

⑤ 每层施工记录（包括分层厚度和碾压遍数，搭接区碾压程度）。

⑥ 粉煤灰地基工程分项质量验收记录。

4.1.4 强夯地基

1. 材料质量监理

（1）强夯地基的概念

强夯地基是用起重机械将大吨位（一般 8～30t）夯锤起吊

到 6～30m 高度后，自由落下，给地基土以强大的冲击能量的夯击，使土中出现冲击波和很大的冲击应力，迫使土层空隙压缩，土体局部液化，在夯击点周围产生裂隙，形成良好的排水通道，孔隙水和气体逸出，使土料重新排列，经时效压密达到固结，从而提高地基承载力，降低其压缩性的一种有效的地基加固方法，使表面形成一层较为均匀的硬层来承受上部载荷。

（2）夯地基适用范围

强夯地基适于加固碎石土、砂土、低饱和度粉土、黏性土、湿陷性黄土、高填土、杂填土以及“围海造地”地基、工业废渣、垃圾地基等的处理；也可用于防止粉土及粉砂的液化，消除或降低大孔土的湿陷性等级；对于高饱和度淤泥、软黏土、泥炭、沼泽土，如采取一定技术措施也可采用，还可用于水下夯实。强夯不得用于不允许对工程周围建筑物和设备有一定振动影响的地基加固，必要时应采取防振、隔振措施。

（3）强夯地基施工程序

强夯施工程序为：清理、平整场地→标出第一遍夯点位置、测量场地高程→起重机就位、夯锤对准夯点位置→测量夯前锤顶高程→将夯锤吊到预定高度脱钩自由下落进行夯击，测量锤顶高程→往复夯击，按规定夯击次数及控制标准，完成一个夯点的夯击→重复以上工序，完成第一遍全部夯点的夯击→用推土机将夯坑填平，测量场地高程→在规定的间隔时间后，按上述起序逐次完成全部夯击遍数→用低能量满夯，将场地表层松土夯实，并测量夯后场地高程。

2. 监理巡视与验收

（1）监理巡视要点

1）在施工前应检查夯锤重量、尺寸、落锤控制手段、排水设施及被夯地基的土质。

2）在施工中应检查落距、夯击遍数、夯点位置、夯击范围。

3）在施工结束后，检查被夯地基的强度并进行承载力检验。检查点数，每一独立基础至少有一点，基槽每 20 延米有一点，整片地基 50～100m² 取一点。强夯后的土体强度随间歇时间的增加而增加，检验强夯效果的测试工作，宜在强夯之后 1～4 周进行，不宜在强夯结束后立即进行测试工作，否则测得的强度偏低。

（2）监理验收

1）验收标准

① 强夯地基施工质量检查主控项目检验应符合表 4-7 的规定。

强夯地基施工质量检查主控项目检查表　　表 4-7

<table>
<tr><th>序号</th><th>检查项目</th><th>允许偏差或允许值</th><th>检查方法</th><th>检查数量</th></tr>
<tr><td>1</td><td>地基强度</td><td rowspan="2">按设计要求</td><td rowspan="2">按规定方法</td><td>对于简单场地上的一般建筑物，每个建筑物地基的检验点应不少于 3 处；对于复杂场地或重要建筑物地基应增加检验点数。检验深度应不小于设计处理的深度</td></tr>
<tr><td>2</td><td>地基承载力</td><td>每单位工程应不少于 3 点；1000m² 以上工程，每 100m² 至少应有 1 点，3000m² 以上工程，每 300m² 至少应有 1 点。每一独立基础下至少应有 1 点，基槽每 20 延米应有 1 点</td></tr>
</table>

② 强夯地基施工质量检查一般项目检验应符合表 4-8 的规定。

强夯地基施工质量检查一般项目检查表　　表 4-8

<table>
<tr><th rowspan="2">序号</th><th rowspan="2">检查项目</th><th colspan="2">允许偏差或允许值</th><th rowspan="2">检查方法</th><th rowspan="2">检查数量</th></tr>
<tr><th>单位</th><th>数值</th></tr>
<tr><td>1</td><td>夯锤落距</td><td>mm</td><td>±300</td><td>钢索设标志</td><td>每工作台班不少于 3 次</td></tr>
<tr><td>2</td><td>锤重</td><td>kg</td><td>±100</td><td>称重</td><td rowspan="2">全数检查</td></tr>
<tr><td>3</td><td>夯击遍数及顺序</td><td colspan="2">设计要求</td><td>计数法</td></tr>
</table>

续表

序号	检查项目	允许偏差或允许值		检查方法	检查数量
		单位	数值		
4	夯点间距	mm	±500	用钢直尺量	可按夯击点数抽查5%
5	夯击范围（超出基础范围距离）	设计要求		用钢直尺量	
6	前后两遍间歇时间	设计要求		—	全数检查

2）验收资料

① 地基验槽记录。

② 施工前地质勘察报告。

③ 强夯地基或重锤夯实地基试验记录。

④ 重锤夯实地基含水量检测记录和橡皮土处理方法、部位、层次记录。

⑤ 标贯、触探、载荷试验报告。

⑥ 每遍夯击的施工记录。

4.1.5　注浆地基

1. 材料质量监理

（1）水泥

按设计规定的品种、强度等级，查验出厂质保书或按批号抽样送检，查试验报告。

（2）注浆用砂

粒径＜2.5mm，细度模数＜2.0，含泥量及有机物含量＜3%，同产地同规格每300～600t为一验收批，查送样试验报告。

（3）注浆用黏土

塑性指数＞14，黏粒含量＞25%，含砂量＜5%，有机物含量＜3%，决定取土部位后取样送检，查送检样品试验报告。

（4）粉煤灰

细度不大于同时使用的水泥细度，烧失量不＜3%，决定取某厂粉煤灰后取样送检，查送检样品试验报告。

（5）水玻璃

模数在 2.5～3.3 之间，按进货批现场随机抽样送检，查送检试验报告。

（6）其他化学浆液

按设计要求检验化学浆液性能指标，查出厂质保书或抽样送检试验报告。

2. 监理巡视与验收

（1）监理巡视要点

1）施工前应掌握有关技术文件（注浆点位置、浆液配合比、注浆施工技术参数、检测要求等）。浆液组成材料的性能应符合设计要求，注浆设备应确保正常运转。

2）施工中应经常抽查浆液的配合比及主要性能指标，注浆的顺序、注浆过程中的压力控制等。

3）施工结束后，应检查注浆体强度、承载力等。检查孔数为总量的 2%～5%，不合格率大于或等于 20%时应进行二次注浆。检验应在注浆后 15d（砂土、黄土）或 60d（黏性土）进行。

（2）监理验收

1）监理验收标准

注浆地基的质量监理验收标准应符合表 4-9 的规定。

注浆地基质量监理验收标准　　表 4-9

项	序	检查项目		允许偏差或允许值		检查方法
				单位	数值	
主控项目	1	原材料检验	水泥	设计要求		查产品合格证书或抽样送检
			注浆用砂：粒径 细度模数 含泥量及有机物含量	mm %	＜2.5 ＜2.0 ＜3	试验室试验
			注浆用黏土：塑性指数 黏粒含量 含砂量 有机物含量	 % % %	＞14 ＞25 ＜5 ＜3	试验室试验

续表

项	序	检查项目		允许偏差或允许值		检查方法
				单位	数值	
主控项目	1	原材料检验	粉煤灰：细度	不粗于同时使用的水泥		试验室试验
			烧失量	%	<3	
			水玻璃：模数	2.5～3.3		抽样送检
			其他化学浆液	设计要求		查产品合格证书或抽样送检
	2	注浆体强度		设计要求		取样检验
	3	地基承载力		设计要求		按规定方法
一般项目	1	各种注浆材料称量误差		%	<3	抽查
	2	注浆孔位		mm	±20	用钢尺量
	3	注浆孔深		mm	±100	量测注浆管长度
	4	注浆压力（与设计参数比）		%	±10	检查压力表读数

2）验收资料

① 地质勘察资料。

② 设计注浆参数与施工方案。

③ 原材料出厂质保书或抽样送验试验报告。

④ 计量装置检查记录。

⑤ 拌浆记录，每孔位注浆记录。

⑥ 注浆体强度取样检验试验报告。

⑦ 承载力检测报告。

⑧ 注浆竣工图。

⑨ 特殊情况处理记录与设计确认签证。

⑩ 注浆地基每一验收批检验记录。

4.1.6 振冲地基

1. 材料质量监理

振冲地基填料可用坚硬不受侵蚀影响的碎石、卵石、角砾、圆砾、矿渣以及砾砂、粗砂、中砂等。粗骨料粒径以20～50mm较合适，最大粒径不宜大于80mm，含泥量不宜大于5%，不得含有杂质、土块和已风化的石子。

2. 监理巡视与验收

（1）监理巡视要点

1）在施工前应检查振冲器的性能，电流表、电压表的准确度及填料的性能。

2）在施工中应检查密实电流、供水压力、供水量、填料量、孔底留振时间、振冲点位置、振冲器施工参数等（施工参数由振冲试验或设计确定）。

3）在施工结束后，应在有代表性的地段做地基强度或地基承载力检验。

（2）监理验收

1）验收标准

① 振冲地基施工质量检验主控项目检验应符合表 4-10 的规定。

振冲地基施工质量检验主控项目检验　　表 4-10

序号	检查项目	允许偏差或允许值		检查方法	检查数量
		单位	数值		
1	填料粒径	设计要求		抽样检查	同一产地每 600t 一批
2	密实电流（黏性土） 密实电流（砂性土或粉土） （以上为功率 30kW 振冲器） 密实电流（其他类型振冲器）	A A A_0	50～55 40～50 1.5～2.0	电流表读数 电流表读数 电流表读数，A_0 为空振电流	每工作台班不少于 3 次
3	地基承载力	设计要求		按规定方法	总孔数的 0.5%～1%，但不得少于 3 处

② 振冲地基施工质量检验一般项目检验应符合表 4-11 的规定。

振冲地基施工质量检验一般项目检验　　表 4-11

序号	检查项目	允许偏差或允许值		检查方法	检查数量
		单位	数值		
1	填料含泥量	%	<5	抽样检查	按进场的批次和产品的抽样检验方案确定
2	振冲器喷水中心与孔径中心偏差	mm	≤50	用钢直尺量	总孔数的 20%，且不少于 5 根
3	成孔中心与设计孔位中心偏差	mm	≤100	用钢直尺量	
4	桩体直径		<50	用钢直尺量	
5	孔深	mm	±200	量钻杆或重锤测	全数检查

2）验收资料

① 地质勘察报告。

② 振冲地基设计桩位图。

③ 振冲地基现场试成桩记录和确认的施工参数。

④ 振冲地基逐孔施工记录（包括密实电流、填料量、留振时间等数据）。

⑤ 振冲地基填料质量试验报告。

⑥ 振冲地基承载力试验报告。

⑦ 振冲地基桩位竣工图。

⑧ 振冲地基质量检验验收批记录。

4.2　桩基础工程质量监理

4.2.1　混凝土预制桩

1. 桩制作质量监理

（1）预制桩钢筋骨架要求

钢筋骨架的要求见表 4-12。操作班组必须全数自检主控项目 1～4 项，确保主控项目不超差，主筋距桩顶距离±5mm，若有偏差时不准正偏差（即主筋距桩顶的距离不准比设计的小）。

预制桩钢筋骨架质量检验标准 表 4-12

项	序	检查项目	允许偏差或允许值（mm）	检查方法
主控项目	1	主筋距桩顶距离	±5	用钢尺量
	2	多节桩锚固钢筋位置	5	用钢尺量
	3	多节桩预埋铁件	±3	用钢尺量
	4	主筋保护层厚度	±5	用钢尺量
一般项目	1	主筋间距	±5	用钢尺量
	2	桩尖中心线	10	用钢尺量
	3	箍筋间距	±20	用钢尺量
	4	桩顶钢筋网片	±10	用钢尺量
	5	多节桩锚固钢筋长度	±10	用钢尺量

（2）混凝土配合比检验与试件制作

现场拌制混凝土时，每台班应检查砂、石、加水量的称量，如用袋装水泥应检查袋装水泥质量，袋装水泥每袋净含量 50kg，且不得少于标志质量的 98%，随机抽取 20 袋总质量不得少于 1000kg。每台班拌制混凝土在加水量能正确控制的情况下，至少起拌时用坍落度仪测定一次坍落度与设计坍落度比是否符合，数据记入坍落度检查记录表中。每拌制 100 盘且不超过 100m^3 的同配合比的混凝土，取样不得少于一次；每工作班拌制的同一配合比的混凝土不足 100 盘时，取样不得少于一次；每次取样应至少留置一组标准养护试件，同条件养护试件的留置组数按上述规定和实际需要确定，检查每次浇筑试件的试验报告。

2. 监理巡视与验收

（1）监理巡视要点

1）在现场预制桩时，应对原材料、钢筋骨架、混凝土强度进行检查；采用工厂生产的成品桩时，进场后桩应进行外观及尺寸检查。

2）在打桩前，按设计要求进行桩定位放线，确定桩位，每根桩中心钉一小桩，并设置油漆标志。桩的吊立定位，通常利用桩架附设的起重钩及桩机上卷扬机吊桩就位，或配一台履带式起重机送桩就位，并用桩架上夹具或落下桩锤及桩帽固定位置。

3）当桩端（指桩的全截面）位于一般土层时，应以控制桩端设计标高为主，贯入度可作参考。

4）桩端达到坚硬、硬塑的黏性土，中密度以上粉土、砂土，碎石类土、风化岩时，以贯入度控制为主，桩端标高可作参考。

5）当贯入度已达到，而桩端标高未达到时，应继续锤击 3 阵，按每阵 10 击的贯入度不大于设计规定的数值加以确认。

6）振动法沉桩是以振动箱代替桩锤，其质量控制是以最后 3 次振动（加压），每次 10min 或 5min，测出每分钟的平均贯入度，以不大于设计规定的数值为合格，而摩擦桩则以沉到设计要求的深度为合格。

（2）监理验收

1）验收标准

① 预制桩钢筋骨架：

a. 预制桩钢筋骨架施工质量检查主控项目检验应符合表 4-13 的规定。

预制桩钢筋骨架施工质量检查主控项目检验　　表 4-13

序号	检查项目	允许偏差或允许值（mm）	检查方法	检查数量
1	主筋距桩顶距离	±5	用钢直尺量	抽查 20%
2	多节桩锚固钢筋位置	5		
3	多节桩预埋铁件	±3		
4	主筋保护层厚度	±5		

b. 预制桩钢筋骨架施工质量检查一般项目检验应符合表 4-14 的规定。

② 钢筋混凝土预制桩：

a. 钢筋混凝土预制桩施工质量检查主控项目检验应符合表 4-15 的规定。

预制桩钢筋骨架施工质量检查一般项目检验　表 4-14

序号	检查项目	允许偏差或允许值（mm）	检查方法	检查数量
1	主筋间距	±5	用钢直尺量	抽查 20%
2	桩尖中心线	10		
3	箍筋间距	±20		
4	桩顶钢筋网片	±10		
5	多节桩锚固钢筋长度	±10		

钢筋混凝土预制桩施工质量检查主控项目检验　表 4-15

序号	检查项目	允许偏差或允许值	检查方法	检查数量
1	桩体质量检验	按基桩检测技术规范	按基桩检测技术规范	按设计要求
2	桩位偏差	《建筑地基基础工程施工质量验收规范》(GB 50202—2002)	用钢直尺量	全数检查
3	承载力	按基桩检测技术规范	按基桩检测技术规范	按设计要求

b. 钢筋混凝土预制桩施工质量检查一般项目检验应符合表 4-16 的规定。

钢筋混凝土预制桩施工质量检查一般项目检验　表 4-16

序号	检查项目	允许偏差或允许值		检查方法	检查数量
		单位	数值		
1	砂、石、水泥、钢材等原材料（现场预制时）	符合设计要求		查出厂质保文件或抽样送检	按设计要求
2	混凝土配合比及强度（现场预制时）	符合设计要求		检查称量及查试块记录	
3	成品桩外形	表面平整，颜色均匀，掉角深度<10mm，蜂窝面积小于总面积 0.5%		直观	抽总桩数 20%
4	成品桩裂缝（收缩裂缝或起吊、装运、堆放引起的裂缝）	深度<20mm，宽度<0.25mm，横向裂缝不超过边长的一半		裂缝测定仪，该项在地下水有侵蚀地区及锤击数超过 500 击的长桩不适用	全数检查

续表

序号	检查项目		允许偏差或允许值		检查方法	检查数量
			单位	数值		
5	成品桩尺寸	① 横截面边长 ② 桩顶对角线差 ③ 桩尖中心线 ④ 桩身弯曲矢高 ⑤ 桩顶平整度	mm mm mm/mm	±5<10 10< l/1000 <2	用钢直尺量用钢直尺量用钢直尺量，l 为桩长用水平尺量	抽总桩数 20%
6	电焊接桩焊缝	a. 上下节端部错口 (外径≤700mm) (外径>700mm) b. 焊缝咬边深度 c. 焊缝加强层高度	mm mm mm mm mm	≤3 ≤2 ≤0.5 2 2	用钢直尺量 用钢直尺量 焊缝检查仪 焊缝检查仪 焊缝检查仪	抽 20% 接头
		d. 焊缝加强层宽度	无气孔，无焊瘤，无裂缝		直观	抽 10% 接头
		e. 焊缝电焊质量外观 f. 焊缝探伤检验	满足设计要求		按设计要求	抽 20% 接头
	电焊结束后停歇时间上下节平面偏差节点弯曲矢高		min min /	>1.0 <10 <l/1000	秒表测定 用钢直尺量 用钢直尺量，l 为桩长	全数检查
7	硫磺胶泥接桩	胶泥浇筑时间 浇筑后停歇时间	min min	<2 >7	秒表测定 秒表测定	全数检查
8	桩预标高		mm	±50	水准仪	抽 20%
9	停锤标准		设计要求		现场实测或查沉桩记录	

2）验收资料

① 钢筋混凝土预制桩的出厂合格证。

② 现场预制桩的检验记录（包括材料合格证、材料试验报告、混凝土配合比、现场混凝土计量和坍落度检验记录、钢筋骨架隐蔽工程验收、每批浇捣混凝土强度试验报告、每批浇筑验收检验记录等）。

③ 补桩平面示意图。

④ 试桩或试验记录。

⑤ 打（压）桩施工记录。

⑥ 桩位竣工平面图（包括桩位偏差、桩顶标高、桩身垂直度）。

⑦ 周围环境监测的记录。

⑧ 打（压）桩每一验收批记录。

4.2.2 混凝土灌注桩

1. 材料质量监理

（1）混凝土

1）粗骨料。应采用质地坚硬的卵石、碎石，其粒径宜用15～25mm。卵石不宜大于50mm，碎石不宜大于40mm。含泥量不大于2%，无垃圾及杂物。

2）细骨料。应选用质地坚硬的中砂，含泥量不大于5%，无垃圾、草根、泥块等杂物。

3）水泥。宜用32.5级或42.5级的普通硅酸盐水泥或硅酸盐水泥，使用前须查明其品种、强度等级、出厂日期，应有出厂质量证明，到现场后分批见证取样，复试合格后才准使用。严禁用快硬水泥浇筑水下混凝土。

4）水。一般饮用水或洁净的自然水。

（2）灌注桩钢筋及钢筋笼

混凝土灌注桩所用钢筋应有出厂合格证，钢筋到达现场，分批随机抽样、见证复试合格后方准使用。混凝土灌注桩钢筋笼质量标准见表4-17。

混凝土灌柱桩钢筋笼质量检验标准　　表4-17

项	序	检验项目	允许偏差或允许值（mm）	检查办法
主控项目	1	主筋间距	±10	用钢尺量
	2	长度	±100	用钢尺量
一般项目	1	钢筋材质检验	设计要求	抽样送检
	2	箍筋间距	±20	用钢尺量
	3	直径	±10	用钢尺量

2. 监理巡视与验收

(1) 监理巡视要点

1) 施工前，应对水泥、砂、石子（如现场搅拌）、钢材等原材料进行检查，对施工组织设计中制定的施工顺序、监测手段（包括仪器、方法）也应检查。

2) 施工中，应对成孔、清渣、放置钢筋笼、灌注混凝土等进行全过程检查，人工挖孔桩尚应复验孔底持力层土（岩）性。嵌岩桩必须有桩端持力层的岩性报告。

3) 在施工结束后，应检查混凝土强度，并应做桩体质量及承载力的检验。

(2) 监理验收

1) 验收标准

灌注桩的桩位偏差应符合《建筑地基基础工程施工质量验收规范》(GB 50202—2002) 的规定，桩顶标高至少要比设计标高高出 0.5m。桩底清孔质量按不同的成桩工艺有不同的要求，应按各节要求执行。每浇筑 $50m^3$ 必须有 1 组试件，小于 $50m^3$ 的桩，每根桩必须有 1 组试件。

① 混凝土灌注桩钢筋笼：

a. 混凝土灌注桩施工质量检查主控项目检验应符合表 4-18 的规定。

混凝土灌注桩施工质量检查主控项目检验　　表 4-18

序号	检查项目	允许偏差或允许值 (mm)	检查方法	检查数量
1	主筋间距	±10	用钢直尺量	全数检查
2	长度	±100		

b. 混凝土灌注桩施工质量检查一般项目检验应符合表 4-19 的规定。

② 混凝土灌注桩：

a. 混凝土灌注桩施工质量检查主控项目检验应符合表 4-20 的规定。

混凝土灌注桩施工质量检查一般项目检验　　表 4-19

序号	检查项目	允许偏差或允许值（mm）	检查方法	检查数量
1	钢筋材质检验	设计要求	抽样送检	按进场的批次和产品的抽样检验方案确定
2	箍筋间距	±20	用钢直尺量	抽 20%桩数
3	直径	±10		

混凝土灌注桩施工质量检查主控项目检验　　表 4-20

序号	检查项目	允许偏差或允许值		检查方法	检查数量
		单位	数值		
1	桩位	见《建筑地基基础工程施工质量验收规范》(GB 50202—2002)		基坑开挖前量护筒，开挖后量桩中心	全数检查
2	孔深	mm	+300	只深不浅，用重锤测，或测钻杆、套管长度，嵌岩桩应确保进入设计要求的嵌岩深度	
3	桩体质量检验	按基桩检测技术规范。如钻芯取样，大直径嵌岩桩应钻至桩尖下 50cm		按基桩检测技术规范	按设计要求
4	混凝土强度	设计要求		试件报告或钻芯取样送检	每浇筑 $50m^3$ 必须有 1 组试件，小于 $50m^3$ 的桩，每根或每台班必须有 1 组试件
5	承载力	按基桩检测技术规范		按基桩检测技术规范	按设计要求

b. 混凝土灌注桩施工质量检查一般项目检验应符合表 4-21 的规定。

2）验收资料

① 桩设计图纸、施工说明和地质资料。

混凝土灌注桩施工质量检查一般项目检验　　表 4-21

序号	检查项目		允许偏差或允许值		检查方法	检查数
			单位	数值		
1	垂直度		见《建筑地基基础工程施工质量验收规范》(GB 50202—2002)		测套管或钻杆，或用超声波探测，干施工时吊垂球	全数检查
2	桩径		见《建筑地基基础工程施工质量验收规范》(GB 50202—2002)		井径仪或超声波检测，干施工时用钢直尺量，人工挖孔桩不包括内衬厚度	全数检查
3	泥浆比重(黏土或砂性土中)		1.15～1.20		用比重计测，清孔后在距孔底 50cm 处取样	全数检查
4	泥浆面标高(高于地下水位)		m	0.5～1.0	目测	全数检查
5	沉渣厚度	端承桩 摩擦桩	mm mm	≤50 ≤150	用沉渣仪或重锤测量	全数检查
6	混凝土坍落度	水下灌注 干施工	mm mm	160～220 70～100	坍落度仪	每浇筑 50m³ 必须有一组试件
7	钢筋笼安装深度		mm	±100	用钢直尺量	全数检查
8	混凝土充盈系数		>1		检查每根桩的实际灌注量	全数检查
9	桩顶标高		mm	+30 −50	水准仪，需扣除桩顶浮浆层及劣质桩体	全数检查

② 当地无成熟经验时，必须提供试成孔资料。

③ 材料合格证和到施工现场后复试试验报告。

④ 灌注桩从开孔至混凝土灌注的各工序施工记录。

⑤ 隐蔽工程验收记录。

⑥ 单桩混凝土试件试压报告。

⑦ 桩体完整性测试报告。

4.2.3 钢桩

1. 材料质量监理

(1) 钢管桩

相比其他钢桩，钢管柱在多个方面均具有其特有的优越性，例如接长焊接、单桩承载力、抗弯曲刚度、贯入能力等多个方面。

(2) 型钢桩

Ⅰ型与H型属于型钢桩中较为常见的截面形状。在水平荷载、垂直荷载的承载中均可应用Ⅰ型与H型的型钢桩。型钢桩在多种地层中的贯入能力较强，此外，其对地层产生的扰动较为轻微，是部分挤土桩的一种。若打入桩在中心处的间距较小，可使用H型钢桩替换其他的挤土桩，从而预防因为打桩作业而引起的地面不良现象，例如侧向挤动、隆起等。

(3) 钢板桩

钢板桩具有多种形式，其两侧带有的子母接口槽形状不一。第二根板状在第一根就位之后，取前一根板桩侧面槽口作为打入部位。如此一来，可使多根板桩沿着海岸（或是河岸）形成较为完整的板桩墙。另外，也可采用一组钢板桩组成围垦，或是在开挖基坑时以之作为临时的支挡保护。

2. 监理巡视与验收

(1) 监理巡视要点

1) 钢桩、沉桩

① 混凝土预制桩沉桩过程、各条质量要求均适用于钢桩施工。

② 锤击沉桩时，应控制：钢管桩沉桩有困难，可采用管内取土法沉桩。

③ 沉H型钢桩时：

a. 持力层较硬时，H型钢桩不宜送桩。

b. 在施工现场地表如有大块石、混凝土块等回填物，在插桩前用触探法了解桩位上的障碍物，清除障碍物后再插入H型钢桩，能保证沉桩顺利和桩垂直度正确。

c. H 型钢桩断面刚度较小，锤重不宜大于 4.5t 级（柴油锤），且在锤击过程中桩架前应有横向约束装置，防止横向失稳。

2）钢桩焊接

① 桩端部的浮锈、油污等脏物必须清除，保持干燥；下节桩桩顶经锤击后的变形部分应割除。

② 上、下节桩焊接时应校正垂直度，用两台经纬仪呈 90°方向，对口的间隙留 2～3mm。

③ 焊接应对称进行，应用多层焊，钢管桩各层焊缝接头应错开，焊渣应每层清除。

④ 焊丝（自动焊）或焊条应烘干。

⑤ 气温低于 0℃或雨雪天，无可靠措施确保焊接质量时，不得施焊。

⑥ 每个接头焊毕，应冷却 1min 后方可锤击。

3）其他

① 施工中应检查钢桩的垂直度、沉入过程、电焊连接质量、电焊后的停歇时间、桩顶锤击后的完整状况。电焊质量除常规检查外，应做 10%的焊缝探伤检查。

② 施工结束以后应做承载力检验。

（2）监理验收

1）验收标准

① 成品钢桩：

a. 成品钢桩施工质量检查主控项目检验应符合表 4-22 的规定。

成品钢桩施工质量检查主控项目检验　　表 4-22

序号	检查项目		允许偏差或允许值		检查方法	检查数量
			单位	数值		
1	钢桩外径或截面尺寸	桩端 桩身	—	±0.5%D ±1D	用钢直尺量，D 为外径或边长	全数检查
2	矢高		—	<l/1000	用钢直尺量，l 为桩长	

b. 成品钢桩施工质量检查一般项目检验应符合表 4-23 的规定。

成品钢桩施工质量检查一般项目检验　　　　表 4-23

序号	检查项目	允许偏差或允许值		检查方法	检查数量
		单位	数值		
1	长度	mm	+10	用钢直尺量	
2	端部平整度	mm	≤2	用水平尺量	
3	H 型钢桩的方正度： $h \geqslant 300$ $h < 300$	mm mm	$T+T' \leqslant 8$ $T+T' \leqslant 6$	用钢直尺量，h、T、T'见图示	抽取总桩数20%
4	端部平面与桩中心线的倾斜值	mm	≤2	用水平尺量	

② 钢桩施工：

a. 钢桩施工质量检查主控项目检验应符合表 4-24 的规定。

钢桩施工质量检查主控项目检验　　　　表 4-24

序号	检查项目	允许偏差或允许值	检查方法	检查数量
1	桩位偏差	《建筑地基基础工程施工质量验收规范》（GB 50202—2002）	用钢直尺量	按设计要求
2	承载力	按基桩检测技术规范	按基桩检测技术规范	

b. 钢桩施工质量检查一般项目检验应符合表 4-25 的规定。

2）验收资料

① 桩基设计文件和施工图，包括图纸会审纪要、设计变更等。

② 桩位测量放线成果和验线表。

钢桩施工质量检查一般项目检验　　表 4-25

序号	检查项目		允许偏差或允许值		检查方法	检查数量
			单位	数值		
1	电焊接桩焊缝	a. 上下节端部错口 (外径≥700mm) (外径<700mm)	mm mm	≤3 ≤2	用钢直尺量 用钢直尺量	抽 20% 接头
		b. 焊缝咬边深度	mm	≤0.5	焊缝检查仪	
		c. 焊缝加强层高度	mm	2	焊缝检查仪	
		d. 焊缝加强层宽度	mm	2	焊缝检查仪	
		e. 焊缝电焊质量外观	无气孔，无焊瘤，无裂缝		直观	
		f. 焊缝探伤检验	满足设计要求		按设计要求	
2	电焊结束后停歇时间		min	>1.0	秒表测定	
3	节点弯曲矢高		—	<l/1000	用钢直尺量，l 为两节桩长	抽检 20%
4	桩顶标高		mm	±50	水准仪	总桩数
5	停锤标准		设计要求		用钢直尺量或沉桩记录	抽检 20%

③ 工程地质和水文地质勘察报告。

④ 经审定的施工组织设计或施工方案，包括实施中的变更文件和资料。

⑤ 钢桩出厂合格证及钢桩技术性能资料。

⑥ 打桩施工记录，包括桩位编号图。

⑦ 桩基竣工图。

⑧ 成桩质量检验报告和承载力检验报告。

⑨ 质量事故处理资料。

4.2.4 静压力桩

1. 材料质量监理

(1) 电焊条

品牌、规格、型号符合设计要求，查产品合格证书。

(2) 硫磺胶泥

查产品合格证书，或随机取样送有关部门检验。

2. 监理巡视与验收

(1) 监理巡视要点

1) 施工前，应对成品桩（锚杆静压成品桩一般均由工厂制造，运至现场堆放）做外观及强度检验，接桩用焊条或半成品硫磺胶泥应有产品合格证书，或送有关部门检验，压桩用压力表、锚杆规格及质量也应进行检查。

2) 桩定位控制。压桩前对已放线定位的桩位按施工图进行系统的轴线复核，并检查定位桩一旦受外力影响时，第二套控制桩是否安全可靠，并可立即投入使用。桩位的放样，群桩控制在 20mm 偏差之内，单排桩控制在 10mm 偏差内。做好定位放线复核记录，在压桩过程中应对每根桩位复核，防止因压桩后引起桩位的位移。

3) 桩位过程检验。当桩顶设计标高低于施工场地标高，送桩后无法对桩位进行检查时，对压入桩可在每根桩的桩顶沉至场地标高时，在送桩前对每根桩顶的轴线位置进行中间验收，符合允许偏差范围方可送桩到位。待全部桩压入后，承台或底板控制设计标高的同时，再做桩的轴线位置最终验收。

4) 接桩的节点要求：

① 焊接接桩。钢材宜用低碳钢。接桩处如有间隙应用铁片填实焊牢，对称焊接，焊缝连续饱满，并注意焊接变形。焊毕冷却时间＞1min 后方可施压。

② 硫磺胶泥接桩：

a. 选用半成品硫磺胶泥。

b. 浇筑硫磺胶泥的温度控制在 140～150℃范围内。

c. 浇筑时间不得超过 2min。

d. 上下节桩连接的中心偏差不得大于 10mm，节点弯曲矢高不得大于 $l/1000$（l 为两节桩长）。

e. 硫磺胶泥灌注后需停歇的时间应大于 7min。

f. 硫磺胶泥半成品应每 100kg 做一组试件（一组 3 件）。

5）压桩过程中应检查压力、桩垂直度、接桩间歇时间、桩的连接质量及压入深度。重要工程应对电焊接桩的接头做 10% 的探伤检查。对承受反力的结构应加强观测。施工结束后，应做桩的承载力及桩体质量检验

（2）监理验收

1）验收标准

① 静力压桩施工质量检查主控项目检验应符合表 4-26 的规定。

静力压桩施工质量检查主控项目检验　　　表 4-26

序号	检查项目		允许偏差或允许值		检查方法	检查数量
			单位	数值		
1	桩体质量检验		按基桩检测技术规范		按基桩检测技术规范	按设计要求
2	桩位偏差	盖有基础梁的桩： ① 垂直基础梁的中心线	mm	100+0.01H	用钢直尺测量，H为施工现场地面标高与桩顶设计标高的距离	全数检查
		② 沿基础梁的中心线	mm	150+0.01H		
		桩数为 1～3 根桩基中的桩	mm	100		
		桩数为 4～16 根桩基中的桩		1/2 桩径或边长		
		桩数大于 16 根桩基中的桩： ① 最外边的桩	mm	1/3 桩径或边长		
		② 中间桩		1/2 桩径或边长		
3	承载力		按基桩检测技术规范		按基桩检测技术规范	按设计要求

② 静力压桩施工质量检验一般项目检验应符合表 4-27 的规定。

静力压桩施工质量检验一般项目检验　　　　表 4-27

序号	检查项目			允许偏差或允许值		检查方法	检查数量
				单位	数值		
1	外观			表面平整，颜色均匀，掉角深度＜10mm，蜂窝面积小于总面积0.5%		直观	抽20%
	外形尺寸	横截面边长		mm	±5	用钢直尺量	
		桩顶对角线差		mm	＜10	用钢直尺量	
		桩尖中心线		mm	＜10	用钢直尺量	
		桩身弯曲矢高		—	＜l/1000	用钢直尺量，l为桩长	
		桩顶平整度		mm	＜2	用水平尺量	
	强度			满足设计要求		查产品合格证书或钻芯试压	按设计要求
2	硫磺胶泥质量（半成品）			设计要求		查产品合格证书或抽样送检	每100kg做一组试件（3件）。且一台班不少于1组
3	接桩	电焊接桩	电焊接桩焊缝： ① 上下节端部错口 （外径≥700mm）	mm	≤3	用钢直尺量	抽20%接头
			（外径＜700mm）	mm	≤2	用钢直尺量	
			② 焊缝咬边深度	mm	≤0.5	焊缝检查仪	
			③ 焊缝加强层高度	mm	2	焊缝检查仪	
			④ 焊缝加强层宽度	mm	2	焊缝检查仪	
			⑤ 焊缝电焊质量外观	无气孔，无焊瘤，无裂缝		直观	
			⑥ 焊缝探伤检验	满足设计要求		按设计要求	抽10%接头
			电焊结束后停歇时间	min	＞1.0	秒表测定	抽20%接头
		硫磺胶泥接桩	胶泥浇筑时间	min	＜2	秒表测定	全数检查
			浇筑后停歇时间	min	＞7	秒表测定	

续表

序号	检查项目	允许偏差或允许值		检查方法	检查数量
		单位	数值		
4	电焊条质量	设计要求		查产品合格证书	全数检查
5	压桩压力（设计有要求时）	%	±5	查压力表读数	一台班不少于3次
6	接桩时上下节平面偏差 接桩时节点弯曲矢高	mm —	<10 $<l/1000$	用钢直尺量 用钢直尺量，l为两节桩长	水准仪
7	桩顶标高		±50	水准仪	

2）验收资料

① 桩的结构图及设计变更通知单。

② 材料的出厂合格证和试验报告、化验报告。

③ 焊件和焊接记录及焊件试验报告。

④ 桩体质量检验记录。

⑤ 混凝土试件强度试验报告。

⑥ 压桩施工记录。

⑦ 桩位平面图。

4.2.5　水泥土搅拌桩

1. 材料质量监理

水泥土搅拌桩是用于加固饱和软黏土低地基的一种方法，它利用水泥作为固化剂，通过特制的搅拌机械，在地基深处将软土和固化剂强制搅拌，利用固化剂和软土之间所产生的一系列物理化学反应，使软土硬结成具有整体性、水稳定性和一定强度的优质地基。

深层水泥土搅拌桩的制作原料主要是水泥，因此原材料水泥的质量是十分重要的，一般而言，深层水泥土搅拌桩所使用42.5级的普通水泥，其物理力学性能必须通过复检才能使用。在进场前要保证水泥强度等级是否与要求相同，这时需要抽样调查，如遇不合格的水泥原料，需要进行清退以保证合格优质的水泥土深层搅拌桩的制成，外加剂要保证有产品合格证，其渗入量应该通过试验来进行确定，采用市政自来水，大型机械进场需要保证场地的平整，机械的各项运转参数等都务必满足相关规范要求，设计安排合理的施工作业面。在工程的施工阶段，建筑材料的好坏与质量控制紧密相关。这就要求监理单位坚持见证取样制度，对进场原材料进行严格把关，并见证取样及时送检。水泥土搅拌桩地基质量检验标准应符合表 4-28 的规定。

水泥土搅拌桩地基工程质量标准和检验方法　　表 4-28

类别	序号	检查项目	质量标准	单位	检验方法及器具
主控项目	1	地基承载力	必须符合设计要求		按规定方法，检查检测报告
	2	水泥及外掺剂质量	应符合设计要求和有关标准的规定		查产品合格证或抽样送检
	3	水泥用量	应符合参数指标		查看流量计
	4	桩体强度	应符合设计要求		按规定办法，对承重水泥土搅拌桩应取 90d 后的试件；对支护水泥土搅拌桩应取 28d 后的试件
一般项目	1	机头提升速度偏差	≤0.5	m/min	量机头上升距离及时间
	2	桩底标高偏差	±200	mm	测机头深度
	3	桩顶标高偏差	−50～+100	mm	水准仪（最上部 500mm 不计入）
	4	桩位偏差	<50	mm	用钢尺检查
	5	桩径偏差	<0.04D	mm	用钢尺检查
	6	垂直度	≤1.5%		经纬仪
	7	搭接	>200	mm	用钢尺检查

注：D 为桩径。

2. 监理巡视与验收

（1）监理巡视要点

1）施工前，平整场地，根据设计图纸，放样定位复核。

2）开机前检查导向架的垂直度，开机后随时观察控制其垂直度满足规范要求（搅拌桩垂直度偏差不得超过1.0%，桩位偏差不大于50mm）。

3）预搅下沉：搅拌机沿导向架搅拌切土下沉，下沉的速度可由电动机的电流监测表控制。工作电流不应大于70A。

4）制备水泥浆：水泥浆液须按试桩确定的配比拌制，搅拌均匀，泵送连续，不得离析；水灰比必须认真控制，可采用泥浆比重计对各台班进行随机抽样测试。

5）提升喷浆搅拌：搅拌机下沉到设计深度后，开启灰浆泵将水泥浆压入地基中，边喷浆边旋转，同时严格按照设计确定的提升速度提升搅拌机。

6）重复上、下搅拌：搅拌机提升至设计加固深度的顶面标高时，集料斗中的水泥浆应正好排空。为使软土和水泥浆搅拌均匀，可再次上、下搅拌二次。

7）为保证桩端施工质量，当浆液达到出浆口后，应喷浆座底30s，使浆液完全到达桩端。

8）打桩过程因故中断而续打时，为防止断桩或缺浆，应使搅拌轴下沉至停浆面以下0.5m，待恢复供浆后再继续喷浆提升。若停机超过3h，为防止浆液硬结堵管，宜先拆卸输浆管路，妥为清洗。

9）严格控制桩深、复搅下沉和提升速度以及泵送压力，确保成桩效果。

10）为保证桩头质量，喷浆搅拌应高于设计桩基顶500mm.且当喷浆提升至设计桩项时，应稍有停滞。

11）制桩完成后，须达到要求的龄期后方可进行开挖，清理桩头时不得使用重锤或重型机械，宜用小锤、短钎等轻便工具操作，以免损坏桩头。

12）对施工中出现的问题应及时分析原因，提出处理办法。一般问题的出现及处理参考见表 4-29。

施工中问题分析及处理措施　　表 4-29

问题	原因分析	处理措施
喷浆阻塞	（1）水泥受潮结块。 （2）制浆池滤网破损以及清渣不及时	（1）更换水泥，改善现场临时仓库的防雨防潮条件。 （2）加强设备器具的检查及维修保养工作，定期更换易损件
速度失稳	（1）设备自身速度控制系统存在缺陷。 （2）机组人员操作不规范，不熟练	（1）不符合技术要求的设备机具不得进场，陈旧的设备应及时更换。 （2）督促施工单位搞好岗前培训工作，建立持证上岗制度
喷浆不足	（1）输浆管有弯折、外压或漏浆情况。 （2）输浆管道过长，沿程压力损失增大	（1）及时检查，理顺管道，清除外压，发现漏浆点应进行补漏，严重时可停机换管。 （2）制浆池尽量布置靠近桩位，以缩短送浆管道。当场地条件不具备时，可适当调增泵送压力
进尺受阻	地下存在尚未清除的孤石、树根及其他障碍物等	（1）及时停机移位，排除障碍物后重新复位开机。 （2）当障碍物较深又难以清除时，应及时与设计及有关方联系，结合实地情况共同协商处理措施

（2）监理验收

1）验收标准

水泥搅拌桩施工验收是保证工程质量的重要手段。该工法的施工验收是在工程项目质量检验和质量评定的基础上进行的。施工质量检验方法和应用范围见表 4-30。水泥搅拌桩地基质量检验标准应符合表 4-31 的规定。

① 检测时间应结合具体设计要求进行，可在成桩后 7d、14d、28d、60d、90d 进行。

水泥搅拌桩施工质量检验的方法、目的要求和应用范围

表 4-30

方法名称	目的要求	应用范围
检查施工记录法	质量检查的重点是水泥用量、水泥浆拌制的罐数、压浆过程中有无断浆现象和喷浆搅拌提升时间及复搅次数。对于不合格的桩应根据其位置和数量等具体情况，分别采取补桩或加强邻桩等措施，但应尽量征得设计人员的同意	施工过程中应随时检查。工程竣工后，施工记录应存档备查
轻型动力触探（N_{10}）法	检验搅拌均匀性。成桩 7d 内，用轻型动力触探器附带的勺钻，在搅拌桩体钻孔，取出水泥土桩芯，观察其颜色是否一致，是否存在水泥浆富集的结核。或未被搅匀的土团。检验桩的数量应不少于已完成桩数的 2%	成桩后超过 7d，此法不易使用
	动力触探试验。当 1d 龄期的桩身 N_{10} 的击数大于 15 击或 7d 龄期的桩身 N_{10} 的击数大于原天然地基的 N_{10} 击数一倍以上时，桩身强度已达设计要求。检验桩的数量同上	其深度一般不超过 4m
桩身取样强度检验法	用钻孔直径不小于 108mm 的钻机，钻取桩芯样，制成不小于 50mm×50mm×50mm 的试块，进行桩身实际强度的无侧限抗压强度试验	一般在轻型动力触探后，对桩身强度有怀疑的区段进行
动测检验法	桩身龄期达 28d 者，抽桩进行动测检验，以查定桩长和有无断桩、夹泥及扩颈、缩颈等桩身质量问题。预估单桩承载力	常用
载荷试验法	最大加载量为设计荷载的两倍，检验单桩承载力或复合地基承载力。每一场地不少于 2 个点	场地复杂或施工有问题的桩。不常用
开挖检验法	桩位、桩数、桩顶质量标准；开挖后测放建筑物轴线或基础轮廓线，记录实际桩数、桩位、质量，并根据偏位桩的数量、部位、程度进行安全分析，确定补救措施。桩顶强度检验：用 Φ16mm，长 2m 的平头钢筋，垂直放在桩顶，如用人力能压入 100mm（龄期 28d）者，表明施工质量有问题。一般可将桩顶挖去 0.5m。再填入 C10 混凝土或砂浆即可	最后一根成桩 7d 后，人工开挖。常用，一般挖开桩顶深度约 0.5m
	挖开桩顶 3～4m 深度，检查其外观搭接状态，也可沿壁状加固体轴线，斜向钻孔，使钻杆通过三四根桩身，可检查深部相邻桩的搭接情况	用作止水挡土的壁状深层搅拌桩体

续表

方法名称	目的要求	应用范围
沉降观察法	对积累资料，完善设计理论有重要价值。对沉降要求严格的建（构）筑物，应在建筑物施工期或使用期进行	成片住宅小区、有行车的厂房和油罐等建（构）筑物

水泥搅拌桩地基质量检验标准　　表 4-31

项	序	检查项目	允许偏差或允许值		检查方法
			单位	数值	
主控项目	1	水泥及外掺剂质量	设计要求		查产品合格证书或抽样送检
	2	水泥用量	参数指标		查看流量计
	3	桩体强度	设计要求		按规定办法
	4	地基承载力	设计要求		按规定办法
一般项目	1	机头提升速度	m/min	≤0.5	量机头上升距离及时间
	2	桩底标高	mm	±200	测机头深度
	3	桩顶标高	mm	+100，-50	水准仪（最上部 500mm 不计入）
	4	桩位偏差	mm	<50	用钢尺量
	5	桩径		<0.04D	用钢尺量，D 为桩径
	6	垂直度	%	≤1.5	经纬仪
	7	搭接	mm	>200	用钢尺量

② 复核桩中心位置偏差，偏差值应满足规范和设计要求（例如不得超过 100mm 或 $D/2$）。

③ 开挖桩头，测量桩直径，观察桩身坚硬程度与均匀性，必要时可就地取样进行室内土工试验，以检验是否达到设计要求。

④ 抽芯取样，用钻孔方法连续取水泥土搅拌桩桩芯，检查桩芯的连续性、均匀性、硬度及桩长。抽芯的施工方法与一般地质勘察方法略有不同，即要干钻不能湿钻；钻孔位置一般不应在桩中心处。

⑤ 标准贯入试验：检测深度和点数按设计要求确定，且处理目标土层和桩底位置上下都应有测点，检验不同龄期的桩体强度变化和均匀性。

⑥ 按设计要求进行单桩、单桩复合地基和多桩复合地基静荷载试验，综合评价桩体质量和复合地基处理效果。

⑦ 沉降验算，搅拌桩复合地基的变形包括复合土层的压缩变形和桩端以下未处理土层的压缩变形。

⑧ 督促施工单位及时整理相关资料，提交桩基验收报告。

⑨ 组织中间交工验收，按有关质量验评标准评定质量等级。

⑩ 经验收合格后方可进行下道工序施工，资料成果及时整理归档。

2）验收资料

① 桩基设计文件和施工图，包括图纸会审纪要、设计变更等。

② 水泥出厂合格证及复试报告。

③ 材料合格证和到施工现场后复试试验报告。

④ 桩位测量放线成果和验线表。

⑤ 工程地质和水文地质勘察报告。

⑥ 桩体完整性测试报告。

⑦ 桩静载试验、地基检测报告。

4.2.6 三轴搅拌桩

1. 材料质量监理

三轴搅拌桩是长螺旋桩机的一种，同时有三个螺旋钻孔，施工时三条螺旋钻孔同时向下施工，一般用于地下连续墙工法使用，是软基处理的一种有效形式，利用搅拌桩机将水泥喷入土体并充分搅拌，使水泥与土发生一系列物理化学反应，使软土硬结而提高地基强度。三轴搅拌桩在基坑围护工程起到重要的作用，一种中间不插型钢，只作为止水用，如需挡土应与其他工艺结合应用；一种是搅拌桩桩体内插 H 型钢（俗称 SMW 工法）既可以起到止水亦可以作挡土墙，适用于挖深较浅的基坑。

三轴搅拌桩的施工流程：桩位放样→钻机就位→检验、调整钻机→正循环钻进至设计深度→打开高压注浆泵→反循环提钻并喷水泥浆至工作基准面以下0.3m→重复搅拌下钻至设计深度→反循环提钻并喷水泥浆至地表→成桩结束→施工下一根桩。施工工艺：三轴搅拌桩施工前应进行成桩不小于2根工艺性试验，确定三轴搅拌桩机喷浆量、钻进速度、提升速度、搅拌次数等参数。待工艺试验经检测满足设计和质量要求后，方能进行大面积施工。

桩位布置按设计图排列布置桩位，在现场用经纬仪或全站仪定出每根桩的桩位，并做好标记，每根桩位误差±5cm。搅拌桩机到达作业位置，由当班机长统一指挥，移动前仔细观察现场情况，确保移位平稳、安全，待桩机就位后，用吊锤检查调整钻杆与地面垂直角度，确保垂直度偏差不大于1%。在桩机架上画出以米为单位的长度标记，以便钻杆入土时观察、记录钻杆的钻进深度，确保搅拌桩长不少于设计桩长。备制水泥浆按成桩工艺试验确定配合比拌制水泥浆，待压浆前将水泥浆倒入储浆桶中，制备好的水泥浆滞留时间不得超过2h。

2. 监理巡视与验收

（1）监理巡视要点

1）三轴搅拌桩的质量控制应贯穿在施工的全过程，施工中必须随时检查施工记录和计量记录。重点检查水泥用量、桩长、钻头提升速度、复搅次数和喷浆深度、停浆处理方法等。

2）正式开工前应做试验桩，确定合理的施工参数。

3）施工前，根据施工图纸对所有桩体进行编号，施工时按照编号桩体进行施工并及时做好施工记录。

4）三轴搅拌桩在下沉和提升过程中保持螺杆匀速转动，匀速下钻，匀速提升。注浆施工时严格控制浆喷桩搅拌下沉和提升速度，搅拌下沉速度不超过1m/min，提升速度不超过2m/min。

5）严格控制水泥浆浆液配比，为了防止浆液离析，水泥浆配置好后不得超过 2h。

6）经常对搅拌桩机进行维修保养，尽量减少施工过程中由于设备故障而造成的质量问题。设专人负责操作，上岗前必须检查机械设备的性能，确保设备正常运转，相邻桩施工不得超过 24h，对于工法桩，若超过 24h，则需在工法桩外侧补桩。

7）为了确保搅拌桩桩位的准确度和垂直度，需使用定位卡，并注意起吊设备的平整度和导向架对地面的垂直度。

8）严禁使用过期水泥，受潮水泥，对每批水泥进行复核，合格后方能使用。

9）三轴搅拌桩在下沉和提升过程中保持螺杆匀速转动，匀速下钻，匀速提升。注浆施工时严格控制浆喷桩搅拌下沉和提升速度，搅拌下沉速度不超过 1m/min，提升速度不超过 1～1.5m/min，并在桩底部分重复搅拌注浆，宜掺加 SN-20IA 及生石膏粉，掺入量分别为水泥用量的 0.2%和 2%。施工允许偏差、检验数量及检验方法见表 4-32。

施工允许偏差、检验数量及检验方法　　表 4-32

序号	检验项目	允许偏差	检验频率	检验方法
1	桩位（纵横向）	50mm	按成桩总数的10%抽样检验，且每验批不少于5根。	经纬仪或钢尺丈量
2	桩身垂直度	1%		经纬仪或吊线测钻杆倾斜度
3	桩身有效直径和桩长	不小于设计值		钢尺丈量

10）桩身质量检验

成桩 28d 后，应截取桩体进行无侧限抗压强度试验，抽检率 2%，且不小于 3 根。在每根检测桩桩径方向 1/4 处、桩长范围内垂直钻孔取芯，观察其完整性、均匀性，拍摄取出芯样的照片，取不同深角的 3 个试样作无侧限抗压强度试验。钻芯后的孔洞采用水泥砂浆灌注封闭。

（2）监理验收

1）验收标准

主控项目：

① 水泥及外掺剂质量：按进货批检查水泥出厂质量证明书和现场抽样复试报告；

② 水泥用量：逐桩查灰浆泵流量计，计算输入桩内水泥浆液量与设计确定的水泥掺入量，满足设计要求掺量为合格；

③ 桩体强度：桩体强度检验按设计规定进行检测；

④ 地基承载力：本三轴水泥土搅拌桩作为地下连续墙槽壁土体加固，对承载力未做要求。

一般项目：

① 搅拌头提升（下降）速度：量每分钟搅拌头上升（下降）距离，搅拌头提升（下降）速度应按成桩试验采集的数控控制且须满足设计要求；

② 桩底标高：测喷浆口深度，控制在＋50mm 范围内为合格；

③ 桩顶标高：用水准仪和钢尺配合，导墙施工开挖后全数测量（桩最上部 500mm 不计入桩顶标高），桩顶标高控制在＋100、－50mm 范围内为合格；

④ 桩位偏差：用钢尺量，土方开挖后，桩顶松软部分凿除，弹出轴线，实际桩中心与设计桩中心位置比较，偏差值控制在设计要求的 40mm 内为合格，全数测量；

⑤ 桩径：凿去桩顶松软部分，用钢尺全数测量桩直径与设计直径相比，大于 $0.96D$ 为合格（D 为设计桩径）；

⑥ 垂直度：用经纬仪控制搅拌轴的垂直度，满足设计要求的≤0.5%桩长为合格；

⑦ 搭接：在桩机就位后用钢卷尺量测实际搭接长度，搭接长度大于设计要求的 250mm 为合格。

2）验收资料

① 桩基设计文件和施工图，包括图纸会审纪要、设计变

更等；

② 水泥出厂合格证及复试报告；

③ 材料合格证和到施工现场后复试试验报告；

④ 桩位测量放线成果和验线表；

⑤ 工程地质和水文地质勘察报告；

⑥ 桩体完整性测试报告；

⑦ 桩静载试验、地基检测报告。

4.3 土方工程质量监理

4.3.1 土方开挖

1. 土方开挖质量监理

(1) 土方工程施工前应进行挖方、填方的平衡计算，综合考虑土方运距最短、运程合理和各个工程项目的合理施工程序等，做好土方平衡调配，减少重复挖运。

(2) 定位桩的控制，根据规划红线或建筑方格网，按设计总平面图规定复核建筑物或构筑物的定位桩。方法采用经纬仪及标准钢卷尺进行检查。

(3) 按设计单位工程基础平面图对柱基、基坑和管沟的灰线进行轴线和几何尺寸的复核，并核查单位工程放线后的方位是否符合图纸的朝向。

(4) 挖土前，应预先设置轴线控制桩及水准点桩，并要定期进行复测和校验控制桩的位置和水准点标高，以利施工中不出差错。

(5) 当土方工程挖方较深时，施工单位应采取措施，防止基坑底部土的隆起并避免危害周边环境。

(6) 在挖方前，应做好地面排水和降低地下水位工作。

2. 监理巡视和检验

(1) 监理巡视要点

1) 应检查基底的土质情况，特别是土质与承载力是否与设计相符。

2）通过施工变形监测，检查基底围护结构是否基本稳定。

3）当基底为砂或软黏土时，应督促施工单位按设计要求，及时铺碎石、卵石，其厚度不小于20cm，对下沉尚未稳定的沉井，其刃脚下还应密垫块石。

4）若遇有局部超挖时，不能允许施工单位用素土回填，一般应用封底的混凝土加厚填平。

5）若发现基底土体仍有松土或有水井、古河、古湖、橡皮土或局部硬土（硬物）等，应与施工单位、设计单位共同协商，根据具体情况，采用相应的处理措施。

（2）监理验收

1）验收标准

① 土方开挖施工质量检查主控项目检验应符合表4-33的规定。

土方开挖施工质量检查主控项目检验　　　表4-33

序号	检查项目	允许偏差或允许值（mm）					检查方法	检查数量
		柱基基坑基槽	挖方场地平整		管沟	地（路）面基层		
			人工	机械				
1	标高	−50	±30	±50	−50	−50	水准仪	柱基按总数抽查10%，但不少于5个，每个不少于2点；基坑每20m² 取1点，每坑不少于2点；基槽、管沟、排水沟、路面基层每20m取1点，但不少于5点；挖方每30～50m² 取1点，但不少于5点
2	长度、宽度（由设计中心线向两边量）	+200 −50	+300 −100	+500 −150	+100	/	经纬仪，用钢直尺量	每20m取1点，每边不少于1点
3	边坡	设计要求					用坡度尺检查	

注：地（路）面基层的偏差只适用于直接在挖、填方上做地（路）面的基层。

② 土方开挖施工质量检查一般项目检验应符合表 4-34 的规定。

土方开挖施工质量检查一般项目检验　　　表 4-34

序号	检查项目	允许偏差或允许值（mm）					检查方法	检查数量
		柱基基坑基槽	挖方场地平整		管沟	地（路）面基层		
			人工	机械				
1	表面平整度	20	20	50	20	20	用 2m 靠尺和楔形塞尺检查	每 30～50m² 取 1 点
2	基底土性	设计要求					观察或土样分析	

2）验收资料

① 工程地质勘察报告或施工前补充的地质详勘报告。

② 地基验槽记录：应有建设单位（或监理单位）、施工单位、设计单位、勘察单位签署的检验意见。

③ 规划红线放线测量签证单或建筑物（构筑物）平面和标高放线测量记录和复核单。

④ 地基处理设计变更单或技术核定单。

⑤ 土方工程施工方案（包括排水措施、周围环境监测记录等）。

⑥ 挖土边坡坡度选定的依据。

⑦ 施工过程排水监测记录。

⑧ 土方开挖工程质量检验单。

4.3.2 土方回填

1. 土方回填质量监理

填方土料应符合设计要求，保证填方的强度和稳定性，如设计无要求时，应符合以下规定：

（1）质地坚硬的碎石和爆破石碴，粒径不大手每层铺厚的 2/3，可用于表层下的填料。

（2）砂土应采用质地坚硬的中粗砂，粒径为 0.25～0.5mm，可用于表层下的填料。如采用细、粉砂时，应取得设计单位的同意。

(3) 黏性土（粉质黏土、粉土），土块颗粒不应大于5cm，碎块草皮和有机质含量不大于8%，回填压实时，应控制土的最佳含水率。

(4) 淤泥和淤泥质土一般不能用作填料。但在软土和沼泽地区，经过处理含水量符合压实要求后，可用于填方的次要部位。碎块草皮和有机质含量大于8%的土，仅用于无压实要求的填方。

2. 监理巡视与验收

(1) 监理巡视要点

1) 填方边坡：

① 填方的边坡坡度应根据填方高度、土的种类和其重要性在设计中加以规定，当设计无规定时，可按表4-35和表4-36的规定。

② 对使用时间较长的临时性填方边坡坡度，当填方高度小于10m时，可采用1∶1.5；超过10m，可做成折线形，上部采用1∶1.5，下部采用1∶1.75。

填方的边坡控制　　表4-35

项次	土的种类	填方高度（m）	边坡坡度
1	黏土类土、黄土、类黄土	6	1∶1.50
2	粉质黏土、泥灰岩土	6～7	1∶1.50
3	中砂和粗砂	10	1∶1.50
4	砾石和碎石土	10～12	1∶1.50
5	易风化的岩土	12	1∶1.50
6	轻微风化、尺寸在25cm内的石料	6以内 6～12	1∶1.33 1∶1.50
7	轻微风化、尺寸大于25cm的石料，边坡用最大石块、分排整齐铺砌	12以内	1∶1.50～1∶0.75
8	轻微风化、尺寸大于4cm的石料，其边坡分排整齐	5以内 5～10 >10	1∶0.50 1∶0.65 1∶1.00

注：1. 当填方高度超过本表规定限值时，其边坡可做成折线形，填方下部的边坡坡度应为1∶1.75～1∶2.00。

2. 凡永久性填方，土的种类未列入本表者，其边坡坡度不得大于$\Phi+45°/2$，Φ为土的自然倾斜角。

压实填土的边坡允许值　　　　表 4-36

填料类别	压实系数 λ_c	边坡允许值（高宽比）			
		填料厚度 H(m)			
		$H\leqslant5$	$5<H\leqslant10$	$10<H\leqslant15$	$15<H\leqslant20$
碎石、卵石	0.94～0.97	1∶1.25	1∶1.50	1∶1.75	1∶2.00
砂夹石（其中碎石、卵石占全重30%～50%）		1∶1.25	1∶1.50	1∶1.75	1∶2.00
土夹石（其中碎石、卵石占全重30%～50%）	0.94～0.97	1∶1.25	1∶1.50	1∶1.75	1∶2.00
粉质黏土、黏粒含量 $\rho_c\geqslant10\%$的粉土		1∶1.25	1∶1.75	1∶2.00	1∶2.25

注：当压实填土厚度大于20m时，可设计成台阶进行压实填土的施工。

2）密实度要求：

填方的密实度要求及质量指标通常以压实系数 λ_c 表示。压实系数为土的控制（实际）干土密度 ρ_d 与最大干土密度 ρ_{dmax} 的比值。最大干土密度 ρ_{dmax} 是当最优含水量时，通过标准的击实方法确定的。密实度要求通常由设计根据工程结构性质、使用要求以及土的性质确定，若未作规定，可参考表4-37数值。

压实填土的质量控制　　　　表 4-37

结构类型	填土部位	压实系数 λ_c	控制含水量（%）
砌体承重结构和框架结构	在地基主要受力层范围内	≥0.97	$\omega_{op}\pm2$
	在地基主要受力层范围以下	≥0.95	
排架结构	在地基主要受力层范围内	≥0.96	$\omega_{op}\pm2$
	在地基主要受力层范围以下	≥0.94	

注：1. 压实系数 λ_c 为压实填土的控制干密度 ρ_d 与最大干土密度 ρ_{dmax} 的比值，ω_{op} 为最优含水量。
2. 地坪垫层以下及基础底面标高以上的压实填土，压实系数不应小于0.94。

3）压实排水要求：

① 若填土层有地下水或滞水时，应在四周设置排水沟和集水井，将水位降低。

② 已填好的土如遭水浸，应把稀泥铲除后，方能进行下一道工序。

③ 填土区应保持一定横坡，或中间稍高两边稍低，从而利于排水。当天填土，应在当天压实。

（2）监理验收

1）验收标准

① 土方回填施工质量检查主控项目检验应符合表 4-38 的规定。

土方回填施工质量检查主控项目检验　　表 4-38

序号	检查项目	允许偏差或允许值（mm）					检查方法	检查数量
		柱基基坑基槽	挖方场地平整		管沟	地（路）面基层		
			人工	机械				
1	标高	−50	±30	±50	−50	−50	水准仪	柱基按总数抽查10%，但不少于5个，每个不少于2点；基坑每 $20m^2$ 取1点，每坑不少于2点；基槽、管沟、排水沟、路面基层每 $20m^2$ 取1点，但不少于5点；场地平整每 100～$400m^2$ 取1点，但不少于10点。用水准仪检查
2	分层压实系数	设计要求					按规定方法	密实度控制基坑和室内填土，每按 100～$500m^2$ 取样一组；场地平整填方，每层按 400～$900m^2$ 取样一组；坑和管沟回填每 20～$50m^2$ 取样一组，但每层均不得少于一组，取样部位为每层压实后的下半部

② 土方回填施工质量检查一般项目检验应符合表 4-39 的规定。

土方回填施工质量检查一般项目检验　　　表 4-39

序号	检查项目	允许偏差或允许值（mm）					检查方法	检查数量
		柱基基坑基槽	挖方场地平整		管沟	地（路）面基层		
			人工	机械				
1	回填土料	设计要求					取样检查或直观鉴别	同一土场不少丁 1 组
2	分层厚度及含水量	设计要求					水准仪及抽样检查	分层铺土厚度检查每 10～20mm 或 100～200m² 设置一处。回填料实测含水量与最佳含水量之差，黏性土控制在 −4%～+2%范围内，每层填料均应抽样检查一次，由于气候因素使含水量发生较大变化时，应再抽样检查
3	表面平整度	20	20	30	20	20	用靠尺或水准仪	每 30～50m² 取 1 点

2）验收资料

① 地基验槽记录：应有建设单位、监理单位、施工单位、设计单位及勘察单位签署的检验意见。

② 填方工程基底处理记录。

③ 规划红线放线测量签证单或建筑物（构筑物）平面和标高放线测量记录和复核单。

④ 地基处理设计变更单或技术核定单。

⑤ 隐蔽工程验收记录。

⑥ 回填土料取样检查或工地直观鉴别记录。

⑦ 填筑厚度及压实遍数取值的根据或试验报告。
⑧ 最优含水量选定根据或试验报告。
⑨ 填土边坡坡度选定的依据。
⑩ 每层填土分层压实系数测试报告和取样分布图。
⑪ 土方回填工程质量检验单。

第5章　主体结构工程质量监理

5.1　混凝土结构工程质量监理

5.1.1　模板工程

1. 材料质量监理

(1) 木模板

木模板所用的木材（红松、白松、落叶松、马尾松及杉木等）材质不宜低于Ⅲ等材质。木材上如有节疤、缺口等疵病，在拼模时应截去疵病部分，对不贯通截面的疵病部分可放在模板的反面，腐烂木枋不可用作龙骨，使用九夹板时，出厂含水率应控制在8%～16%，单个试件的胶合强度≥0.70MPa。

木模板在拼制时，板边应找平刨直，拼缝严密，当混凝土表面不粉刷时板面应刨光。板材和方材要求四角方正、尺寸一致，圆材要求最小梢径必须满足模板设计要求。顶撑、横楞、牵杠、围箍等应用坚硬、挺直的木料，其配置尺寸除必须满足模板设计要求外，还应注意通用性。木模板及支撑用材规格可参考模板手册选用，必要时按《木结构设计规范》(GB 50005—2003）进行设计。

(2) 组合钢模板

组合钢模板由钢模板、配件连接件和配件支承件组成。组合钢模板的规格见表5-1。

组合钢模板的规格（单位：mm）　　**表5-1**

规格	平面模板	阴角模板	阳角模板	连接角模
宽度	300、250、200、150、100	150×150 100×150	100×100 50×50	50×50
长度	1500、1200、900、750、600、450、55			
肋高	55			

钢模板采用 Q235 钢板制作，厚度模数为 2mm、2.5mm、2.8mm，宽度模数为 50mm，长度模数为 150mm。钢模板应能纵向、横向连接。钢模板在使用中不应随意开孔，如需开孔，用后应及时修补，钢模板板面应保持平整不翘曲，尤其是边框应保持平直不弯折，使用中有变形的应及时整修。

组合钢模板的配件由两部分组成，一是连接件，二是支承件。连接件应满足配套使用、装拆方便、操作安全的要求，连接件如 U 形卡、L 形插销、钩头螺栓、紧固螺栓、对拉螺栓的扣件等应检查其合格证明，严防使用伪劣产品。支承件如钢楞、柱箍、钢支柱、四管支柱和支承桁架等均应设计成工具式，其质量应符合有关标准的规定，应检查其质量合格证明。

当采用非标准组合钢模板及支撑配件时，应按国标《钢结构设计规范》(GB 50017—2003) 进行设计，当采用弯曲薄壁型钢时应符合《冷弯薄壁型钢结构技术规范》(GB 50018—2002) 的规定。

(3) 木胶合板模板

混凝土用木胶合板模板应选用表面平整、四边平直齐整，具有耐水性的夹板。木胶合板根据制作方法可分为白坯板（表面未经处理)、覆膜胶合板。选用的胶质不同对其防水性能有较大影响，胶用酚醛树脂的防水较好，胶用脲醛的一般只宜防潮，使用中应根据不同工程对象和周转次数来确定选择不同品质的胶合板。木胶合板出厂时的绝对含水率不得超过 14%。木胶合板纵向静弯曲强度、弹性模量指标见表 5-2。

木胶合板纵向静弯曲强度、弹性模量　　表 5-2

树种	柳桉	马尾松、云南松、落叶松	桦木、克隆、阿必东
弹性模量 (N/mm^2)	3.5×10^4	4.0×10^4	4.5×110^4
静弯曲强度 (N/mm^2)	25	30	35

对平台、楼板、墙体结构宜优先采用胶合板模板，胶合板的尺寸和厚度应根据成品供应情况和模板设计要求选定。

大面积、多次数重复使用胶合板时，对胶合板表面应做防护处理，可以糙油、刷防水隔离剂等，在每次使用前应刷满脱模剂。

(4) 玻璃钢模板

玻璃钢模板多用于圆柱模板及模壳模板。对某些圆柱、弧梁及异形结构可以采用定型塑料或玻璃钢模板，制作时应事先进行模板设计并选择有关参数。玻璃钢圆柱模板可制成整张卷曲式模板或两个半圆式模板，柱子较长时还可分段制作。模板的拼缝处，均应设置扁钢或角钢的拼接翼缘。模板的厚度及加强肋，应根据混凝土侧压力的大小经设计计算确定，同时还应满足自身堆放的强度和变形要求。

(5) 竹胶合板模板

选用竹胶合板时应选择无变质、厚度均匀、含水率小的，并优先采用防水胶质型。竹胶合板根据表面处理的不同分为素面板、复木板、涂膜板及复膜板，表面处理应按《竹胶合板模板》(JG/T 156—2004) 的要求进行。竹胶合板通常也配合钢框一起使用。

(6) 对拉螺栓

对拉螺栓用于连接和紧固墙、梁、柱两侧模板，对拉装置的种类和规格尺寸可按模板设计要求和供应条件选用，其布置尺寸和数量应保证安全承受混凝土的侧压力和其他荷载。对拉螺栓一般与蝶形扣件或3形扣件配套使用，扣件的刚度应与配套螺栓的强度相适应。

对拉螺栓可分回收式和不回收式两种，为保持模板与模板之间的设计尺寸，一般对拉螺栓应设撑头垫片（筋）或采用混凝土、钢管、塑料管、竹管等配套撑头。

采用大模板和爬模等特殊模板施工时，其对拉穿墙螺栓应进行专门设计制作。

(7) 隔离剂

为防止模板表面与混凝土粘结以致拆模困难，施工中应在模板表面涂刷隔离剂，所用的材料有皂液、滑石粉、石灰水及其混合液和各种专门化学制品隔离剂等。涂刷隔离剂施工中不得污染钢筋，以免影响质量，更不得影响今后装饰工程施工。隔离剂材料宜拌成黏稠状，应涂刷均匀，不得流淌。隔离剂涂刷后，应在短期内及时浇筑混凝土，以防隔离剂层受破坏。

2. 监理巡视与验收

(1) 监理巡视要点

1) 模板安装：

① 安装现浇结构的上层模板及其支架时，下层楼板应具有承受上层荷载的承载能力，或加设支架；上、下层支架的立柱应对准，并铺设垫板。

② 在涂刷模板隔离剂时，不得沾污钢筋和混凝土接槎处。

③ 模板安装应满足下列要求：

a. 模板的接缝不应漏浆，在浇筑混凝土前，木模板应浇水湿润，但模板内不应有积水。

b. 模板与混凝土的接触面应清理干净并涂刷隔离剂，但不得采用影响结构性能或妨碍装饰工程施工的隔离剂。

c. 浇筑混凝土前，模板内的杂物应清理干净。

d. 对清水混凝土工程及装饰混凝土工程，应使用能达到设计效果的模板。

④ 用作模板的地坪、胎模等应平整光洁，不得产生影响构件质量的下沉、裂缝、起砂或起鼓。

⑤ 对跨度不小于 4m 的现浇钢筋混凝土梁、板，其模板应按设计要求起拱；当设计无具体要求时，起拱高度宜为跨度的 1/1000～3/1000。

2) 模板拆除：

① 底模及其支架拆除时的混凝土强度应符合设计要求。

② 对后张法预应力混凝土结构构件，侧模宜在预应力张拉前拆除；底模支架的拆除应按施工技术方案执行，当无具体要

求时，不应在结构构件建立预应力前拆除。

③ 后浇带模板的拆除和支顶应按施工技术方案执行。

④ 侧模拆除时的混凝土强度应能保证其表面及棱角不受损伤。

⑤ 模板拆除时，不应对楼层形成冲击荷载。拆除的模板和支架宜分散堆放并及时清运。

（2）监理巡视与验收

1）模板安装验收标准

① 模板安装工程施工质量主控项目检验应符合表5-3的规定。

模板安装工程施工质量主控项目检验　　表5-3

序号	项目	合格质量标准	检验方法	检查数量
1	模板支撑、立柱位置和垫板	安装现浇结构的上层模板及其支架时，下层楼板应具有承受上层荷载的承载能力，或加设支架。上、下层支架的立柱应对准，并铺设垫板	对照模板设计文件和施工技术方案，观察	全数检查
2	避免隔离剂沾污	在涂刷模板隔离剂时，不得沾污钢筋和混凝土接槎处	观察	

② 模板安装工程施工质量一般项目检验应符合表5-4的规定。

模板安装工程施工质量一般项目检验　　表5-4

序号	项目	合格质量标准	检验方法	检查数量
1	模板安装要求	模板安装应满足下列要求： a. 模板的接缝不应漏浆；在浇筑混凝土前，木模板应浇水湿润，但模板内不应有积水 b. 模板与混凝土的接触面应清理干净并涂刷隔离剂，但不得采用影响结构性能或妨碍装饰工程施工的隔离剂 c. 浇筑混凝土前，模板内的杂物应清理干净	观察	全数检查

续表

<table>
<tr><th>序号</th><th>项目</th><th>合格质量标准</th><th>检验方法</th><th>检查数量</th></tr>
<tr><td>1</td><td>模板安装要求</td><td>d. 对清水混凝土工程及装饰混凝土工程，应使用能达到设计效果的模板</td><td>观察</td><td rowspan="2">全数检查</td></tr>
<tr><td>2</td><td>用作模板的地坪、胎模质量</td><td>用作模板的地坪、胎模等应平整光洁，不得产生影响构件质量的下沉、裂缝、起砂或起鼓</td><td>观察</td></tr>
<tr><td>3</td><td>模板起拱高度</td><td>对跨度不小于 4m 的现浇钢筋混凝土梁、板，其模板应按设计要求起拱。当设计无具体要求时，起拱高度宜为跨度的 1/1000～3/1000</td><td>水准仪或拉线、钢直尺检查</td><td rowspan="3">在同一检验批内，对梁、柱和独立基础，应抽查构件数量的 10%，且不少于 3 件。对墙和板，应按有代表性的自然间抽查 10%，且不少于 3 间。对大空间结构，墙可按相邻轴线间高度 5m 左右划分检查面，板可按纵、横轴线划分检查面，抽查 10%，且均不少于 3 面</td></tr>
<tr><td>4</td><td>预埋件、预留孔和预留洞允许偏差</td><td>固定在模板上的预埋件、预留孔和预留洞均不得遗漏，且应安装牢固，其偏差应符合《混凝土结构工程施工质量验收规范》(GB 50204—2015）的规定</td><td rowspan="2">钢直尺检查</td></tr>
<tr><td>5</td><td>模板安装允许偏差</td><td>现浇结构模板安装的偏差，应符合《混凝土结构工程施工质量验收规范》(GB 50204—2015）的规定</td></tr>
</table>

2）验收资料

① 模板设计及施工技术方案。

② 技术复核单。

③ 检验批质量验收记录。

④ 模板分项工程质量验收记录。

5.1.2 钢筋工程

1. 材料质量监理

（1）钢筋进场时，应该按照国家标准《钢筋混凝土用钢 第2部分：热轧带肋钢筋》（GB 1499.2—2007）等的规定抽取试件做力学性能检验，其质量必须符合有关标准的规定。

1）检查数量。按进场的批次和产品的抽样检验方案确定。

2）检验方法。检查产品合格证、出厂检验报告和进场复验报告。

（2）对有抗震设防要求的框架结构，其纵向受力钢筋的强度应满足设计要求；当设计无具体要求时，对一、二级抗震等级，检验所得的强度实测值应符合下列规定：钢筋的抗拉强度实测值与屈服强度实测值的比值不应小于1.25；钢筋的屈服强度实测值与强度标准值的比值不应大于1.3。

1）检查数量：按进场的批次和产品的抽样检验方案确定。

2）检验方法：检查进场复验报告。

（3）当发现钢筋脆断、焊接性能不良或力学性能显著不正常等现象时，应对该批钢筋进行化学成分检验或其他专项检验。

（4）钢筋应平直、无损伤，表面不得有裂纹、油污、颗粒状或片状老锈。

1）检查数量：进场时和使用前全数检查。

2）检验方法：观察。

2. 监理巡视与验收

（1）监理巡视要点

1）钢筋加工

① 受力钢筋的弯钩和弯折应符合下列规定：

a. HPB300级钢筋末端应做180°弯钩，其弯弧内直径不应小于钢筋直径的2.5倍，弯钩的弯后平直部分长度不应小于钢筋直径的3倍。

b. 当设计要求钢筋末端需做135°弯钩时，HRB335级、HRB400级钢筋的弯弧内直径不应小于钢筋直径的4倍，弯钩的弯后平直部分长度应符合设计要求。

c. 当钢筋作不大于90°的弯折时，弯折处的弯弧内直径不应小于钢筋直径的5倍。

② 除了焊接封闭环式箍筋以外，箍筋的末端应做弯钩，弯

钩形式应符合设计要求；当设计无具体要求时，应符合下列规定：

a. 箍筋弯钩的弯弧内直径除应满足国家标准《混凝土结构工程施工质量验收规范》（GB 50204—2015）第 5.3.1 条的规定外，还应不小于受力钢筋直径；

b. 箍筋弯钩的弯折角度：对于一般结构，不应小于 90°；对于有抗震等要求的结构，应为 135°；

c. 箍筋弯后平直部分长度：对于一般结构，不宜小于箍筋直径的 5 倍；对于有抗震等要求的结构，不应小于箍筋直径的 10 倍。

③ 钢筋调直宜采用机械方法，也可采用冷拉方法。当采用冷拉方法调直钢筋时，HPB300 级钢筋的冷拉率不宜大于 4%，HRB335 级、HRB400 级和 RRB400 级钢筋的冷拉率不宜大于 1%。

④ 钢筋加工的形状、尺寸应符合设计要求。

2）钢筋连接与安装：

① 纵向受力钢筋的连接方式应符合设计要求。

② 在施工现场，应按国家标准《钢筋机械连接通用技术规程》（JCJ 107—2010）、《钢筋焊接及验收规程》（JGJ 18—2012）的规定抽取钢筋机械连接接头、焊接接头试件做力学性能检验，其质量应符合有关规程的规定。

③ 钢筋的接头宜设置在受力较小处。同一纵向受力钢筋不宜设置两个或两个以上接头。接头末端至钢筋弯起点的距离不应小于钢筋直径的 10 倍。

④ 在施工现场，应按国家标准《钢筋机械连接通用技术规程》（JGJ 107—2010）、《钢筋焊接及验收规程》（JGJ 18—2012）的规定对钢筋机械连接接头、焊接接头的外观进行检查，其质量应符合有关规程的规定。

⑤ 当受力钢筋采用机械连接接头或焊接接头时，设置在同一构件内的接头宜相互错开。

⑥ 同一构件中相邻纵向受力钢筋的绑扎搭接接头宜相互错

开。绑扎搭接接头中钢筋的横向净距不应小于钢筋直径，且不应小于 25mm。

⑦ 在梁、柱类构件的纵向受力钢筋搭接长度范围内，应按设计要求配置箍筋。当设计无具体要求时，应符合下列规定：

a. 箍筋直径不应小于搭接钢筋较大直径的 0.25 倍；

b. 受拉搭接区段的箍筋间距不应大于搭接钢筋较小直径的 5 倍，且不应大于 100mm；

c. 受压搭接区段的箍筋间距不应大于搭接钢筋较小直径的 10 倍，且不应大于 200mm；

d. 当柱中纵向受力钢筋直径大于 25mm 时，应在搭接接头两个端面外 100mm 范围内各设置两个箍筋，其间距宜为 50mm。

（2）监理验收

1）钢筋加工

① 验收标准

a. 钢筋加工施工质量主控项目检验应符合表 5-5 的规定。

钢筋加工施工质量主控项目检验　　表 5-5

序号	项目	合格质量标准及说明	检验方法	检查数量
1	力学性能检验	钢筋进场时，应按国家标准《钢筋混凝土用钢第 2 部分：热轧带肋钢筋》（GB 1499.2—2007）等的规定抽取试件作力学性能检验，其质量必须符合有关标准的规定	检查产品合格证、出厂检验报告和进场复验报告	按进场的批次和产品的抽样检验方案确定
2	抗震用钢筋强度实测值	对有抗震设防要求的框架结构，其纵向受力钢筋的强度应满足设计要求；当设计无具体要求时，对一、二级抗震等级，检验所得的强度实测值应符合下列规定： 钢筋的抗拉强度实测值与屈服强度实测值的比值应不小于 1.25 钢筋的屈服强度实测值与强度标准值的比值应不大于 1.3	检查进场复验报告	

续表

序号	项目	合格质量标准及说明	检验方法	检查数量
3	化学成分等专项检验	当发现钢筋脆断、焊接性能不良或力学性能显著不正常等现象时，应对该批钢筋进行化学成分检验或其他专项检验	检查化学成分等专项检验报告	按产品的抽样检验方案确定
4	受力钢筋的弯钩和弯折	受力钢筋的弯钩和弯折应符合下列规定： a. HPB300 级钢筋末端应做 180°弯钩，其弯弧内直径应不小于钢筋直径的 2.5 倍，弯钩的弯后平直部分长度应不小于钢筋直径的 3 倍 b. 当设计要求钢筋末端需做 135°弯钩时，HRB335 级、HRB400 级钢筋的弯弧内直径应不小于钢筋直径的 4 倍，弯钩的弯后平直部分长度应符合设计要求 c. 钢筋做不大于 90°的弯折时，弯折处的弯弧内直径应不小于钢筋直径的 5 倍	钢直尺检查	按每工作班同一类型钢筋、同一加工设备抽查应不少于 3 件
5	箍筋弯钩形式	除焊接封闭环式箍筋外，箍筋的末端应作弯钩，弯钩形式应符合设计要求；当设计无具体要求时，应符合下列规定： a. 箍筋弯钩的弯弧内直径除应满足项 4 的规定外，尚应不小于受力钢筋直径 b. 箍筋弯钩的弯折角度：对一般结构，应不小于 90°；对有抗震等要求的结构，应为 135° 箍筋弯后平直部分长度：对一般结构，不宜小于箍筋直径的 5 倍；对有抗震等要求的结构，应不小于箍筋直径的 10 倍		

b. 钢筋加工施工质量一般项目检验应符合表5-6的规定。

钢筋加工施工质量一般项目检验　　表5-6

序号	项目	合格质量标准及说明	检验方法	检查数量
1	外观质量	钢筋应平直、无损伤，表面不得有裂纹、油污、颗粒状或片状老锈	观察	进场时和使用前全数检查
2	钢筋调直	钢筋调直宜采用机械方法，也可采用冷拉方法。当采用冷拉方法调直钢筋时，HPB300级钢筋的冷拉率不宜大于4%，HRB335级、HRB400级和RRB400级钢筋的冷拉率不宜大于1%	观察、钢直尺检查	按每工作班同一类型钢筋、同一加工设备抽查应不少于3件
3	钢筋加工的形状、尺寸	钢筋加工的形状、尺寸应符合设计要求，其偏差应符合《混凝土结构工程施工质量验收规范》(GB 50204—2015)的规定	钢直尺检查	

② 验收资料

a. 钢筋产品合格证、出厂检验报告。

b. 钢筋进场复验报告。

c. 钢筋焊接接头力学性能试验报告。

d. 钢筋机械连接接头力学性能试验报告。

e. 焊条（剂）试验报告。

f. 钢筋隐蔽工程验收记录。

g. 钢筋锥螺纹加工检验记录及连接套产品合格证。

h. 钢筋锥螺纹接头质量检查记录。

i. 施工现场挤压接头质量检查记录。

j. 设计变更和钢材代用证明。

k. 见证检测报告。

l. 检验批质量验收记录。

m. 钢筋分项工程质量验收记录。

2）钢筋连接与安装

验收标准：

a. 钢筋连接与安装施工质量主控项目检验应符合表5-7的规定。

钢筋连接与安装施工质量主控项目检验　　表5-7

序号	项目	合格质量标准	检验方法	检查数量
1	纵向受力钢筋的连接方式	纵向受力钢筋的连接方式应符合设计要求	观察	全数检查
2	钢筋机械连接和焊接接头的力学性能	在施工现场，应按《钢筋机械连接通用技术规程》(JGJ 107—2010)、《钢筋焊接及验收规程》(JGJ 18—2012)的规定抽取钢筋机械连接接头、焊接接头试件做力学性能检验	检查产品合格证、接头力学性能试验报告	按有关规程确定
3	受力钢筋的品种、级别、规格和数量	钢筋安装时，受力钢筋的品种、级别、规格和数量必须符合设计要求	观察、钢直尺检查	全数检查

b. 钢筋连接与安装施工质量一般项目检验应符合表5-8的规定。

钢筋连接与安装施工质量一般项目检验　　表5-8

序号	项目	合格质量标准	检验方法	检查数量
1	接头位置和数量	钢筋的接头宜设置在受力较小处。同一纵向受力钢筋不宜设置两个或两个以上接头。接头末端至钢筋弯起点的距离应不小于钢筋直径的10倍	观察、钢直尺检查	全数检查
2	钢筋机械连接、焊接的外观质量	在施工现场，应按《钢筋机械连接通用技术规程》(JGJ 107—2010)、《钢筋焊接及验收规程》(JGJ 18—2012)的规定对钢筋机械连接接头、焊接接头的外观进行检查，其质量应符合相关规定	观察	

5.1.3 混凝土工程

1. 材料质量监理

(1) 水泥进场时应对其品种、级别、包装或散装仓号、出厂日期等进行检查，并应对其强度、安定性及其他必要的性能指标进行复验，其质量必须符合现行国家标准《通用硅酸盐水泥》(GB 175—2007) 等的规定。

当在使用中对水泥质量有怀疑或水泥出厂超过三个月（快硬硅酸盐水泥超过一个月）时，应进行复验，并按复验结果使用。

钢筋混凝土结构、预应力混凝土结构中，严禁使用含氯化物的水泥。

检查数量：按同一生产厂家、同一等级、同一品种、同一批号且连续进场的水泥，袋装不超过 200t 为一批，散装不超过 500t 为一批，每批抽样不少于一次。

检验方法：检查产品合格证、出厂检验报告和进场复验报告。

(2) 混凝土中掺用外加剂的质量及应用技术应符合国家标准《混凝土外加剂》(GB 8076—2008)、《混凝土外加剂应用技术规范》(GB 50119—2013) 等和有关环境保护的规定。

预应力混凝土结构中，严禁使用含氯化物的外加剂。钢筋混凝土结构中，当使用含氯化物的外加剂时，混凝土中氯化物的总含量应符合现行国家标准《混凝土质量控制标准》(GB 50164—2011) 的规定。

(3) 混凝土中氯化物和碱的总含量应符合国家标准《混凝土结构设计规范》(GB 50010—2010) 和设计的要求。

(4) 混凝土中掺用矿物掺合料的质量应符合国家标准《用于水泥和混凝土中的粉煤灰》(GB/T 1596—2005) 等的规定。矿物掺合料的掺量可参照《普通混凝土配合比设计规程》(JGJ 55—2011)，并通过试配，确定。

(5) 普通混凝土所用的粗、细骨料的质量应符合行业标准

《普通混凝土用砂、石质量及检验方法标准》(JGJ 52—2006)的规定。

(6)拌制混凝土宜采用饮用水，当采用其他水源时，水质应符合标准《混凝土用水标准》(JGJ 63—2006)的规定。

2. 监理巡视与验收

(1)监理巡视要点

1)混凝土配合比设计：

① 混凝土应符合标准《普通混凝土配合比设计规程》(JGJ 55—2011)的相关规定，根据混凝土强度等级、耐久性及工作性等要求进行配合比设计，对于有特殊要求的混凝土，其配合比设计尚应符合国家现行有关标准的专门规定。

② 首次使用的混凝土配合比应进行开盘鉴定，其工作性应满足设计配合比的要求。开始生产时应至少留置一组标准养护试件，作为验证配合比的依据。

③ 在混凝土拌制前，应测定砂、石含水率，并根据测试结果调整材料用量，提出施工配合比。

2)混凝土施工：

① 结构混凝土的强度等级必须符合设计要求。用于检查结构构件混凝土强度的试件，应在混凝土的浇筑地点随机抽取。取样与试件留置应符合下列规定：

a. 每拌制 100 盘且不超过 $100m^3$ 的同配合比的混凝土，取样不得少于一次。

b. 每工作班拌制的同一配合比的混凝土不足 100 盘时，取样不得少于一次。

c. 当一次连续浇筑超过 $1000m^3$ 时，同一配合比的混凝土每 $200m^3$ 取样不得少于一次。

d. 每一楼层、同一配合比的混凝土，取样不得少于一次。

e. 每次取样应至少留置一组标准养护试件，同条件养护试件的留置组数应根据实际需要确定。

② 对于有抗渗要求的混凝土结构，其混凝土试件应在浇

筑地点随机取样。同一工程、同一配合比的混凝土，取样不应少于一次，每 500m² 一组试块，留置组数可根据实际需要确定。

③ 混凝土运输、浇筑及间歇的全部时间不应超过混凝土的初凝时间。同一施工段的混凝土应连续浇筑，并应在底层混凝土初凝之前将上一层混凝土浇筑完毕。当底层混凝土初凝后浇筑上一层混凝土时，应按施工技术方案中对施工缝的要求进行处理。

④ 施工缝的位置应在混凝土浇筑前按设计要求和施工技术方案确定，施工缝的处理应按施工技术方案执行。

⑤ 后浇带的留置位置应按设计要求和施工技术方案确定，后浇带混凝土浇筑应按施工技术方案进行。

⑥ 混凝土浇筑完毕后，应按施工技术方案及时采取有效的养护措施，并应符合下列规定：

a. 应在浇筑完毕后的 12h 以内对混凝土加以覆盖并保湿养护。

b. 混凝土浇水养护的时间：对于采用硅酸盐水泥、普通硅酸盐水泥或矿渣硅酸盐水泥拌制的混凝土，不得少于 7d；对掺用缓凝型外加剂或有抗渗要求的混凝土，不得少于 14d。

c. 浇水次数应能保持混凝土处于湿润状态；混凝土养护用水应与拌制用水相同。

d. 采用塑料布覆盖养护的混凝土，其敞露的全部表面应覆盖严密，并应保持塑料布内有凝结水。

e. 混凝土强度达到 1.2N/mm² （MPa）前，不得在其上踩踏或安装模板及支架。

（2）监理验收

1）验收标准

① 混凝土配合比设计施工质量主控项目检验应符合表 5-9 的规定。

混凝土配合比设计施工质量主控项目检验　　　表 5-9

序号	项目	合格质量标准	检验方法	检查数量
1	水泥进场检验	水泥进场时应对其品种、级别、包装或散装仓号、出厂日期等进行检查，并应对其强度、安定性及其他必要的性能指标进行复验，其质量必须符合国家标准《通用硅酸盐水泥》（GB 175—2007）等的规定 当在使用中对水泥质量有怀疑或水泥出厂超过 3 个月（快硬硅酸盐水泥超过 1 个月）时，应进行复验，并按复验结果使用。预应力混凝土结构中，严禁使用含氯化物的水泥	检查产品合格证、出厂检验报告和进场复验报告	按同一生产厂家、同一等级、同一品种、同一批号且连续进场的水泥，袋装不超过 200t 为一批，散装不超过 500t 为一批，每批抽样不少于一次
2	外加剂质量及应用	混凝土中掺用外加剂的质量及应用技术应符合国家标准《混凝土外加剂》（GB 8076—2008）、《混凝土外加剂应用技术规范》（GB 50119—2013）等和有关环境保护的规定		按进场的批次和产品的抽样检验方案确定
		预应力混凝土结构中，严禁使用含氯化物的外加剂。钢筋混凝土结构中，当使用含氯化物的外加剂时，混凝土中氯化物的总含量应符合国家标准《混凝土质量控制标准》（GB 50164—2011）的规定		
3	混凝土中氯化物、碱的总含量控制	混凝土中氯化物和碱的总含量应符合国家标准《混凝土结构设计规范》（GB 50010—2010）和设计的要求	检查原材料试验报告和氯化物、碱的总含量计算书	全数检查

续表

序号	项目	合格质量标准	检验方法	检查数量
4	配合比设计	混凝土应按标准《普通混凝土配合比设计规程》(JGJ 55—2011)的相关规定，根据混凝土强度等级、耐久性和工作性等要求进行配合比设计 对有特殊要求的混凝土，其配合比设计尚应符合国家现行有关标准的专门规定	检查配合比设计资料	全数检查

② 混凝土配合比设计施工质量一般项目检验应符合表 5-10 的规定。

混凝土配合比设计施工质量一般项目检验　　表 5-10

序号	项目	合格质量标准	检验方法	检查数量
1	矿物掺合料质量及掺量	混凝土中掺用矿物掺合料的质量应符合国家标准《用于水泥和混凝土中的粉煤灰》(GB 1596—2005)等的规定。矿物掺合料的掺量应通过试验确定	检查出厂合格证和进场复验报告	按进场的批次和产品的抽样检验方案确定
2	粗细骨料的质量	普通混凝土所用的粗、细骨料的质量应符合标准《普通混凝土用砂、石质量及检验方法标准》(JCJ 52—2006)的规定 注：①混凝土用的粗骨料，其最大颗粒粒径不得超过构件截面最小尺寸的 1/4，且不得超过钢筋最小净间距的 3/4； ②对混凝土实心板，骨料的最大粒径不宜超过板厚的 1/3，且不得超过 40mm	检查进场复验报告	
3	拌制混凝土用水	拌制混凝土宜采用饮用水；当采用其他水源时，水质应符合标准《混凝土用水标准》(JGJ 63—2006)的规定	检查进场复验报告	同一水源检查应不少于一次

2）验收资料

①水泥产品合格证、出厂检验报告、进场复验报告。

②外加剂产品合格证、出厂检验报告、进场复验报告。

③混凝土中氯化物、碱的总含量计算书。

④掺合料出厂合格证、进场复试报告。

⑤粗、细骨料进场复验报告。

⑥水质试验报告。

⑦混凝土配合比设计资料。

⑧砂、石含水率测试结果记录。

⑨混凝土配合比通知单。

⑩混凝土试件强度试验报告。

⑪混凝土试件抗渗试验报告。

⑫施工记录。

⑬检验批质量验收记录。

⑭混凝土分项工程质量验收记录。

5.1.4 预应力工程

1. 材料质量监理

（1）预应力筋进场时，应按国家标准《预应力混凝土用钢绞线》（GB/T 5224—2014）等的规定抽取试件做力学性能检验，其质量必须符合有关标准的规定。

检查数量：按进场的批次和产品的抽样检验方案确定。

检验方法：检查产品合格证、出厂检验报告和进场复验报告。

（2）有粘结预应力筋的涂包质量应符合无粘结预应力钢绞线标准的规定。

检查数量：每60t为一批，每批抽取一组试件。

检验方法：观察，检查产品合格证、出厂检验报告和进场复验报告。

注：当有工程经验，并经观察认为质量有保证时，可不做油脂用量和护套厚度的进场复验。

（3）预应力筋用锚具、夹具和连接器应按设计要求采用，其性能应符合国家标准《预应力筋用锚具、夹具和连接器》（GB/T 14370）等的规定。

检查数量：按进场批次和产品的抽样检验方案确定。

检验方法：检查产品合格证、出厂检验报告和进场复验报告。

注：对锚具用量较少的一般工程，如供货方提供有效的试验报告，可不做静载锚固性能试验。

（4）孔道灌浆用水泥应采用普通硅酸盐水泥，其质量及外加剂应符合相关规范。

检查数量：按进场批次和产品的抽样检验方案确定。

检验方法：检查产品合格证、出厂检验报告和进场复验报告。

注：对孔道灌浆用水泥和外加剂用量较少的一般工程，当有可靠依据时，可不做材料性能的进场复验。

（5）预应力筋使用前应进行外观检查，其质量应符合下列要求：

1）有粘结预应力筋展开后应平顺，不得有弯折，表面不应有裂纹、小刺、机械损伤、氧化铁皮和油污等。

2）无粘结预应力筋护套应光滑，无裂缝，无明显褶皱。

检查数量：全数检查。

检验方法：观察。

注：无粘结预应力筋护套轻微破损者应外包防水塑料胶带修补，严重破损者不得使用。

（6）预应力筋用锚具、夹具和连接器使用前应进行外观检查，其表面应无污物、锈蚀、机械损伤和裂纹。

检查数量：全数检查。

检验方法：观察。

（7）预应力混凝土用金属螺旋管在使用前应进行外观检查，其内外表面应清洁，无锈蚀，不应有油污、孔洞和不规则的褶皱，咬口不应有开裂或脱扣。

检查数量：全数检查。

检验方法：观察。

2. 监理巡视与验收

（1）监理巡视要点

1）制作与安装：

① 进行预应力筋安装时，其品种、级别、规格及数量必须符合设计要求。

② 先张法预应力施工时，应选用非油质类模板隔离剂，并应避免沾污预应力筋。

③ 在施工过程中，应避免电火花损伤预应力筋；受损伤的预应力筋应予以更换。

④ 预应力筋下料应符合下列要求：

a. 预应力筋应采用砂轮锯或切断机切断，不得采用电弧切割。

b. 当钢丝束两端采用镦头锚具时，同一束中各根钢丝长度的极差不应大于钢丝长度的1/5000，且不应大于5mm。当成组张拉长度不大于10m的钢丝时，同组钢丝长度的极差不得大于2mm。

⑤ 预应力筋端部锚具的制作质量应符合下列要求：

a. 挤压锚具制作时，压力表油压应符合操作说明书的规定，挤压后预应力筋外端应露出挤压套筒1～5mm；

b. 当钢绞线压花锚成形时，表面应清洁，无油污，梨形头尺寸和直线段长度应符合设计要求；

c. 钢丝镦头的强度不得低于钢丝强度标准值的98%。

⑥ 后张法有粘结预应力筋预留孔道的规格、数量、位置及形状除应符合设计要求外，尚应符合下列规定：

a. 预留孔道的定位应牢固，浇筑混凝土时不应出现移位和变形；

b. 孔道应平顺，端部的预埋锚垫板应垂直于孔道中心线；

c. 成孔用管道应密封良好，接头应严密且不得漏浆；

d. 灌浆孔的间距：对预埋金属螺旋管不宜大于30m；对抽芯成形孔道不应大于12m；

e. 在曲线孔道的曲线波峰部位应设置排气兼泌水管，必要时可在最低点设置排水孔；

f. 灌浆孔及泌水管的孔径应能保证浆液畅通。

⑦ 浇筑混凝土前穿入孔道的后张法有粘结预应力筋，应采取防止锈蚀的措施张拉、放张、灌浆及封锚。

2）张拉及放张：

① 预应力筋张拉或放张时，混凝土强度应符合设计要求；当设计无具体要求时，不应低于设计的混凝土立方体抗压强度标准值的75%。

② 预应力筋的张拉力、张拉或放张顺序及张拉工艺应符合设计及施工技术方案的要求，并应符合下列规定：

a. 当施工需要超张拉时，最大张拉应力不应大于国家标准《混凝土结构设计规范》（GB 50010—2010）的规定。

b. 张拉工艺应能保证同一束中各根预应力筋的应力均匀一致。

c. 在后张法施工中，当预应力筋是逐根或逐束张拉时，应保证各阶段不出现对结构不利的应力状态；同时宜考虑后批张拉预应力筋所产生的结构构件的弹性压缩对先批张拉预应力筋的影响，确定张拉力。

d. 先张法预应力筋放张时，宜缓慢放松锚固装置，使各根预应力筋同时缓慢放松。

e. 当采用应力控制方法张拉时，应校核预应力筋的伸长值。实际伸长值与设计计算理论伸长值的相对允许偏差为±6%。

③ 预应力筋张拉锚固后实际建立的预应力值与工程设计规定检验值的相对允许偏差为±5%。

④ 张拉过程中，应避免预应力筋断裂或滑脱；当发生断裂或滑脱时，应符合下列规定：

a. 对于后张法预应力结构构件，断裂或滑脱的数量严禁超过同一截面预应力筋总根数的3%，且每束钢丝不得超过一根；对多跨双向连续板，其同一截面应按每跨计算。

b. 对先张法预应力构件，在浇筑混凝土前发生断裂或滑脱的预应力筋必须予以更换。

⑤ 锚固阶段张拉端预应力筋的内缩量应符合设计要求。

⑥ 先张法预应力筋张拉后与设计位置的偏差不得大于5mm，且不得大于构件截面短边边长的4%。

3）灌浆及封锚：

① 后张法有粘结预应力筋张拉后应尽早进行孔道灌浆，孔道内水泥浆应饱满、密实。

② 锚具的封闭保护应符合设计要求；当设计无具体要求时，应符合下列规定：

a. 应采取防止锚具腐蚀和遭受机械损伤的有效措施。

b. 凸出式锚固端锚具的保护层厚度不应小于50mm。

c. 外露预应力筋的保护层厚度：当处于正常环境时，不应小于20mm；当处于易受腐蚀的环境时，不应小于50mm。

③ 后张法预应力筋锚固后的外露部分宜采用机械方法切割，其外露长度不宜小于预应力筋直径的1.5倍，且不宜小于30mm。

④ 灌浆用水泥浆的水灰比不应大于0.45，搅拌后3h泌水率不宜大于2%，且不应大于3%。泌水应能在24h内全部重新被水泥浆吸收。

⑤ 灌浆用水泥浆的抗压强度不应小于30N/mm^2。

注：1. 一组试件由6个试件组成，试件应标准养护28d；

2. 抗压强度为一组试件的平均值，当一组试件中抗压强度最大值或最小值与平均值相差超过20%时，应取中间4个试件强度的平均值。

（2）监理验收

1）验收标准：

① 预应力工程制作与安装施工质量主控项目检验应符合表5-11的规定。

预应力工程制作与安装施工质量主控项目检验　表5-11

序号	项目	合格质量标准	检验方法	检查数量
1	预应力筋品种、级别、规格和数量	预应力筋安装时，其品种、级别、规格、数量必须符合设计要求	观察，钢直尺检查	全数检查
2	避免隔离剂沾污	先张法预应力施工时应选用非油质类模板隔离剂，并应避免沾污预应力筋	观察	
3	避免电火花损伤预应力筋	施工过程中应避免电火花损伤预应力筋；受损伤的预应力筋应予以更换		

② 预应力工程制作与安装施工质量一般项目检验应符合表5-12的规定。

预应力工程制作与安装施工质量一般项目检验　表5-12

序号	项目	合格质量标准	检验方法	检查数量
1	预应力筋下料	预应力筋下料应符合下列要求： a. 预应力筋应采用砂轮锯或切断机切断，不得采用电弧切割 b. 当钢丝束两端采用镦头锚具时，同一束中各根钢丝长度的极差应不大于钢丝长度的1/5000，且应不大于5mm；当成组张拉长度不大于10m的钢丝时，同组钢丝长度的极差不得大于2mm	观察，钢直尺检查	每工作班抽查预应力筋总数的3%，且不少于3束

续表

序号	项目	合格质量标准	检验方法	检查数量
2	锚具制作质量要求	预应力筋端部锚具的制作质量应符合下列要求： a. 挤压锚具制作时，压力表油压应符合操作说明书的规定，挤压后预应力筋外端应露出挤压套筒1～5mm b. 钢绞线压花锚成型时，表面应清洁、无油污，梨形头尺寸和直线段长度应符合设计要求 c. 钢丝镦头的强度不得低于钢丝强度标准值的98%	观察，钢直尺检查，检查镦头强度试验报告	对挤压锚，每工作班抽查5%，且应不少于5件；对压花锚，每工作班抽查3件；对钢丝镦头强度，每批钢丝检查6个镦头试件
3	预留孔道质量	后张法有粘结预应力筋预留孔道的规格、数量、位置和形状除应符合设计要求外，尚应符合下列规定： a. 预留孔道的定位应牢固，浇筑混凝土时不应出现移位和变形 b. 孔道应平顺，端部的预埋锚垫板应垂直于孔道中心线 c. 成孔用管道应密封良好，接头应严密且不得漏浆 d. 灌浆孔的间距：对预埋金属螺旋管不宜大于30m；对抽芯成形孔道不宜大于12m e. 在曲线孔道的曲线波峰部位应设置排气兼泌水管，必要时可在最低点设置排水孔 f. 灌浆孔及泌水管的孔径应能保证浆液畅通	观察，钢直尺检查	全数检查
4	预应力筋束形控制	预应力筋束形控制点的竖向位置偏差应符合规定 注：束形控制点的竖向位置偏差合格点率应达到90%及以上，且不得有超过规定数值1.5倍的尺寸偏差	钢直尺检查	在同一检验批内，抽查各类型构件中预应力筋总数的50%，且对各类型构件均不少于5束，每束应不少于5处

续表

序号	项目	合格质量标准	检验方法	检查数量
5	无粘结预应力筋铺设	无粘结预应力筋的铺设除应符合上条的规定外，尚应符合下列要求： a. 无粘结预应力筋的定位应牢固，浇筑混凝土时不应出现移位和变形 b. 端部的预埋锚垫板应垂直于预应力筋 c. 内埋式固定端垫板不应重叠，锚具与垫板应贴紧 d. 无粘结预应力筋成束布置时应能保证混凝土密实并能裹住预应力筋 e. 无粘结预应力筋的护套应完整，局部破损处应采用防水胶带缠绕紧密	观察	全数检查
6	预应力筋防锈措施	浇筑混凝土前穿入孔道的后张法有粘结预应力筋，宜采取防止锈蚀的措施		

2）张拉、放张、灌浆及封锚施工检验

① 预应力筋张拉、放张、灌浆及封锚施工质量主控项目检验应符合表 5-13 的规定。

预应力筋张拉、放张、灌浆及封锚施工质量主控项目检验

表 5-13

序号	项目	合格质量标准	检验方法	检查数量
1	张拉和放张时混凝土强度	预应力筋张拉或放张时，混凝土强度应符合设计要求；当设计无具体要求时，不应低于设计的混凝土立方体抗压强度标准值的 75%	检查同条件养护试件试验报告	全数检查

续表

序号	项目	合格质量标准	检验方法	检查数量
2	张拉力、张拉或放张顺序及张拉工艺	预应力筋的张拉力、张拉或放张顺序及张拉工艺应符合设计及施工技术方案的要求，并应符合下列规定： a. 当施工需要超张拉时，最大张拉应力应不大于国家标准《混凝土结构设计规范》(GB 50010—2010）的规定 b. 张拉工艺应能保证同一束中各根预应力筋的应力均匀一致 c. 后张法施工中，当预应力筋是逐根或逐渐张拉时，应保证各阶段不出现对结构不利的应力状态；同时宜考虑后批张拉预应力筋所产生的结构构件的弹性压缩对先批张拉预应力筋的影响，确定张拉力 d. 先张法预应力筋放张时，宜缓慢放松锚固装置，使各根预应力筋同时缓慢放松 e. 当采用应力控制方法张拉时，应校核预应力筋的伸长值。实际伸长值与设计计算理论伸长值的相对允许偏差为±6%	检查张拉记录	全数检查
3	实际预应力值控制	预应力筋张拉锚固后实际建立的预应力值与工程设计规定检验值的相对允许偏差为±5%	对先张法施工，检查预应力筋应力检测记录；对后张法施工，检查张拉记录	对先张法施工，每工作班抽查预应力筋总数的1%，且不少于3根；对后张法施工，在同一检验批内，抽查预应力筋总数的3%且不少于5束

续表

序号	项目	合格质量标准	检验方法	检查数量
4	预应力筋断裂或滑脱	张拉过程中应避免预应力筋断裂或滑脱；当发生断裂或滑脱时，必须符合下列规定： a. 对后张法预应力结构构件，断裂或滑脱的数量严禁超过同一截面预应力筋总根数的3%，且每束钢丝不得超过一根；对多跨双向连续板，其同一截面应按每跨计算 b. 对先张法预应力构件，在浇筑混凝土前发生断裂或滑脱的预应力筋必须予以更换	观察，检查张拉记录	全数检查
5	孔道灌浆	后张法有粘结预应力筋张拉后应尽早进行孔道灌浆。孔道内水泥浆应饱满、密实	观察，检查灌浆记录	
6	锚具的封闭保护	锚具的封闭保护应符合设计要求；当设计无具体要求时，应符合下列规定： a. 应采取防止锚具腐蚀和遭受机械损伤的有效措施 b. 凸出式锚固端锚具的保护层厚度应不小于50mm c. 外露预应力筋的保护层厚度：处于正常环境时，应不小于20mm；处于易受腐蚀的环境时，应不小于50mm	观察，钢直尺检查	在同一检验批内，抽查预应力筋总数的5%，且不少于5处

② 预应力筋张拉、放张、灌浆及封锚施工质量一般项目检验应符合表5-14的规定。

预应力筋张拉、放张、灌浆及封锚施工质量一般项目检验

表 5-14

序号	项目	合格质量标准	检验方法	检查数量
1	预应力筋内缩量	锚固阶段张拉端预应力筋的内缩量应符合设计要求；当设计无具体要求时，应符合国家标准《混凝土结构工程施工质量验收规范》（GB 50204—2015）中表 6.4.5 的规定	钢直尺检查	每工作班抽查预应力筋总数的 3%，且不少于 3 束
2	先张法预应力筋张拉后位置	先张法预应力筋张拉后与设计位置的偏差不得大于 5mm，且不得大于构件截面短边边长的 4%		
3	外露预应力筋切断	后张法预应力筋锚固后的外露部分宜采用机械方法切割，其外露长度不宜小于预应力筋直径的 1.5 倍，且不宜小于 30mm	观察，钢直尺检查	在同一检验批内，抽查预应力筋总数的 3%，且不少于 5 束
4	灌浆用水泥浆的水灰比和泌水率	灌浆用水泥浆的水灰比应不大于 0.45，搅拌后 3h 泌水率不宜大于 2%，且应不大于 3%。泌水应能在 24h 内全部重新被水泥浆吸收	检查水泥浆性能试验报告	同一配合比检查一次
5	灌浆用水泥浆的抗压强度	灌浆用水泥浆的抗压强度应不小于 30N/mm^2 注：①一组试件由 6 个试件组成，试件应标准养护 28d ②抗压强度为一组试件的平均值，当一组试件中抗压强度最大值或最小值与平均值相差超过 20%时，应取中间 4 个试件强度的平均值	检查水泥浆试件强度试验报告	每工作班留置一组边长为 70.7mm 的立方体试件

3）验收资料

① 预应力筋产品合格证、出厂检验报告、进场复验报告。

② 预应力筋用锚具、夹具和连接器产品合格证、出厂检验报告、进场复验报告。

③ 孔道灌浆用水泥、外加剂产品合格证、出厂检验报告、进场复验报告。

④ 预应力混凝土用金属螺旋管产品合格证、出厂检验报告、进场复验报告。

⑤ 镦头强度试验报告。

⑥ 同条件养护混凝土试件试验报告。

⑦ 预应力张拉记录。

⑧ 预应力筋应力检测记录，见证张拉记录。

⑨ 孔道灌浆记录。

⑩ 孔道灌浆用水泥浆性能试验报告。

⑪ 孔道灌浆用水泥浆试件强度试验报告。

⑫ 预应力隐蔽工程验收记录。

⑬ 张拉机具设备及仪表的配套标定报告单。

⑭ 检验批质量验收记录。

⑮ 预应力分项工程质量验收记录。

5.1.5 装配式结构工程

1. 材料质量监理

(1) 基本规定

1) 预制构件应进行结构性能检验。结构性能检验不合格的预制构件不得用于混凝土结构。

2) 叠合结构中预制构件的叠合面应符合设计要求。

3) 装配式结构外观质量、尺寸偏差的验收及对缺陷的处理应按规范《混凝土结构工程施工质量验收规范》(GB 50204—2015) 相应规定执行。

(2) 结构性能检验

预制构件应按标准图或设计要求的试验参数及检验指标进行结构性能检验。

1) 检验内容

钢筋混凝土构件和允许出现裂缝的预应力混凝土构件进行承载力、挠度和裂缝宽度检验，不允许出现裂缝的预应力混凝土构件进行承载力、挠度和抗裂检验，预应力混凝土构件中的非预应力杆件按钢筋混凝土构件的要求进行检验。对设计成熟、生产数量较少的大型构件，当采取加强材料和制作质量检验的措施时，可仅做挠度、抗裂或裂缝宽度检验；当采取上述措施并有可靠的实践经验时，可不做结构性能检验。

2）检验数量

对成批生产的构件，应按同一工艺正常生产的不超过 1000 件且不超过 3 个月的同类型产品为一批。当连续检验 10 批且每批的结构性能检验结果均符合规范《混凝土结构工程施工质量验收规范》(GB 50204—2015）规定的要求时，对同一工艺正常生产的构件，可改为不超过 2000 件且不超过 3 个月的同类型产品为一批。在每批中应随机抽取一个构件作为试件进行检验。

（3）预制构件质量监理

1）预制构件应在明显部位标明生产单位、构件型号、生产日期和质量验收标志。构件上的预埋件、插筋和预留孔洞的规格、位置和数量应符合标准图或设计的要求。

检查数量：全数检查。

检验方法：观察。

2）预制构件的外观质量不应有严重缺陷。对已经出现的严重缺陷，应按技术处理方案进行处理，并重新检查验收。

检查数量：全数检查。

检验方法：观察，检查技术处理方案。

3）预制构件不应有影响结构性能和安装、使用功能的尺寸偏差。对超过尺寸允许偏差且影响结构性能和安装、使用功能的部位，应按技术处理方案进行处理，并重新检查验收。

检查数量：全数检查。

检验方法：量测，检查技术处理方案。

4）预制构件的外观质量不宜有一般缺陷。对已经出现的一般缺陷，应按技术处理方案进行处理，并重新检查验收。

检查数量：全数检查。

检验方法：观察，检查技术处理方案。

5）预制构件的尺寸偏差应符合相关质量要求规定。

2. 监理巡视与验收

（1）监理巡视要点

1）预制构件验收标准

① 预制构件应在明显部位标明生产单位、构件型号、生产日期及质量验收标志。构件上的预埋件、插筋和预留孔洞的规格、位置和数量应符合标准图或设计的要求。

② 预制构件的外观质量不应有严重缺陷。对于已经出现的严重缺陷，应按技术处理方案进行处理，并重新检查验收。

③ 预制构件不应有影响结构性能和安装、使用功能的尺寸偏差。对于超过尺寸允许偏差且影响结构性能和安装、使用功能的部位，应按技术处理方案进行处理，并重新检查验收。

2）结构性验收标准

① 进入现场的预制构件，其外观质量、尺寸偏差及结构性能应符合标准图或设计的要求。

② 预制构件与结构之间的连接应符合设计要求。连接处钢筋或埋件采用焊接或机械连接时，接头质量应符合行业标准《钢筋焊接及验收规程》（JGJ 18—2012）、《钢筋机械连接通用技术规程》（JGJ 107—2010）的要求。

③ 承受内力的接头和拼缝，当其混凝土强度未达到设计要求时，不得吊装上一层结构构件；当设计无具体要求时，应在混凝土强度不小于 $10N/mm^2$ 或具有足够的支撑时方可吊装上一层结构构件；已安装完毕的装配式结构，应在混凝土强度到达设计要求后，才可以承受全部设计荷载。

④ 预制构件码放和运输时的支撑位置和方法应符合标准图或设计的要求。

⑤ 在预制构件吊装前，应按设计要求在构件和相应的支撑结构上标志中心线、标高等控制尺寸，按标准图或设计文件校核预埋件及连接钢筋等，并做好标志。

⑥ 预制构件应按标准图或设计的要求吊装。起吊时，绳索与构件水平面的夹角不宜小于45°，否则应采用吊架或经验算确定。

⑦ 在预制构件安装就位后，应采取保证构件稳定的临时固定措施，并应根据水准点和轴线校正位置。

⑧ 装配式结构中的接头和拼缝应符合设计要求；当设计无具体要求时，应符合下列规定：

a. 对于承受内力的接头和拼缝应采用混凝土浇筑，其强度等级应比构件混凝土强度等级提高一级。

b. 对于不承受内力的接头和拼缝应采用混凝土或砂浆浇筑，其强度等级不应低于C15或M15。

c. 用于接头和拼缝的混凝土或砂浆，应采取微膨胀措施和快硬措施，在浇筑过程中应振捣密实并应采取必要的养护措施。

(2) 监理验收

1) 预制构件验收标准

① 预制构件施工质量主控项目检验应符合表5-15的规定。

预制构件施工质量主控项目检验　　表5-15

序号	项目	合格质量标准	检验方法	检查数量
1	构件标志及预埋件等	预制构件应在明显部位标明生产单位、构件型号、生产日期和质量验收标志。构件上的预埋件、插筋和预留孔洞的规格、位置和数量应符合标准图或设计的要求	观察	全数检查
2	外观质量严重缺陷处理	预制构件的外观质量不应有严重缺陷。对已经出现的严重缺陷，应按技术处理方案进行处理，并重新检查验收	观察，检查技术处理方案	
3	过大尺寸偏差处理	预制构件不应有影响结构性能和安装、使用功能的尺寸偏差。对超过尺寸允许偏差且影响结构性能和安装、使用功能的部位，应按技术处理方案进行处理，并重新检查验收	量测，检查技术处理方案	

② 预制构件施工质量一般项目检验应符合表 5-16 的规定。

预制构件施工质量一般项目检验　　表 5-16

序号	项目	合格质量标准	检验方法	检查数量
1	外观质量一般缺陷	预制构件的外观质量不宜有一般缺陷。对已经出现的一般缺陷，应按技术处理方案进行处理，并重新检查验收	观察，检查技术处理方案	全数检查
2	预制构件的尺寸偏差	预制构件的尺寸偏差应符合《混凝土结构工程施工质量验收规范》(GB 50204—2015)的规定	见《混凝土结构工程施工质量验收规范》(GB 50204—2015)的规定	同一工作班生产的同类型构件，抽查 5% 且不少于 3 件

2）结构性检验验收标准

构件的承载力检验系数允许值应符合表 5-17 的规定。

构件的承载力检验系数允许值　　表 5-17

<table>
<tr><th>受力情况</th><th colspan="2">达到承载能力极限状态的检验标志</th><th>检验系数允许值[λ_u]</th></tr>
<tr><td rowspan="5">轴心受拉、偏心受拉、受弯、大偏心受压</td><td rowspan="2">受拉主筋处的最大裂缝宽度达到 1.5mm，或挠度达到跨度的 1/50</td><td>热轧钢筋</td><td>1.20</td></tr>
<tr><td>钢丝、钢绞线、热处理钢筋</td><td>1.35</td></tr>
<tr><td rowspan="2">受压区混凝土破坏</td><td>热轧钢筋</td><td>1.30</td></tr>
<tr><td>钢丝、钢绞线、热处理钢筋</td><td>1.45</td></tr>
<tr><td colspan="2">受拉主筋拉断</td><td>1.50</td></tr>
<tr><td rowspan="2">受弯构件的受剪</td><td colspan="2">腹部斜裂缝达到 1.5mm，或斜裂缝末端受压混凝土剪压破坏</td><td>1.40</td></tr>
<tr><td colspan="2">沿斜截面混凝土斜压破坏，受拉主筋在端部滑脱或其他锚固破坏</td><td>1.55</td></tr>
<tr><td>轴心受压、小偏心受压</td><td colspan="2">混凝土受压破坏</td><td>1.50</td></tr>
</table>

注：热轧钢筋系指 HPB300 级、HRB335 级、HRB400 级和 RRB400 级钢筋。

3）验收资料

① 构件合格证。

② 技术处理方案。

③ 施工记录。

④ 预制构件外观质量、尺寸偏差和结构性能验收合格记录。

⑤ 装配式结构的外观质量和尺寸偏差验收合格记录。

⑥ 接头和拼缝的混凝土或砂浆试件强度试验报告。

⑦ 检验批质量验收记录。

⑧ 装配式结构分项工程质量验收记录。

5.1.6 现浇结构工程

1. 质量监理基本规定

（1）现浇结构的外观质量缺陷，应由监理（建设）单位、施工单位等各方根据对结构性能和使用功能影响的严重程度，按表5-18确定。

现浇结构外观质量缺陷　　表5-18

名称	现象	严重缺陷	一般缺陷
露筋	构件内钢筋未被混凝土包裹而外露	纵向受力钢筋有露筋	其他钢筋有少量露筋
蜂窝	混凝土表面缺少水泥砂浆而形成石子外露	构件主要受力部位有蜂窝	其他部位有少量蜂窝
孔洞	混凝土孔穴深度和长度均超过保护层厚度	构件主要受力部位有孔洞	其他部位有少量孔洞
夹渣	混凝土中夹有杂物，且深度超过保护层厚度	构件主要受力部位有夹渣	其他部位有少量夹渣
疏松	混凝土中局部不密实	构件主要受力部位有疏松	其他部位有少量疏松
裂缝	缝隙从混凝土表面延伸至混凝土内部	构件主要受力部位有影响结构性能或使用功能的裂缝	其他部位有少量不影响结构性能或使用功能的裂缝

续表

名称	现象	严重缺陷	一般缺陷
连接部位缺陷	构件连接处混凝土缺陷及连接钢筋、连接件松动	连接部位有影响结构传力性能的缺陷	连接部位有基本不影响结构传力性能的缺陷
外形缺陷	缺棱掉角、棱角不直、翘曲不平、飞边凸肋等	清水混凝土构件有影响使用功能或装饰效果的外形缺陷	其他混凝土构件有不影响使用功能的外形缺陷
外表缺陷	构件表面麻面、掉皮、起砂、沾污等	具有重要装饰效果的清水混凝土构件有外表缺陷	其他混凝土构件有不影响使用功能的外表缺陷

（2）现浇结构拆模后，应由监理（建设）单位、施工单位对外观质量和尺寸偏差进行检查，做好记录，并应及时按施工技术方案对缺陷进行处理。

2. 监理巡视与验收

（1）监理巡视要点

1）现浇结构的外观质量不应有严重缺陷。

对已经出现的严重缺陷，应由施工单位提出技术处理方案，并经监理（建设）单位认可后进行处理。对经处理的部位，应重新检查验收。

2）现浇结构的外观质量不宜有一般缺陷。

对已经出现的一般缺陷，应由施工单位按技术处理方案进行处理，并重新检查验收。

（2）监理验收

1）验收标准

① 现浇结构不应该有影响结构性能和使用功能的尺寸偏差。混凝土设备基础不应有影响结构性能和设备安装的尺寸偏差。

对超过尺寸允许偏差且影响结构性能和安装、使用功能的部位，应由施工单位提出技术处理方案，并经监理（建设）单位认可后进行处理。对经处理的部位，应重新检查验收。

② 现浇结构和混凝土设备基础拆模后的尺寸偏差应符合表 5-19 的规定。

现浇结构尺寸允许偏差和检验方法　　　　表 5-19

项目			允许偏差（mm）	检验方法
轴线位置	基础		15	钢尺检查
	独立基础		10	
	墙、柱、梁		8	
	剪力墙		5	
垂直度	层高	≤5m	8	经纬仪或吊线、钢尺检查
		＞5m	10	经纬仪或吊线、钢尺检查
	全高（H）		H/1000 且≤30	经纬仪、钢尺检查

2）验收资料

① 现浇结构外观质量检查验收记录。

② 现浇结构质量缺陷修整记录。

③ 现浇结构及混凝土设备基础尺寸偏差检查记录。

④ 技术处理方案。

⑤ 检验批质量验收记录。

⑥ 现浇结构分项工程质量验收记录。

5.2　砌体工程质量监理

5.2.1　砌筑砂浆

1. 材料质量监理

（1）对砂浆拌合的检查

1）应督促、检查承包单位根据审定的砂浆配合比通知单进行生产，计量要准确。塑化材料的掺量对水泥混合砂浆强度影响很大，计量时一定要注意。

2）督促承包单位使用机械拌合砂浆，拌合时应注意投料顺序，保证块状的塑化材料能拌开，搅拌时间不得小于 1.5min。掺用微沫剂时，应当延长搅拌时间。

3）检查、测定拌出砂浆的质量，砂浆稠度应满足不同种类砌体的具体要求，保水性要好，分层度不宜大于20mm，发现砂浆和易性差，容易产生沉淀或泌水现象时应仔细分析原因。当用高强度等级水泥和细砂配制低等级砂浆产生离析现象时，应调整配合比，改用低强度等级水泥和中砂，发现掺入的石灰膏质量差，例如已经干燥、结硬或含有较多灰渣、杂物以及计量不准、搅拌时间过短，存放时间太长等影响砂浆质量问题时，应督促承包单位及时解决。现许多城市已经推广使用预拌砂浆，在将来现场搅拌砂浆可能会越来越少。

4）砂浆试件的制作，往往被承包单位忽略，监理工程师应及时检查，督促。

5）砂浆在运输过程中，要采取措施防止其离析，搅拌出的砂浆应及时使用，水泥砂浆和水泥混合砂浆必须在拌成后，分别在3h和4h内使用完毕，如气温超过30℃相应缩短1h，灰槽中的砂浆应及时清理干净，隔日的砂不能再使用。

（2）砂浆拌合材料

1）水泥

加水拌合成塑性浆体，是能胶结砂、石等材料，既能在空气中硬化，又能在水中硬化的粉末状水硬性胶凝材料。

水泥的强度等级应根据设计要求进行选择。水泥砂浆采用的水泥，其强度等级不宜大于32.5级；水泥混合砂浆采用的水泥，其强度等级不宜大于42.5级。

水泥进场使用前，应分批对其强度、安定性进行复验。检验批应以同一生产厂家、同一编号为一批。当在使用中对水泥质量有怀疑或水泥出厂超过三个月（快硬硅酸盐水泥超过一个月）时，应复查试验，并按其结果使用。

2）砂

砂宜用中砂，其中毛石砌体宜用粗砂。砂浆用砂不得含有有害杂物。砂浆用砂的含泥量应满足下列要求：

① 对水泥砂浆和强度等级不小于M5的水泥混合砂浆，不应超过5%。

② 对强度等级小于 M5 的水泥混合砂浆，不应超过 10%。

③ 人工砂、山砂及特细砂，应经试配能满足砌筑砂浆技术条件要求。

3）石灰膏

生石灰熟化成石灰膏时，应用孔径不大于 3mm×3mm 的网过滤，熟化时间不得少于 7d；磨细生石灰粉的熟化时间不得少于 2d。沉淀池中贮存的石灰膏应采取防止干燥、冻结和污染的措施。配制水泥石灰砂浆时，不得采用脱水硬化的石灰膏。

4）黏土膏

采用黏土或粉质黏土制备黏土膏时，宜用搅拌机加水搅拌，通过孔径不大于 3mm×3mm 的网过筛。用比色法鉴定黏土中的有机物含量时应浅于标准色。

5）电石膏

制作电石膏的电石渣应用孔径不大于 3mm×3mm 的网过滤，检验时应加热至 70℃并保持 20min，没有乙炔气味后，方可使用。

6）水

水质应符合现行行业标准《混凝土用水标准》（JGJ 63—2006）的规定。

7）外加剂

凡在砂浆中掺入有机塑化剂、早强剂、缓凝剂、防冻剂等，应经检验和试配符合要求后方可使用。有机塑化剂应有砌体强度的型式检验报告。

2. 监理巡视与验收

（1）监理巡视要点

1）砂浆配制

① 试配时应采用工程中实际使用的材料，应采用机械搅拌。搅拌时间，应自投料结束算起，对水泥砂浆和水泥混合砂浆，不得少于 120s；对掺用粉煤灰和外加剂的砂浆，不得少于 180s。

② 按计算或查表所得配合比进行试拌时，应测定砂浆拌合物的稠度和分层度，当不能满足要求时，应调整材料用量，直

到符合要求为止。然后确定为试配时的砂浆基准配合比。

③ 试配时至少应采用三个不同的配合比，其中一个为基准配合比，其他配合比的水泥用量应按基准配合比分别增加或减少10%。在保证稠度、分层度合格的条件下，可将用水量或掺加料用量作相应调整。

④ 对三个不同的配合比进行调整后，应按行业标准《建筑砂浆基本性能试验方法》（JGJ/T 70—2009）的规定制作试件，测定砂浆强度，并选定符合试配强度要求且水泥用量最少的配合比作为砂浆配合比。

⑤ 砂浆配制注意事项：

a. 配制水泥石灰砂浆时，不得采用脱水硬化的石灰膏。

b. 消石灰粉不得直接使用于砌筑砂浆中。

c. 拌制砂浆用水，水质应符合行业标准《混凝土用水标准》（JGJ 63—2006）的规定。

d. 砌筑砂浆应通过试配确定配合比。当砌筑砂浆的组成材料有变更时，其配合比应重新确定。

⑥ 施工中当采用水泥砂浆代替水泥混合砂浆时，应重新确定砂浆强度等级。

2）砂浆拌制及使用

① 砌筑砂浆应采用机械搅拌，自投料完算起，搅拌时间应符合下列规定：

a. 水泥砂浆和水泥混合砂浆不得少于2min。

b. 水泥粉煤灰砂浆和掺用外加剂的砂浆不得少于3min。

c. 掺用有机塑化剂的砂浆，应为3～5min。

② 砂浆现场拌制时，各组分材料应采用重量计量。

③ 拌制水泥砂浆，应先将砂与水泥干拌均匀，再加水拌合均匀。

④ 拌制水泥混合砂浆，应先将砂与水泥干拌均匀，再加掺加料（石灰膏、黏土膏）和水拌合均匀。

⑤ 拌制水泥粉煤灰砂浆，应先将水泥、粉煤灰、砂干拌均匀，再加水拌合均匀。

⑥ 掺用外加剂时，应先将外加剂按规定浓度溶于水中，在拌合水投入时投入外加剂溶液，外加剂不得直接投入拌制的砂浆中。

⑦ 砂浆拌成后和使用时，均应盛入贮灰器中。如砂浆出现泌水现象，应在砌筑前再次拌合。

⑧ 砂浆应随拌随用，水泥砂浆和水泥混合砂浆应分别在3h和4h内使用完毕；当施工期间最高气温超过30℃时，应分别在拌成后2h和3h内使用完毕。对掺用缓凝剂的砂浆，其使用时间可根据具体情况延长。

（2）监理验收

1）验收标准

① 砌筑砂浆试块强度验收时，其强度合格标准必须符合以下规定：

a. 同一验收批砂浆试块抗压强度平均值必须大于或等于设计强度等级所对应的立方体抗压强度；同一验收批砂浆试块抗压强度的最小一组平均值必须大于或等于设计强度等级所对应的立方体抗压强度的0.75倍。

b. 抽检数量。每一检验批且不超过250m^{3}砌体的各种类型及强度等级的砌筑砂浆，每台搅拌机应至少抽检一次。

c. 检验方法。在砂浆搅拌机出料口随机取样制作砂浆试块（同盘砂浆只应制作一组试块），最后检查试块强度试验报告单。

② 当施工中或验收时出现下列情况，可采用现场检验方法对砂浆和砌体强度进行原位检测或取样检测，并判定其强度：

a. 砂浆试块缺乏代表性或试块数量不足。

b. 对砂浆试块的试验结果有怀疑或有争议。

c. 砂浆试块的试验结果，不能满足设计要求。

2）验收资料

① 水泥的出厂合格证及复试报告。

② 砂的检验报告。

③ 砂浆配合比通知单。

④ 砂浆试块28d标养抗压强度试验报告。

⑤ 原材料计量记录。

5.2.2 砖砌体工程

1. 材料质量监理

对砌筑砂浆的原材料及配合比应进行控制。

（1）砌筑砂浆的原材料

1）水泥。水泥进场时应对其品种、级别、包装或散装仓号、出厂日期等进行检查，并应对其强度、安定性及其他必要的性能指标进行复验，其质量必须符合《通用硅酸盐水泥》（GB 175—2007）等的规定。

当在使用中对水泥质量有怀疑或水泥出厂超过三个月（快硬硅酸盐水泥超过一个月）时，应进行复验，并按复验结果使用。

2）砂。采用中砂，含泥量在 M＞5 时，不得大于 5%；M＜5 时，不得大于 10%。

3）石灰膏。如在现场用生石灰制作时，熟化时间不得少于 7d；如采购成品石膏，应问清熟化时间，不得购买、使用脱水硬化的石灰膏。监理工程师对进场的石灰（膏），应检查其质量，并督促承包单位采取措施，防止石灰膏干燥、冻结和被污染。

4）无机塑化剂和有机塑化剂的质量应符合相应的技术要求。

5）微沫剂的质量，除应符合相应的技术要求外，应要求承包单位对微沫剂的掺量进行试验。

（2）砂浆配合比

砌筑砂浆配合比应由试验室通过试验签发砂浆配合比通知单，砂浆试验室强度配合比应高于设计强度 15%。

（3）检查承包单位的原材料、水平运输、垂直运输、砂浆拌合机的准备情况。

2. 监理巡视与验收

（1）监理巡视要点

1）留槎、拉结筋

① 砖砌体的转角处与交接处应同时砌筑，严禁无可靠措施的内外墙分砌施工。对于不能同时砌筑而又必须留置的临时间

断处应砌成斜槎，斜槎水平投影长度不应小于高度的2/3。接槎时，必须将接槎处的表面清理干净，浇水湿润，填实砂浆并保持灰缝平直。

② 非抗震设防及抗震设防烈度为6度、7度地区的临时间断处，当不能留斜槎时，除了转角处之外，可留直槎，但是直槎必须做成凸槎。留直槎处应加设拉结钢筋，拉结钢筋的数量为每120mm墙厚放置1Φ6拉结钢筋（120mm和240mm厚墙放置2Φ6拉结钢筋），间距沿墙高不应超过500mm；埋入长度从留槎处算起每边均不应小于500mm，对抗震设防烈度为6度、7度的地区，不应小于1000mm；末端应有90°弯钩。

③ 在多层砌体结构中，后砌的非承重砌体隔墙，应沿墙高每隔500mm配2Φ6的钢筋与承重墙或柱拉结，每边伸入墙内不应小于500mm。抗震设防烈度为8度和9度地区，长度大于5m的后砌隔墙的墙顶，还应与楼板或梁拉结。隔墙砌至梁板底时，应留一定空隙，间隔一周后再补砌挤紧。

2）灰缝

① 砖砌体的灰缝应横平竖直，厚薄均匀。水平灰缝厚度及竖向灰缝宽度宜为10mm，但不应小于8mm，也不应大于12mm。砌筑方法应采用“一铲灰、一块砖、一揉挤”的操作方法，即“三一”砌砖法。竖向灰缝宜采用挤浆法或加浆法，使其砂浆饱满，严禁用水冲浆灌缝。若采用铺浆法砌筑，铺浆长度不得超过750mm。施工期间气温超过30℃时，铺浆长度不得超过500mm，水平灰缝的砂浆饱满度不得低于80%；竖向灰缝不得出现透明缝、瞎缝和假缝。

② 清水墙面不应有上下两皮砖搭接长度小于25mm的通缝，不得有三分头砖，不得在上部随意变活、乱缝。

③ 空斗墙的水平灰缝厚度和竖向灰缝宽度通常为10mm，但是不应小于7mm，也不应大于13mm。

④ 筒拱拱体灰缝应全部用砂浆填满，拱底灰缝宽度宜为5～8mm，筒拱的纵向缝应与拱的横截面垂直。筒拱的纵向两端不

宜砌入墙内。

⑤ 为了保持清水墙面立缝垂直、不游丁走缝，当砌完一步架高时，水平间距每隔 2m，在丁砖竖缝位置弹两道垂直立线，以分段控制游丁走缝。

⑥ 清水墙勾缝应采用加浆勾缝，勾缝砂浆宜采用细砂拌制的 1∶1.5 水泥砂浆。勾凹缝时深度为 4～5mm，多雨地区或多孔砖可以采用稍浅的凹缝或平缝。

⑦ 砖砌平拱过梁的灰缝应砌成楔形缝。灰缝宽度，在过梁底面不应小于 5mm；在过梁的顶面不应大于 15mm，拱脚下面应伸入墙内不小于 20mm，拱底应有 1%起拱。

⑧ 砌体的伸缩缝、沉降缝及防震缝中，不得夹有砂浆、碎砖及杂物等。

（2）监理验收

1）验收标准

① 砌体工作段划分：

a. 相邻工作段的分段位置，宜设在伸缩缝、沉降缝、防震缝构造柱或门窗洞口处。

b. 相邻工作段的高度差，不得超过一个楼层的高度，且不得大于 4m。

c. 砌体临时间断处的高度差，不得超过一步脚手架的高度。

d. 砌体施工时，楼面堆载不得超过楼板允许荷载值。

e. 尚未安装楼板或屋面的墙和柱，当可能遇到大风时，其允许自由高度不得超过有关规定。如超过规定，必须采取临时支撑等有效措施，以保证墙或柱在施工中的稳定性。

f. 雨天施工应防止雨水冲刷砂浆（或基槽灌水），砂浆的稠度应适当减小，每日砌筑高度不宜超过 1.2m，收工时应遮盖砌体表面。

g. 设有钢筋混凝土抗风柱的房屋，应在柱顶与屋架以及屋架间的支撑均已连接固定后，方可砌筑山墙。

② 留槎、拉结筋：

a. 砖砌体的转角处和交接处应同时砌筑，严禁无可靠措施的内外墙分砌施工。对不能同时砌筑而又必须留置的临时间断处应砌成斜槎，斜槎水平投影长度不应小于高度的2/3。接槎时必须将接槎处的表面清理干净，浇水湿润，填实砂浆并保持灰缝平直。

b. 非抗震设防及抗震设防烈度为6度、7度地区的临时间断处，当不能留斜槎时，除转角处外，可留直槎，但直槎必须做成凸槎。留直槎处应加设拉结钢筋，拉结钢筋的数量为每120mm墙厚放置1Φ6拉结钢筋（120mm和240mm厚墙放置2Φ6拉结钢筋），间距沿墙高不应超过500mm；埋入长度从留槎处算起每边均不应小于500mm，对抗震设防烈度6度、7度地区，不应小于1000mm，末端应有90°弯钩。

c. 多层砌体结构中，后砌的非承重砌体隔墙，应沿墙高每隔500mm配置2Φ6的钢筋与承重墙或柱拉结，每边伸入墙内不应小于500mm。抗震设防烈度为8度和9度地区，长度大于5m的后砌隔墙的墙顶，还应与楼板或梁拉结。隔墙砌至梁板底时，应留一定空隙，间隔一周后再补砌挤紧。

③ 灰缝：

a. 砖砌体的灰缝应横平竖直，厚薄均匀。水平灰缝厚度和竖向灰缝宽度宜为10mm，但不应小于8mm，也不应大于12mm。水平灰缝的砂浆饱满度不得低于80%，竖向灰缝不得出现透明缝、瞎缝和假缝。

砌筑方法宜采用“三一”砌砖法，即“一铲灰、一块砖、一揉挤”的操作方法。竖向灰缝宜采用挤浆法或加浆法，使其砂浆饱满，严禁用水冲浆灌缝。如采用铺浆法砌筑，铺浆长度不得超过750mm。施工期间气温超过30℃时，铺浆长度不得超过500mm。

b. 清水墙面不应有上下两皮砖搭接长度小于25mm的通缝，不得有三分头砖，不得在上部随意变活乱缝。

c. 空斗墙的水平灰缝厚度和竖向灰缝宽度一般为10mm，但不应小于7mm，也不应大于13mm。

d. 筒拱拱体灰缝应全部用砂浆填满，拱底灰缝宽度宜为5～8mm，筒拱的纵向缝应与拱的横断面垂直。筒拱的纵向两端不宜砌入墙内。

e. 为保持清水墙面立缝垂直一致，当砌至一步架子高时，水平间距每隔 2m，在丁砖竖缝位置弹两道垂直立线，控制游丁走缝。

f. 清水墙勾缝应采用加浆勾缝，勾缝砂浆宜采用细砂拌制的 1∶1.5 水泥砂浆。勾凹缝时深度为 4～5mm，多雨地区或多孔砖可采用稍浅的凹缝或平缝。

g. 砖砌平拱过梁的灰缝应砌成楔形缝。灰缝宽度，在过梁底面不应小于 5mm，在过梁的顶面不应大于 15mm。拱脚下面应伸入墙内不小于 20mm，拱底应有 1%起拱。

h. 砌体的伸缩缝、沉降缝、防震缝中，不得夹有砂浆、碎砖和杂物等。

④ 构造柱

构造柱施工应按“配筋砌体工程”的有关要求进行控制。

2）验收资料

① 砂浆配合比设计检验报告单。

② 砂浆立方体试件抗压强度检验报告单。

③ 水泥检验报告单。

④ 各类型砖检验报告单。

⑤ 砂检验报告单。

⑥ 砖砌体工程检验批质量验收记录。

5.2.3 石砌体工程

1. 材料质量监理

（1）石砌体所用的石材应质地坚实，无风化剥落和裂纹。用于清水墙、柱表面的石材，应色泽均匀。

（2）砌筑用石分为毛石和料石两类。

（3）毛石分为乱毛石和平毛石两种。乱毛石指形状不规则的石块；平毛石指形状不规则，但有两个平面大致平行的石块。毛石应呈块状，其中部厚度不宜小于 150mm。

（4）料石按其加工面的平整程度分为细料石、粗料石和毛料石三种。料石各面的加工要求，应符合表 5-20 的规定。料石加工的允许偏差应符合表 5-21 的规定。料石的宽度、厚度均不宜小于 200mm，长度不宜大于厚度的 4 倍。

料石各面的加工要求 **表 5-20**

料石种类	外露面及相接周边的表面凹入深度（mm）	叠砌面和接砌面的表面凹入深度（mm）
细料石	不大于 2	不大于 10
粗料石	不大于 20	不大于 20
毛料石	稍加修整	不大于 25

注：相接周边的表面是指叠砌面、接砌面与外露面相接处 20～30mm 范围内的部分。

料石加工允许偏差 **表 5-21**

料石种类	加工允许偏差（mm）	
	宽度、厚度	长度
细料石	±3	±5
粗料石	±5	±7
毛料石	±10	±15

注：如设计有特殊要求，应按设计要求加工。

2. 监理巡视和验收

(1) 监理巡视要点

石砌体监理巡视要点见表 5-22。

石砌体监理巡视要点 **表 5-22**

项次	项目	监理巡视要点
1	接槎	1）石砌体的转角处与交接处应同时砌筑。对于不能同时砌筑而必须留置的临时间断处，应砌成踏步槎 2）在毛石和实心砖的组合墙中，毛石砌体和砖砌体应同时砌筑，并每隔 4～6 皮砖用 2～3 皮丁砖与毛石砌体拉结砌合。这两种砌体间的空隙应用砂浆填满 3）毛石墙和砖墙相接的转角处与交接处应同时砌筑。转角处应自纵墙（或横墙）每隔 4～6 皮砖高度引出不小于 120mm 与横墙（或纵墙）相接；交接处应自纵墙每隔 4～6 皮砖高度引出不小于 120mm 与横墙相接 4）在料石和毛石或砖的组合墙中，料石砌体与毛石砌体或砖砌体应同时砌筑，并每隔 2～3 皮料石层用丁砌层与毛石砌体或砖砌体拉结砌合。丁砌料石的长度宜与组合墙厚度相同

续表

项次	项目	监理巡视要点
2	错缝	1）毛石砌体宜分皮卧砌，各皮石块间应利用自然形状经敲打修整，从而使其与先砌石块基本吻合，搭砌紧密；并应上下错缝、内外搭砌，不得采用外面侧立石块中间填心的砌筑方法；中间不得有铲口石（尖石倾斜向外的石块）、斧刃石及过桥石（仅在两端搭砌的石块） 2）料石砌体应上下错缝搭砌。砌体厚度等于或大于两块料石宽度时，若同皮内全部采用顺砌，每砌两皮后，应砌一皮丁砌层；若同皮内采用丁顺组砌，丁砌石应交错设置，其中心间距不应大于 2m
3	灰缝	1）毛石砌体的灰缝厚度宜为 20～30mm，砂浆应饱满，石块间不得有相互接触现象。石块间较大的空隙应先填砂浆后用碎石块嵌实，不得采用先摆碎石块后塞砂浆或干填碎石块的方法 2）料石砌体的灰缝厚度：细料石不应大于 5mm；粗、毛料石不应大于 20mm。砌筑时，砂浆铺设厚度应略高于规定灰缝厚度 3）当设计未作规定时，石墙勾缝应采用凸缝或平缝，毛石墙还应保持砌合的自然缝
4	基础砌筑	1）砌筑毛石基础的第一皮石块应座浆，并将大面向下。毛石基础若做成阶梯形，上级阶梯的石块应至少压砌下级阶梯的 1/2，相邻阶梯的毛石应相互错缝搭砌 2）砌筑料石基础的第一皮应用丁砌层座浆砌筑。阶梯形料石基础，上级阶梯的料石应至少压砌下级阶梯的 1/3
5	拉结石设置	毛石墙应当设置拉结石。拉结石应均匀分布，相互错开，毛石基础同皮内每隔 2m 左右设置一块；毛石墙一般每 0.7m^2 墙面至少应设置一块，且同皮内的中心间距不应大于 2m
6	每日砌筑高度	毛石砌体每日砌筑高度不应超过 1.2m

（2）监理验收

1）主控项目验收

① 石材及砂浆强度等级必须符合设计要求。

② 砂浆饱满度不应小于 80%。

③ 石砌体的轴线位置及垂直度允许偏差应符合表 5-23 的规定。

石砌体的轴线位置及垂直度允许偏差　　表 5-23

项次	项目		允许偏差（mm）							检验方法
			毛石砌体		料石砌体					
					毛料石		粗料石		细料石	
			基础	墙	基础	墙	基础	墙	墙、柱	
1	轴线位置		20	15	20	15	15	10	10	用经纬仪和尺检查，或用其他测量仪器检查
2	墙面垂直度	每层	—	20	—	20	—	10	7	用经纬仪、吊线和尺检查或用其他测量仪器检查
		全高	—	30	—	30	—	25	10	

2）一般项目验收

① 石砌体的一般尺寸允许偏差应符合表 5-24 的规定。

石砌体的一般尺寸允许偏差　　表 5-24

项次	项目		允许偏差（mm）							检验方法
			毛石砌体		料石砌体					
					毛料石		粗料石		细料石	
			基础	墙	基础	墙	基础	墙	墙、柱	
1	基础和墙砌体顶面标高		±25	±15	±25	±15	±15	±15	±10	用水准仪和尺检查
2	砌体厚度		+30	+20 −10	+30	+20 −10	+15	+10 −5	+10 −5	用尺检查
3	表面平整度	清水墙、柱	—	—	—	20	—	10	5	细料石用 2m 靠尺和楔形塞尺检查，其他用两直尺垂直于灰缝拉 2m 线和尺检查
		混水墙、柱	—	—	—	20	—	15	—	
4	清水墙水平灰缝平直度		—	—	—	—	—	10	5	拉 10m 线和尺检查

② 石砌体的组砌形式应符合下列规定：

a. 内外搭砌，上下错缝，拉结石、丁砌石交错设置。

b. 毛石墙拉结石每 0.7m^2 墙面不应少于 1 块。

3）验收资料

① 砂浆配合比设计检验报告单。

② 砂浆立方体试件抗压强度检验报告单。

③ 毛（料）石检验报告单。

④ 水泥检验报告单。

⑤ 砂检验报告单。

⑥ 石砌体分项工程检验批质量验收记录表。

5.2.4 配筋砌体工程

1. 材料质量监理

（1）砖的品种、强度等级必须符合设计要求，并应规格一致，有出厂合格证及试验单，严格检验手续，对不合格品坚决退场。

（2）水泥进场使用前，应分批对其强度、安定性进行复验；检验批应以同一生产厂家、同一编号为一批；当在使用中对水泥质量有怀疑或水泥出厂超过 3 个月时，应复查试验，并按其结果使用；不同品种的水泥，不得混合使用。

（3）砂浆、混凝土用砂不得含有有害物质及草根等杂物，配制 M5 以上砂浆，砂的含泥量不应超过 5%；M5 以下砂浆，砂的含泥量不应超过 10%；配制混凝土所用砂的含泥量应小于 5%，并应通过 5mm 筛孔进行筛选。

（4）石灰膏的熟化时间不应少于 7d，严禁使用脱水硬化和冻结的石灰膏。

（5）构造柱、圈梁用粒径 5～40mm 卵石或碎石，组合砖砌体用 5～20mm 细卵石或碎石，含泥量小于 1%。

（6）混凝土根据要求选用减水剂或早强剂，应有出厂合格质量证明，掺用时应通过试验确定掺加量。

（7）预埋木砖、金属件必须做好防腐处理。

2. 监理巡视与检验

（1）组合砖砌体

1）砌筑砖砌体，应同时按照箍筋或拉结钢筋的竖向间距，在水平灰缝中铺置箍筋或拉结钢筋。

2）绑扎钢筋，将纵向受力钢筋与箍筋绑牢。在组合砖墙中，将纵向受力钢筋与拉结钢筋绑牢，将水平分布钢筋与纵向受力钢筋绑牢。

3）在面层部分的外围分段支设模板，每段支模高度宜在500mm以内，浇水润湿模板及砖砌体面，分层浇筑混凝土或砂浆，并用振捣棒捣实。

4）当面层混凝土或砂浆的强度达到其设计强度的30%以上时，才可拆除模板。如有缺陷应及时修整。

（2）网状配筋砖砌体

1）钢筋网应按设计规定制作成形。

2）砖砌体部分与常规方法砌筑。在配置钢筋网的水平灰缝中，应先铺一半厚的砂浆层，待放入钢筋网后再铺一半厚砂浆层，使钢筋网居于砂浆层厚度中间。钢筋网四周应有砂浆保护层。

3）配置钢筋网的水平灰缝厚度：当用方格网时，水平灰缝厚度为2倍钢筋直径加4mm；当用连弯网时，水平灰缝厚度为钢筋直径加4mm。确保钢筋上下各有2mm厚的砂浆保护层。

4）网状配筋砖砌体外表面宜用1：1水泥砂浆勾缝或进行抹灰。

（3）配筋砌块砌体

1）在配筋砌块砌体施工前，应按设计要求，将所配置钢筋加工成形，堆置于配筋部位的近旁。

2）砌块的砌筑应与钢筋设置互相配合。

3）砌块的砌筑应采用专用的小砌块砌筑砂浆和专用的小砌块灌孔混凝土。

（4）监理验收

1）验收标准

①配筋砌体工程施工质量主控项目检验应符合表5-25的规定。

配筋砌体工程施工质量主控项目检验　　表 5-25

序号	项目	合格质量标准	检验方法	检查数量
1	钢筋品种、规格和数量	钢筋的品种、规格和数量应符合设计要求	检查钢筋的合格证书、钢筋性能试验报告、隐蔽工程记录	全数检查
2	混凝土、砂浆强度	构造柱、芯柱、组合砌体构件、配筋砌体剪力墙构件的混凝土或砂浆的强度等级应符合设计要求	检查混凝土或砂浆试块试验报告	各类构件每一检验批砌体至少应做一组试块
3	马牙槎拉结筋	构造柱与墙体的连接处应砌成马牙槎，马牙槎应先退后进，预留的拉结钢筋应位置正确，施工中不得任意弯折 合格标准：钢筋竖向移位不应超过 100mm，每一马牙槎沿高度方向尺寸不应超过 300mm。钢筋竖向位移和马牙槎尺寸偏差每一构造柱不应超过 2 处	观察检查	每检验批抽 20% 构造柱，且不少于 3 处
4	构造柱位置及垂直度允许偏差	构造柱位置及垂直度的允许偏差应符合《砌体结构工程施工质量验收规范》（GB 50203—2011）的规定	见《砌体结构工程施工质量验收规范》（GB 50203—2011）	每检验批抽 10%，且应不少于 5 处
5	心柱	对配筋混凝土小型空心砌块砌体，心柱混凝土应在装配式楼盖处贯通，不得削弱芯柱截面尺寸	观察检查	

② 配筋砌体工程施工质量一般项目检验应符合表 5-26 的规定。

配筋砌体工程施工质量一般项目检验　　表 5-26

序号	项目	合格质量标准	检验方法	检查数量
1	水平灰缝钢筋	设置在砌体水平灰缝内的钢筋，应居中置于灰缝中。水平灰缝厚度应大于钢筋直径 4mm 以上。砌体外露面砂浆保护层的厚度应不小于 15mm	观察检查，辅以钢直尺检测	每检验批抽检 3 个构件，每个构件检查 3 处
2	钢筋防腐	设置在潮湿环境或有化学侵蚀物内的钢筋应采取防腐措施 合格标准：防腐涂料无漏刷（喷浸），无起皮脱落现象	观察检查	
3	网状配筋及放置间距	网状配筋砌体中，钢筋网及放置间距应符合设计规定 合格标准：钢筋网沿砌体高度位置超过设计规定一皮砖厚不得多于 1 处	钢筋规格检查钢筋网成品，钢筋网放置间距局部剔缝观察，或用探针刺入灰缝内检查，或用钢筋位置测定仪测定	每检验批抽检 10% 的钢筋
4	组合砌体拉结筋	组合砖砌体构件，竖向受力钢筋保护层应符合设计要求，距砖砌体表面距离应不小于 5mm；拉结筋两端应设弯钩，拉结筋及箍筋的位置应正确 合格标准：钢筋保护层符合设计要求；拉结筋位置及弯钩设置 80% 及以上符合要求，箍筋间距超过规定者，每件不得多于 2 处，且每处不得超过一皮砖	支模前观察与尺量检查	
5	砌块砌体钢筋搭接	配筋砌块砌体剪力墙中，采用搭接接头的受力钢筋搭接长度应不小于 $35d$，且应不少于 300mm	尺量检查	每检验批每类构件抽 20%（墙、柱、连梁），且应不少于 3 件

注：d 为纵向受力钢筋的较大直径。

2）验收资料

① 砂浆配合比设计检验报告单。

② 砂浆立方体试件抗压强度检验报告单。

③ 混凝土配合比设计检验报告单。

④ 混凝土抗压强度检验报告单。

⑤ 水泥检验报告单。

⑥ 烧结普通砖检验报告单。

⑦ 砂检验报告单。

⑧ 碎石或卵石检验报告单。

⑨ 钢筋力学性能检验报告单。

⑩ 配筋砌体工程检验批质量验收记录。

5.3　钢结构工程质量监理

5.3.1　钢结构连接工程

1. 钢结构焊接材料质量监理

（1）焊接材料的品种、规格、性能等应符合现行国家产品标准和设计要求。

检查数量：全数检查。

检验方法：检查焊接材料的质量合格证明文件、中文标志及检验报告等。

（2）重要钢结构采用的焊接材料应进行抽样复验，复验结果应符合现行国家产品标准和设计要求。

检查数量：全数检查。

检验方法：检查复验报告。

（3）焊钉及焊接瓷环的规格、尺寸及偏差应符合国家标准《电弧螺柱焊用圆柱头焊钉》（GB/T 10433—2002）中的规定。

检查数量：按量抽查1%，且不应少于10套。

检验方法：用钢尺和游标卡尺量测。

（4）焊条外观不应有外皮脱落、焊芯生锈等缺陷，焊剂不应受潮结块。

检查数量：按量抽查1%，且不应少于10包。

检验方法：观察检查。

2. 监理巡视与验收

(1) 监理巡视要点

1) 钢构件焊接工程

① 焊条、焊丝、焊剂及电渣焊熔嘴等焊接材料与母材的匹配应符合设计要求及国家标准《钢结构焊接规范》(GB 50661—2011) 的规定。焊条、焊剂、药芯焊丝及熔嘴等在使用前，应按其产品说明书及焊接工艺文件的规定进行烘焙和存放。

② 焊工应当经考试合格并取得合格证书。持证焊工必须在其考试合格项目及其认可范围内施焊。

③ 施工单位对首次采用的钢材、焊接材料、焊接方法及焊后热处理等，应进行焊接工艺评定，并应根据评定报告确定焊接工艺。

④ 设计要求全焊透的一、二级焊缝应采用超声波探伤进行内部缺陷的检验。超声波探伤不能对缺陷作出判断时，应采用射线探伤，其内部缺陷分级及探伤方法应符合国家标准《钢焊缝手工超声波探伤方法和探伤结果分级法》(GB/T 11345—2008) 或《金属熔化焊焊接接头射线照相》(GB/T 3323—2005) 的规定焊接球节点网架焊缝、螺栓球节点网架焊缝及圆管 T、K、Y 形节点相关线焊缝，其内部缺陷分级及探伤方法应当分别符合国家标准《钢结构超声波探伤及质量分级法》(JG/T 203—2007)、《钢结构焊接规范》(GB 50661—2011) 的规定。

⑤ 焊缝表面不得有裂纹、焊瘤等缺陷。一级焊缝、二级焊缝不得有表面气孔、夹渣、弧坑裂纹、电弧擦伤等缺陷。并且一级焊缝不得有咬边、未焊满、根部收缩等缺陷。

⑥ 对于需要进行焊前预热或焊后热处理的焊缝，其预热温度或后热温度应符合现行相关标准的规定或通过工艺试验确定。预热区在焊道两侧，其每侧宽度均应大于焊件厚度的 1.5 倍以

上，且不应小于100mm；后热处理应在焊后立即进行，保温时间应根据板厚按每25mm板厚1h确定。

⑦ 焊成凹形的角焊缝，焊缝金属与母材间应当平缓过渡；加工成凹形的角焊缝，不得在其表面留下切痕。

⑧ 焊缝感观应达到：外形均匀、成形较好，焊道与焊道、焊道与基本金属间过渡较平滑，焊渣和飞溅物基本清除干净。

2）焊钉（栓钉）焊接工程

① 施工单位对其采用的焊钉与钢材焊接应进行焊接工艺评定，其结果应符合设计要求和国家现行有关标准的规定。瓷环应按其产品说明书进行烘焙。

② 焊钉焊接后应进行弯曲试验检查，其焊缝和热影响区不应有肉眼可见的裂纹。

③ 焊钉根部焊脚应均匀，焊脚立面的局部未熔合或不足360°的焊脚应进行修补。

（2）监理验收

1）钢构件焊接工程验收标准

① 钢构件焊接工程主控项目检验应符合表5-27、表5-28的规定。

钢构件焊接工程主控项目检验 **表5-27**

序号	项目	合格质量标准	检验方法	检查数量
1	焊接材料品种、规格	焊接材料的品种、规格、性能等应符合现行国家产品标准和设计要求	检查焊接材料的质量合格证明文件、中文标志及检验报告等	全数检查
2	焊接材料复验	重要钢结构采用的焊接材料应进行抽样复验，复验结果应符合现行国家产品标准和设计要求	检查复验报告	

续表

序号	项目	合格质量标准	检验方法	检查数量
3	材料匹配	焊条、焊丝、焊剂、电渣焊熔嘴等焊接材料与母材的匹配应符合设计要求及国家现行标准《钢结构焊接规范》(GB 50661—2011)的规定。焊条、焊剂、药芯焊丝、熔嘴等在使用前，应按其产品说明书及焊接工艺文件的规定进行烘焙和存放	检查质量证明书和烘焙记录	全数检查
4	焊工证书	焊工必须经考试合格并取得合格证书。持证焊工必须在其考试合格项目及其认可范围内施焊	检查焊工合格证及其认可范围、有效期	
5	焊接工艺评定	施工单位对其首次采用的钢材、焊接材料、焊接方法、焊后热处理等，应进行焊接工艺评定，并应根据评定报告确定评定	检查焊接工艺评定报告	
6	内部缺陷	设计要求全焊透的一、二级焊缝应采用超声波探伤进行内部缺陷的检验，超声波探伤不能对缺陷作出判断时，应采用射线探伤，其内部缺陷分级及探伤方法应符合国家标准《钢焊缝手工超声波探伤方法和探伤结果分级法》(CB/T 11345—2008)或《金属熔化焊焊接接头射线照相》(GB 3323—2005)的规定	检查超声波或射线探伤记录	

续表

序号	项目	合格质量标准	检验方法	检查数量
6	内部缺陷	焊接球节点网架焊缝、螺栓球节点网架焊缝及圆管T、K、Y形节点相关线焊缝，其内部缺陷分级及探伤方法应分别符合国家标准《钢结构超声波探伤及质量分级法》(JG/T 203—2007)、《钢结构焊接规范》(GB 50661—2011)的规定一级、二级焊缝的质量等级及缺陷分级的规定	检查超声波或射线探伤记录	全数检查
7	组合焊缝尺寸	T形接头、十字接头、角接接头等要求熔透的对接和角对接组合焊缝，其焊脚尺寸应不小于 $t/4$（图 5-1*a*、*b*、*c*）；设计有疲劳验算要求的吊车梁或类似构件的腹板与上翼缘连接焊缝的焊脚尺寸为 $t/2$（图 5-1*d*），且应不大于 10mm。焊脚尺寸的允许偏差为 0～4mm	观察检查，用焊缝量规抽查测量	资料全数检查；同类焊缝抽查10%，且应不少于3条
8	焊缝表面缺陷	焊缝表面不得有裂纹、焊瘤等缺陷。一级、二级焊缝不得有表面气孔、夹渣、弧坑裂纹、电弧擦伤等缺陷	观察检查或使用放大镜、焊缝量规和钢直尺检查，当存在疑义时，采用渗透或磁粉探伤检查	每批同类构件抽查10%，且应不少于3件；被抽查构件中，每一类型焊缝按条数抽查5%，且应不少于1条；每条检查1处，总抽查数应不少于10处

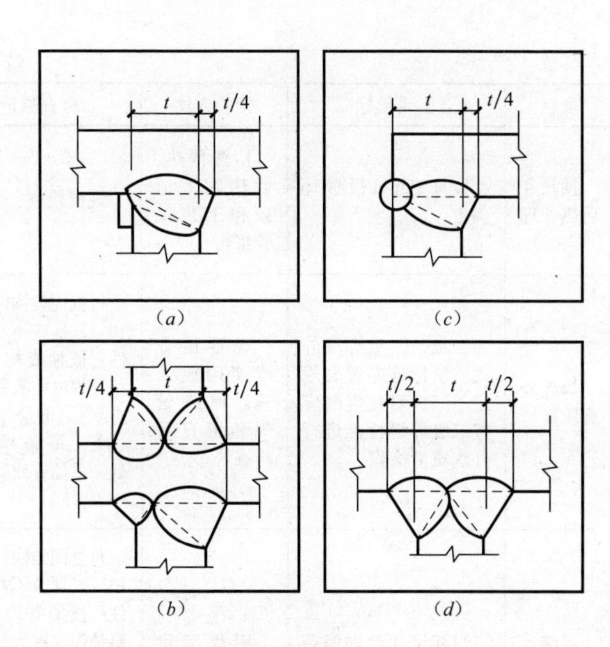

图 5-1　焊脚尺寸

一级、二级焊缝质量等级及缺陷分级　　表 5-28

焊缝质量等级		一级	二级
内部缺陷超声波探伤	评定等级	Ⅱ	Ⅲ
	检验等级	B级	B级
	探伤比例	100%	20%
内部缺陷射线探伤	评定等级	Ⅱ	Ⅲ
	检验等级	AB级	AB级
	探伤比例	100%	20%

② 钢构件焊接工程一般项目检验应符合表 5-29 的规定。

钢构件焊接工程一般项目检验　　表 5-29

序号	项目	合格质量标准	检验方法	检查数量
1	焊接材料外观质量	焊条外观不应有药皮脱落、焊芯生锈等缺陷；焊剂不应受潮结块	观察检查	按量抽查 1%，且不少于10包

续表

序号	项目	合格质量标准	检验方法	检查数量
2	预热和后热处理	按每25mm板厚1h确定	检查预热、后热施工记录和工艺试验报告	观察检查
3	焊缝外观质量	二级、三级焊缝外观质量标准应符合规定。三级对接焊缝应按二级焊缝标准进行外观质量检验	观察检查或使用放大镜、焊缝量规和钢直尺检查	每批同类构件抽查10%，且应不少于3件；被抽查构件中，每种焊缝按数量各抽查5%，但应不少于1条；每条检查1处，总抽查处应不少于10处
4	焊缝尺寸偏差	焊缝尺寸允许偏差应符合规定	用焊缝量规检查	每批同类构件抽查10%，且应不少于3件；被抽查构件中，每种焊缝按数量各抽查5%，但应不少于1条；每条检查1处，总抽查处应不少于10处
5	凹形角焊缝	焊成凹形的角焊缝，焊缝金属与母材间应平缓过渡；加工成凹形的角焊缝，不得在其表面留下切痕	观察检查	每批同类构件抽查10%，且应不少于3件
6	焊缝感观	焊缝感观应达到：外形均匀、成形较好，焊道与焊道、焊道与基本金属间过渡较平滑，焊渣和飞溅物基本清除干净	观察检查	每批同类构件抽查10%，且应不少于3件；被抽查构件中，每种焊缝按数量各抽查5%，总抽查处应不少于5处

③ 一级、二级、三级焊缝外观质量标准应符合表5-30的规定。

一级、二级、三级焊缝外观质量标准　　表 5-30

项目	允许偏差（mm）		
缺陷类型	一级	二级	三级
未焊满（指不足设计要求）	不允许	≤0.2+0.02t，且≤1.0	≤0.2+0.04t，且≤2.0
		每 100mm 焊缝内缺陷总长≤25.0	
根部收缩	不允许	≤0.2+0.02t，且≤1.0	≤0.2+0.04t，且≤2.0
		长度不限	
咬边	不允许	≤0.05t，且≤0.5；连续长度≤100.0，且焊缝两侧咬边总长≤10%焊缝全长	≤0.1t，且≤1.0，长度不限
弧坑裂纹	不允许	不允许	允许存在个别长度≤5.0 的弧坑裂纹
电弧擦伤	不允许	不允许	允许存在个别电弧擦伤
接头不良	不允许	缺口深度 0.05t，且≤0.5	缺口深度 0.1t，且≤1.0
		每 1000mm 焊缝不应超过 1 处	
表面夹渣	不允许	不允许	深≤0.2t　长≤0.2t，且≤20.0
表面气孔	不允许	不允许	每 50mm 焊缝长度内允许直径≤0.4t，且≤3.0 的气孔 2 个，孔距 6 倍孔径

注：表内 t 为连接较薄的板厚。

④ 对接焊缝及完全熔透组合焊缝尺寸允许偏差应符合表 5-31 的规定。

对接焊缝及完全熔透组合焊缝尺寸允许偏差　　表 5-31

序号	项目	图例	允许偏差（mm）	
			一、二级	三级
1	对接焊缝余高 C		B<20：0～3.0 B≥20：0～4.0	B<20：0～4.0 B≥20：0～5.0

续表

序号	项目	图例	允许偏差（mm）	
2	对接焊缝错边 d		$d<0.15t$，且$\leqslant 2.0$	$d<0.15t$，且$\leqslant 3.0$

⑤ 部分焊透组合焊缝和角焊缝外形尺寸允许偏差应符合表 5-32 的规定。

部分焊透组合焊缝和角焊缝外形尺寸允许偏差　表 5-32

序号	项目	图例	允许偏差（mm）
1	焊角尺寸 h_f		$h_f\leqslant 6$：0～1.5 $h_f>6$：0～3.0
2	角焊缝余高 c		$h_f\leqslant 6$：0～1.5 $h_f>6$：0～3.0

注：1. $h_f>8.0$mm 的角焊缝其局部焊脚尺寸允许低于设计要求值 1.0mm，但总长度不得超过焊缝长度 10%；

2. 焊接 H 型梁腹板与翼缘板的焊缝两端在其两倍翼缘板宽度范围内，焊缝的焊脚尺寸不得低于设计值。

2）监理验收资料

① 焊条、焊丝、焊剂、电渣熔嘴等焊接材料出厂合格证明文件及检验报告。

② 焊条、焊剂等烘焙记录。

③ 重要钢结构采用的焊接材料复验报告。

④ 焊工合格证书及其认可范围、有效期。

⑤ 施工单位首次采用的钢材和焊接材料的焊接工艺评定

报告。

⑥ 无损检测报告和X射线底片。

⑦ 焊接工程有关竣工图及相关设计文件。

⑧ 技术复核记录。

⑨ 隐蔽验收记录。

⑩ 焊接分项工程检验批质量验收记录。

⑪ 不合格项的处理记录及验收记录。

⑫ 其他有关文件的记录。

5.3.2 钢筋零部件加工工程

1. 材料质量监理

(1) 钢材

1) 钢材、钢铸件的品种、规格、性能等应符合现行国家产品标准和设计要求进口钢材产品的质量应符合设计和合同规定标准的要求。

检查数量：全数检查。

检验方法：检查质量合格证明文件、中文标志及检验报告等。

2) 对属于下列情况之一的钢材，应进行抽样复验，其复验结果应符合现行国家产品标准和设计要求。

① 国外进口钢材。

② 钢材混批。

③ 板厚等于或大于40mm，且设计有Z向性能要求的厚板。

④ 建筑结构安全等级为一级，大跨度钢结构中主要受力构件所采用的钢材。

⑤ 设计有复验要求的钢材。

⑥ 对质量有疑义的钢材。

检查数量：全数检查。

检验方法：检查复验报告。

3) 钢板厚度及允许偏差应符合其产品标准的要求。

检查数量：每一品种、规格的钢板抽查5处。

检验方法：用游标卡尺量测。

4）型钢的规格尺寸及允许偏差符合其产品标准的要求。

检查数量：每一品种、规格的型钢抽查5处。

检验方法：用钢尺和游标卡尺量测。

5）钢材的表面外观质量除应符合国家现行有关标准的规定外，还应符合下列规定：

① 当钢材的表面有锈蚀、麻点或划痕等缺陷时，其深度不得大于该钢材厚度负允许偏差值的1/2。

② 钢材表面的锈蚀等级应符合现行国家标准《涂覆涂料前钢材表面处理　表面清洁度的目视评定》（GB/T 8923）规定的C级及C级以上。

③ 钢材端边或断口处不应有分层、夹渣等缺陷。

检查数量：全数检查。

检验方法：观察检查。

（2）封板、锥头和套筒

1）封板、锥头和套筒及制造封板、锥头和套筒所采用的原材料，其品种、规格、性能等应符合现行国家产品标准和设计要求。

检查数量：全数检查。

检验方法：检查产品的质量合格证明文件、中文标志及检验报告等。

2）封板、锥头、套筒外观不得有裂纹、过烧及氧化皮。

检查数量：每种抽查5%，且不应少于10只。

检验方法：用放大镜观察检查和表面探伤。

（3）其他材料

1）钢结构用橡胶垫的品种、规格、性能等应符合现行国家产品标准和设计要求。

检查数量：全数检查。

检验方法：检查产品的质量合格证明文件、中文标志及检验报告等。

2）钢结构工程所涉及的其他特殊材料，其品种、规格、性能等应符合现行国家产品标准和设计要求。

检查数量：全数检查。

检验方法：检查产品的质量合格证明文件、中文标志及检验报告等。

2. 监理巡视与验收

(1) 监理巡视要点

1) 切割。

钢材切割面或剪切面应无裂纹、夹渣、分层及大于 1mm 的缺棱。

2) 矫正和成形。

① 碳素结构钢在环境温度低于－16℃、低合金结构钢在环境温度低于－12℃时，不应进行冷矫正与冷弯曲。碳素结构钢与低合金结构钢在加热矫正时，加热温度不应超过 900℃。低合金结构钢在热矫正后应自然冷却。

② 当零件采用热加工成形时，加热温度应控制在 900～1000℃；碳素结构钢与低合金结构钢在温度下分别下降到 700℃和 800℃之前，应结束加工；低合金结构钢应自然冷却。

③ 矫正后的钢材表面不应有明显的凹面或损伤，划痕深度不得大于 0.5mm，且不应大于该钢材厚度允许偏差的 1/2。

3) 边缘加工。

气割或机械剪切的零件进行边缘加工时，其刨削量不应小于 2.0mm。

4) 管、球加工。

① 在螺栓球成形后，不应有裂纹、褶皱、过烧。

② 在钢板压成半圆球后，表面不应有裂纹、褶皱；焊接球其对接坡口应采用机械加工，对接焊表面应打磨平整。

(2) 监理验收

1) 验收标准

① 钢零件及钢部件加工工程施工质量主控项目检验应符合表 5-33 的规定。

钢零件及钢部件加工工程施工质量主控项目检验　表 5-33

序号	项目	合格质量标准	检验方法	检查数量
1	材料品种、规格	钢材、钢铸件的品种、规格、性能等应符合现行国家产品标准和设计要求。进口钢材产品的质量应符合设计和合同规定标准的要求	检查质量合格证明文件、中文标志及检验报告	全数检查
2	钢材复验	对属于下列情况之一的钢材，应进行抽样复验，其复验结果应符合现行国家产品标准和设计要求： ① 国外进口钢材 ② 钢材混批 ③ 板厚等于或大于 40mm，且设计有 Z 向性能要求的厚板 ④ 建筑结构安全等级为一级，大跨度钢结构中主要受力构件所采用的钢材 ⑤ 设计有复验要求的钢材 ⑥ 对质量有疑义的钢材	检查复验报告	
3	切面质量	钢材切割面或剪切面应无裂纹、夹渣、分层和大于 1mm 的缺棱	观察或用放大镜及百分尺检查，有疑义时作渗透、磁粉或超声波探伤检查	
4	矫正	碳素结构钢在环境温度低于−16℃、低合金结构钢在环境温度低于−12℃时，不应进行冷矫正和冷弯曲。碳素结构钢和低合金结构钢在加热矫正时，加热温度不应超过 900℃。低合金结构钢在加热矫正后应自然冷却	检查制作工艺报告和施工记录	
5	边缘加工	气割或机械剪切的零件，需要进行边缘加工时，其刨削量应不小于 2.0mm	检查制作工艺报告和施工记录	

续表

序号	项目	合格质量标准	检验方法	检查数量
6	制孔	A、B级螺栓孔（Ⅰ类孔）应具有H12的精度，孔壁表面粗糙度Ra应不大于12.5μm。其孔径的允许偏差应符合表5-35的规定 C级螺栓孔（醭孔），孔壁表面粗糙度Ra应不大于25μm，其允许偏差应符合表5-36的规定	检查制作工艺报告和施工记录	全数检查

② 钢零件及钢部件加工工程施工质量一般项目检验应符合表5-34的规定。

钢零件及钢部件加工工程施工质量一般项目检验　表5-34

序号	项目	合格质量标准	检验方法	检查数量
1	材料规格尺寸	钢板厚度及允许偏差应符合其产品标准的要求	用游标卡尺量测	每一品种、规格的钢板抽查5处
		型钢的规格尺寸及允许偏差符合其产品标准的要求	用钢直尺和游标卡尺量测	
2	钢材表面质量	钢材的表面外观质量除应符合国家现行有关标准的规定外，尚应符合下列规定： 1）当钢材的表面有锈蚀、麻点或划痕等缺陷时，其深度不得大于该钢材厚度负允许偏差值的1/2 2）钢材表面的锈蚀等级应符合现行国家标准《涂装前钢材表面锈蚀等级和除锈等级》（GB 8923—1988）规定的C级及C级以上 3）钢材端边或断口处不应有分层、夹渣等缺陷	观察检查	全数检查

续表

序号	项目	合格质量标准	检验方法	检查数量
3	气割精度	气割的允许偏差应符合表5-37的规定	观察检查或用钢直尺、塞尺检查	按切割面数抽查10%，且应不少于3个
	机械剪切精度	机械剪切的允许偏差应符合表5-38的规定	观察检查或用钢直尺、塞尺检查	按切割面数抽查10%，且应不少于3个
4	矫正质量	矫正后的钢材表面，不应有明显的凹面或损伤，划痕深度不得大于0.5mm，且应不大于该钢材厚度负允许偏差的1/2 冷矫正和冷弯曲的最小曲率半径和最大弯曲矢高应符合表5-39的规定 钢材矫正后的允许偏差，应符合表5-40的规定	观察检查和实测检查	按冷矫正和冷弯曲的件数抽查10%，上应不少于3个 按矫正件数抽查10%，且应不少于3件
5	边缘加工精度	边缘加工允许偏差应符合表5-41的规定	观察检查和实测检查	按加工面数抽查10%，且应不少于3件
6	制孔精度	螺栓孔孔距的允许偏差应符合表5-42的规定	尺量检查	全数检查

A、B级螺栓孔径的允许偏差　　表5-35

序号	螺栓公称直径、螺栓孔直径（mm）	螺栓公称直径允许偏差（mm）	螺栓孔直径允许偏差（mm）
1	10～18	0.00 −0.21	+0.18 0.00
2	18～30	0.00 −0.21	+0.21 0.00
3	30～50	0.00 −0.25	+0.25 0.00

C级螺栓孔的允许偏差　　　　表 5-36

项目	允许偏差（mm）	项目	允许偏差（mm）
直径	+0.1 0.0	圆度	2.0
		垂直度	0.03t，且应不大于2.0

注：t为切割面厚度。

气割的允许偏差　　　　表 5-37

项目	允许偏差（mm）	项目	允许偏差（mm）
零件宽度、长度	±3.0	割纹深度	0.3
切割面平面度	0.05t，且应不大于20	局部缺口深度	1.0

注：t为切割面厚度。

机械剪切的允许偏差　　　　表 5-38

项目	允许偏差（mm）	项目	允许偏差（mm）
零件宽度、长度	±3.0	型钢端部垂直度	2.0
边缘缺棱	1.0		

冷矫正和冷弯曲的最小曲率半径和最大弯曲矢高　表 5-39

钢材类别	图例	对应轴	矫正		弯曲	
			r	f	r	f
钢板扁钢		$x-x$	$50t$	$l^2/400t$	$25t$	$l^2/200t$
		$y-y$（仅对扁钢轴线）	$100b$	$l^2/800b$	$50b$	$l^2/400b$
角钢		$x-x$	$90b$	$l^2/720b$	$45b$	$l^2/360b$
槽钢		$x-x$	$50h$	$l^2/400h$	$25h$	$l^2/200h$
		$y-y$	$90b$	$l^2/720b$	$45b$	$l^2/360b$

续表

钢材类别	图例	对应轴	矫正		弯曲	
			r	f	r	f
工字钢	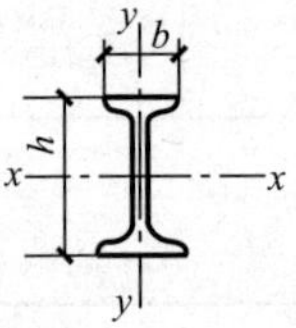	$x-x$	$50h$	$l^2/400h$	$25h$	$l^2/200h$
		$y-y$	$50b$	$l^2/400h$	$25b$	$l^2/200b$

注：r 为曲率半径；f 为弯曲矢高；l 为弯曲弦长；t 为钢板厚度。

钢材矫正后的允许偏差　　表 5-40

项目		允许偏差（mm）	图例
钢板的局部平面度	$t\leqslant14$	1.5	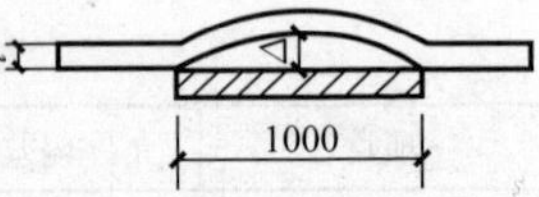
	$t>14$	1.0	
型钢弯曲矢高		$l/1000$ 且应不大于 5.0	—
角钢肢的垂直度		$b/100$ 双肢栓接角钢的角度不得大于 90°	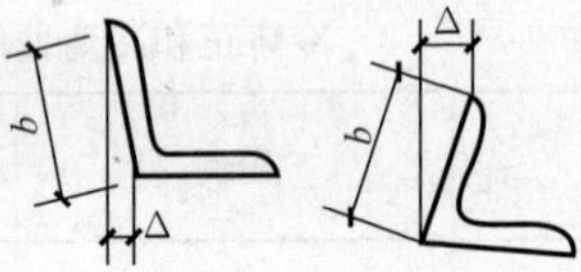
槽钢翼缘对腹板的垂直度		$b/80$	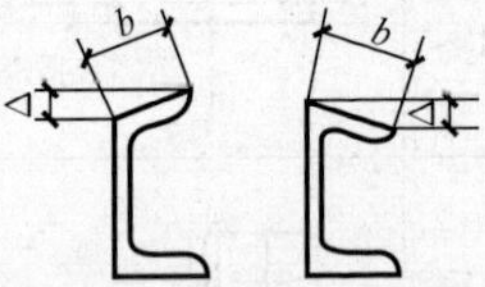
工字钢、H 型钢翼缘对腹板的垂直度		$b/100$ 且不大于 2.0	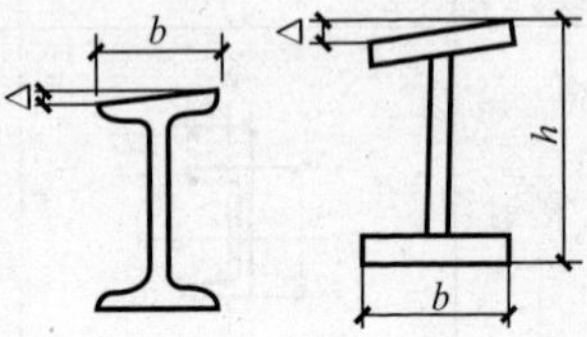

边缘加工的允许偏差　　　　表 5-41

项目	允许偏差（mm）
零件宽度、长度	±1.0
加工边直线度	l/3000，且不应大于 2.0
相邻两边夹角	±6′
加工面垂直度	0.025t，且不应大于 0.5
加工面表面粗糙度	$\overset{50}{\bigtriangledown}$

螺栓孔孔距允许偏差　　　　表 5-42

螺栓孔孔距范围（mm）	≤500	501～1200	1201～3000	＞3000
同一组内任意两孔间距离（mm）	±1.0	±1.5	—	—
相邻两组的端孔间距离（mm）	±1.5	±2.0	±2.5	±3.0

注：1. 在节点中连接板与一根杆件相连的所有螺栓孔为一组。
2. 对接接头在拼接板一侧的螺栓孔为一组。
3. 在两相邻节点或接头间的螺栓孔为一组，但不包括上述两款所规定的螺栓孔。
4. 受弯构件翼缘上的连接螺栓孔，每米长度范围内的螺栓孔为一组。

2）验收资料

① 材料出厂合格证或复验报告。

② 无损检测报告。

③ 技术复核记录。

④ 隐蔽工程验收记录。

⑤ 钢结构零件及部件分项工程检验批质量验收记录。

第6章　地下防水工程质量监理

6.1　地下建筑防水工程质量监理

6.1.1　防水混凝土

1. 材料质量监理

防水混凝土所用的材料应符合下列规定：

(1) 宜选用普通硅酸盐水泥或纯硅酸盐水泥；若选用其他水泥，应经试验确定。

(2) 碎石或卵石的粒径宜为5～40mm，含泥量不得大于1.0%，泥块含量不得大于0.5%。

(3) 砂宜用中砂，含泥量不得大于3.0%，泥块含量不得大于1.0%。不宜使用海砂。

(4) 拌制混凝土所用的水，应采用不含有害物质的洁净水。

(5) 外加剂的技术性能，应符合国家或行业标准一等品及以上的质量要求。

(6) 粉煤灰的级别不应低于Ⅱ级，掺量不宜大于20%；硅粉掺量不应大于3%，其他掺合料的掺量应通过试验确定。

2. 监理巡视与验收

(1) 监理巡视要点

1) 防水混凝土的配合比应符合下列规定：

① 试配要求混凝土抗渗等级≥P_6；抗渗水压值应比设计值提高0.2MPa。

② 胶凝材料用量不得少于320kg/m^3；掺有活性掺合料时，水泥用量不得少于260kg/m^3。

③ 砂率宜为35%～45%，灰砂比宜为1∶1.5～1∶2.5。

④ 水胶比不得大于0.50。

⑤ 普通防水混凝土坍落度不宜大于50mm，泵送时入泵坍

落度宜为120～160mm。

2）混凝土拌制和浇筑过程控制应符合下列规定：

① 拌制混凝土所用材料的品种、规格和用量，每工作班检查不应少于两次。每盘混凝土各组成材料计量结果的偏差应符合表6-1的规定。

混凝土组成材料允许偏差　　表6-1

材料名称	允许偏差	材料名称	允许偏差
水泥、掺合料	±2%	水、外加剂	±2%
粗、细骨料	±3%		

② 混凝土在浇筑地点的坍落度，每工作班至少检查两次。混凝土的坍落度试验应符合国家标准《普通混凝土拌合物性能试验方法标准》（GB/T 50080—2016）的有关规定。

③ 防水混凝土抗渗性能，应采用标准条件下养护混凝土抗渗试件的试验结果评定。试件应在浇筑地点制作。连续浇筑混凝土每500m^3应留置一组抗渗试件（一组为6个抗渗试件），且每项工程不得少于两组。采用预拌混凝土的抗渗试件，留置组数应视结构的规模和要求而定。抗渗性能试验应符合国家标准《普通混凝土长期性能和耐久性能试验方法标准》（GB/T 50082—2009）的有关规定。

④ 防水混凝土的振捣。防水混凝土必须采用机械振捣，振捣时间宜为10～30s，以开始泛浆、不冒泡为准，应避免漏振、欠振和超振。

⑤ 防水混凝土施工缝。防水混凝土应连续浇筑，少留施工缝。

a. 水平施工缝浇筑混凝土前，应将表面浮浆和杂物清除，先铺净浆，再铺1∶1水泥砂浆或涂刷混凝土界面处理剂，并及时浇筑混凝土。

b. 垂直施工缝浇筑前，应将其表面清理干净，可以先对基面凿毛（每平方米300点）并涂刷水泥净浆或混凝土界面处理剂，并及时浇筑混凝土。

c. 选用遇水膨胀止水条应具有缓胀性能，不论是涂刷缓膨胀剂还是制成缓膨胀型的，其7d的膨胀率应不大于最终膨胀率的60%。

d. 遇水膨胀止水条应牢固地安装在缝表面或预留槽内。止水条设置位置一般在墙板中间$B/2$处，至少应设在离外墙面大于70mm处。

e. 采用中埋式止水带时，应确保位置正确，固定牢靠。钢板止水带宜镀锌处理。

⑥ 防水混凝土的养护：

a. 防水混凝土终凝后立即进行养护，养护时间不少于14d，始终保持混凝土表面湿润，顶板、底板尽可能蓄水养护，侧墙应淋水养护，并应遮盖湿土工布，夏季谨防太阳直晒。

b. 冬期施工时，混凝土入模温度不低于5℃，如达不到要求应采用外加剂或用蓄热法、暖棚法等保温。

c. 大体积混凝土应采取措施，防止干缩、温差等产生裂缝。

⑦ 防水混凝土的施工质量检验数量，应按混凝土外露面积每100m^2抽查1处，每处10m^2，且不得少于3处；细部构造应按全数检查。

(2) 监理验收

1) 防水混凝土的原材料、配合比及坍落度必须符合设计要求。

2) 防水混凝土的抗压强度和抗渗压力必须符合设计要求。

3) 防水混凝土的变形缝、施工缝、后浇带、穿墙管道、埋设件等设置和构造，均须符合设计要求，严禁有渗漏。

4) 防水混凝土结构表面应坚实、平整，不得有露筋、蜂窝等缺陷。

6.1.2 卷材防水层

1. 材料质量监理

(1) 卷材防水层应采用高聚物改性沥青防水卷材和合成高分子防水卷材。所选用的基层处理剂、胶粘剂、密封材料等配套材料，均应与铺贴的卷材材性相容。

(2) 防水卷材和胶粘剂的质量应符合以下规定：

1）高聚物改性沥青防水卷材的主要物理性能应符合表 6-2 的要求。

高聚物改性沥青防水卷材主要物理性能　　　表 6-2

<table>
<tr><th rowspan="3" colspan="2">项目</th><th colspan="5">指标</th></tr>
<tr><th colspan="3">弹性体改性沥青防水卷材</th><th colspan="2">自粘聚合物改性沥青防水卷材</th></tr>
<tr><th>聚酯毡胎体</th><th>玻纤毡胎体</th><th>聚乙烯膜胎体</th><th>聚酯毡胎体</th><th>无胎体</th></tr>
<tr><td colspan="2">可溶物含量（g/m²）</td><td colspan="3">3mm 厚≥2100
4mm 厚≥2900</td><td>3mm 厚
≥2100</td><td>—</td></tr>
<tr><td rowspan="2">拉伸性能</td><td>拉力（N/50mm）</td><td>≥800（纵横向）</td><td>≥500（纵横向）</td><td>≥140（纵向）
≥120（横向）</td><td>≥450（纵横向）</td><td>≥180（纵横向）</td></tr>
<tr><td>延伸率（%）</td><td>最大拉力时
≥40
（纵横向）</td><td>—</td><td>断裂时≥250
（纵横向）</td><td>最大拉力时
≥30
（纵横向）</td><td>断裂时
≥200
（纵横向）</td></tr>
<tr><td colspan="2">低温柔度（℃）</td><td colspan="5">−25，无裂纹</td></tr>
<tr><td colspan="2">热老化后低温柔度（℃）</td><td colspan="2">−20，无裂纹</td><td colspan="3">−22，无裂纹</td></tr>
<tr><td colspan="2">不透水性</td><td colspan="5">压力 0.3MPa，保持时间 120min，不透水</td></tr>
</table>

2）合成高分子防水卷材的主要物理性能应符合表 6-3 的要求。

合成高分子防水卷材主要物理性能　　　表 6-3

<table>
<tr><th rowspan="2">项目</th><th colspan="4">指标</th></tr>
<tr><th>三元乙丙橡胶防水卷材</th><th>聚氯乙烯防水卷材</th><th>聚乙烯丙纶复合防水卷材</th><th>高分子自粘胶膜防水卷材</th></tr>
<tr><td>断裂拉伸强度</td><td>≥7.5MPa</td><td>≥12MPa</td><td>≥60N/10mm</td><td>≥100N/10mm</td></tr>
<tr><td>断裂伸长率（%）</td><td>≥450</td><td>≥250</td><td>≥300</td><td>≥400</td></tr>
<tr><td>低温弯折性（℃）</td><td>−40，无裂纹</td><td>−20，无裂纹</td><td>−20，无裂纹</td><td>−20，无裂纹</td></tr>
<tr><td>不透水性</td><td colspan="4">压力 0.3MPa，保持时间 120min，不透水</td></tr>
<tr><td>撕裂强度</td><td>≥25kN/m</td><td>≥40kN/m</td><td>≥20N/10mm</td><td>≥120N/10mm</td></tr>
<tr><td>复合强度（表层与芯层）</td><td>—</td><td>—</td><td>≥1.2N/mm</td><td>—</td></tr>
</table>

3）胶粘剂的质量应符合表 6-4 的要求。

胶粘剂质量要求　　　　表 6-4

项目	高聚物改性沥青卷材	合成高分子卷材
粘结剥离强度（N/10mm）	≥8	≥15
浸水 168h 后粘结剥离强度保持率（%）		≥70

4）防水卷材厚度选用应符合表 6-5 的规定。

防水卷材厚度　　　　表 6-5

<table>
<tr><th>防水等级</th><th>设防道数</th><th>合成高分子防水卷材</th><th>高聚物改性沥青防水卷材</th></tr>
<tr><td>1 级</td><td>三道或三道以上设防</td><td rowspan="2">单层：不应小于 1.5mm；双层：每层不应小于 1.2mm</td><td rowspan="2">单层：不应小于 4mm；双层：每层不应小于 3mm</td></tr>
<tr><td>2 级</td><td>二道设防</td></tr>
<tr><td rowspan="2">3 级</td><td>一道设防</td><td>不应小于 1.5mm</td><td>不应小于 4mm</td></tr>
<tr><td>复合设防</td><td>不应小于 1.2mm</td><td>不应小于 3mm</td></tr>
</table>

2. 监理巡视与验收

（1）监理巡视要点

1）铺贴防水卷材前，应将找平层清扫干净，在基面上涂刷基层处理剂；当基面较潮湿时，应涂刷湿固化型胶粘剂或潮湿界面隔离剂。

2）冷粘法铺贴卷材应符合下列规定：

① 胶粘剂涂刷应均匀，不露底，不堆积。

② 铺贴卷材时应控制胶粘剂涂刷与卷材铺贴的间隔时间，排除卷材下面的空气，并辊压粘结牢固，不得有空鼓。

③ 铺贴卷材应平整、顺直，搭接尺寸正确，不得有扭曲、皱折。

④ 接缝口应用密封材料封严，其宽度不应小于 10mm。

3）热熔法铺贴卷材应符合下列规定：

① 火焰加热器加热卷材应均匀，不得过分加热或烧穿卷

材；厚度小于3mm的高聚物改性沥青防水卷材，严禁采用热熔法施工。

② 卷材表面热熔后应立即滚铺卷材，排除卷材下面的空气，并辊压粘结牢固，不得有空鼓。

③ 滚铺卷材时接缝部位必须溢出沥青热熔胶，并应随即刮封接口使接缝粘结严密。

④ 铺贴后的卷材应平整、顺直，搭接尺寸正确，不得有扭曲、皱折。

4）两幅卷材短边和长边的搭接宽度均不应小于100mm。采用多层卷材时，上下两层和相邻两幅卷材的接缝应错开1/3幅宽，且两层卷材不得相互垂直铺贴。

5）卷材防水层完工并经验收合格后应及时做保护层。保护层应符合下列规定：

① 顶板的细石混凝土保护层与防水层之间宜设置隔离层。

② 底板的细石混凝土保护层厚度应大于50mm。

③ 侧墙宜采用聚苯乙烯泡沫塑料保护层，或砌砖保护墙（边砌边填实）和铺抹30mm厚水泥砂浆。

6）卷材防水层的施工质量检验数量，应按铺贴面积每100m^{2}抽查1处，每处10m^2，且不得少于3处。

（2）监理验收

1）验收标准

① 卷材防水层所用卷材及主要配套材料必须符合设计要求。

② 卷材防水层及其转角处、变形缝、穿墙管道等细部做法均须符合设计要求。

③ 卷材防水层的基层应牢固，基面应洁净、平整，不得有空鼓、松动、起砂和脱皮现象；基层阴阳角处应做成圆弧形。

④ 卷材防水层的搭接缝应粘（焊）结牢固，密封严密，不得有皱折、翘边和鼓泡等缺陷。

⑤ 侧墙卷材防水层的保护层与防水层应粘结牢固，结合紧密、厚度均匀一致。

⑥ 卷材搭接宽度的允许偏差为－10mm。

2）验收资料：

① 防水卷材及配套材料的合格证，产品的质量检验报告和现场抽样试验报告。

② 专业防水施工资质证明及防水工上岗证明。

③ 隐蔽工程验收记录。

④ 施工记录、技术交底及“三检”记录。

6.1.3 涂料防水层

1. 材料质量监理

（1）涂料防水层材料有有机防水涂料和无机防水涂料。有机防水涂料宜用于结构主体迎水面，无机防水涂料宜用于结构主体的背水面。

（2）防水涂料和胎体增强材料的质量应符合以下规定：

1）有机防水涂料的物理性能应符合表6-6的要求。

有机防水涂料物理性能　　表6-6

项目		指标		
		反应型防水涂料	水乳型防水涂料	聚合物水泥防水涂料
可操作时间（min）		≥20	≥50	≥30
潮湿基面粘结强度（MPa）		≥0.5	≥0.2	≥1.0
抗渗性（MPa）	涂膜（120min）	≥0.3	≥0.3	≥0.3
	砂浆迎水面	≥0.8	≥0.8	≥0.8
	砂浆背水面	≥0.3	≥0.3	≥0.6
浸水168h后拉伸强度（MPa）		≥1.7	≥0.5	≥1.5
浸水168h后断裂伸长率（%）		≥400	≥350	≥80
耐水性（%）		≥80	≥80	≥80
表干（h）		≤12	≤4	≤4
实干（h）		≤24	≤12	≤12

注：1. 浸水168h后的拉伸强度和断裂伸长率是在浸水取出后只经擦干即进行试验所得的值；

2. 耐水性指标是指材料浸水168h后取出擦干即进行试验，其粘结强度及抗渗性的保持率。

2）无机防水涂料的物理性能应符合表6-7的要求。

无机防水涂料物理性能 **表 6-7**

项目	指标	
	掺外加剂、掺合料水泥基防水涂料	水泥基渗透结晶型防水涂料
抗折强度（MPa）	>4	≥4
粘结强度（MPa）	>1.0	≥1.0
一次抗渗性（MPa）	>0.8	>1.0
二次抗渗性（MPa）	—	>0.8
冻融循环（次）	>50	>50

3）胎体增强材料质量应符合表 6-8 的要求。

胎体增强材料质量要求 **表 6-8**

项目		聚酯无纺布	化纤无纺布	玻纤网布
外观		均匀无团状，平整无折皱		
拉力（宽 50mm）	纵向（N）	≥150	≥45	≥90
	横向（N）	≥100	≥35	≥50
延伸率	纵向（%）	≥10	≥20	≥3
	横向（%）	≥20	≥25	≥3

（3）涂料防水层应采用反应型、水乳型、聚合物水泥防水涂料或水泥基、水泥基渗透结晶型防水涂料。

（4）防水涂料厚度选用应符合表 6-9 的规定。

防水涂料厚度（单位：mm） **表 6-9**

防水等级	设防道数	有机涂料			无机涂料	
		反应型	水乳型	聚合物水泥	水泥基	水泥基渗透结晶型
1 级	三道或三道以上设防	1.2～2.0	1.2～1.5	1.5～2.0	1.5～2.0	≥0.8
2 级	二道设防	1.2～2.0	1.2～1.5	1.5～2.0	1.5～2.0	≥0.8
3 级	一道设防	—	—	≥2.0	≥2.0	—
	复合设防	—	—	≥1.5	≥1.5	—

(5) 涂料防水层所选用的涂料性能应符合下列规定：

1) 具有良好的耐水性、耐久性、耐腐蚀性及耐菌性。

2) 无毒，难燃，低污染。

3) 无机防水涂料应具有良好的湿干粘结性和抗刺穿性，有机防水涂料应具有较好的延伸性及较大适应基层变形能力。

2. 监理巡视与验收

(1) 监理巡视要点

1) 涂料涂刷前应先在基面上涂一层与涂料相容的基层处理剂。

2) 涂膜应多遍完成，涂刷应待前遍涂层干燥成膜后进行。

3) 每遍涂刷时应交替改变涂层的涂刷方向，同层涂膜的先后搭压宽度宜为30～50mm。

4) 涂料防水层的施工缝（甩槎）应注意保护，搭接缝宽度应大于100mm，接涂前应将其甩槎表面处理干净。

5) 涂刷程序应先做转角处、穿墙管道、变形缝等部位的涂料加强层，后进行大面积涂刷。

6) 涂料防水层中铺贴的胎体增强材料，同层相邻的搭接宽度应大于100mm，上下层接缝应错开1/3幅宽。

7) 防水涂料的保护层应符合下列规定：

① 顶板的细石混凝土保护层与防水层之间宜设置隔离层。

② 底板的细石混凝土保护层厚度应大于50mm。

③ 侧墙宜采用聚苯乙烯泡沫塑料保护层，或砌砖保护墙（边砌边填实）和铺抹30mm厚水泥砂浆。

8) 涂料防水层的施工质量检验数量，应按涂层面积每100m^{2}抽查1处，每处10m^2，且不得少于3处。

(2) 监理验收

1) 验收标准

① 涂料防水层所用材料及配合比必须符合设计要求。

② 涂料防水层及其转角处、变形缝、穿墙管道等细部做法均须符合设计要求。

③ 涂料防水层的基层应牢固，基面应洁净、平整，不得有

空鼓、松动、起砂和脱皮现象；基层阴阳角处应做成圆弧形。

④ 涂料防水层应与基层粘结牢固，表面平整、涂刷均匀，不得有流淌、皱折、鼓泡、露胎体和翘边等缺陷。

⑤ 涂料防水层的平均厚度应符合设计要求，最小厚度不得小于设计厚度的80%。

⑥ 侧墙涂料防水层的保护层与防水层粘结牢固，结合紧密，厚度均匀一致。

2）验收资料：

① 防水涂料及密封、胎体材料的合格证、产品的质量检验报告和现场抽样试验报告。

② 专业防水施工资质证明及防水工的上岗证明。

③ 隐蔽工程验收记录。

④ 施工记录、技术交底及“三检”记录。

6.2 特殊施工法防水工程

6.2.1 喷锚支护

1. 材料质量监理

喷射混凝土所用的原材料应符合下列规定：

（1）水泥。优先选用普通硅酸盐水泥，其强度等级不应低于42.5级。

（2）细骨料。采用中砂或粗砂，细度模数 μ_f 应大于2.5，使用时的含水率宜为5%～7%。

（3）粗骨料。卵石或碎石粒径不应大于15mm；使用碱性速凝剂时，不得使用活性二氧化硅石料。

（4）水。采用不含有害物质的洁净水。

（5）速凝剂。初凝时间不应超过5min，终凝时间不应超过10min。

2. 监理巡视与验收

（1）监理巡视要点

1）喷射混凝土拌制

喷射混凝土混合料应搅拌均匀，并符合下列规定：

① 配合比：水泥与砂石质量比宜为1∶4～4.5，砂率宜为45%～55%，水灰比不得大于0.45，速凝剂掺量应通过试验确定。

② 原材料称量允许偏差：水泥和速凝剂±2%，砂、石±3%。

③ 运输和存放中严防受潮，混合料应随拌随用，存放时间不应超过20min。

2）喷射混凝土施工

在有水的岩面上喷射混凝土时应采取下列措施：

① 潮湿岩面增加速凝剂掺量。

② 表面渗、滴水采用导水盲管或盲沟排水。

③ 集中漏水采用注浆堵水。

喷射表面有涌水时，不仅会使喷射混凝土的黏着性变坏，还会在混凝土的背后产生水压，给混凝土带来不利影响。因此，表面有涌水时事先应尽可能做好排水处理或采取有效措施。

3）喷射混凝土的养护

① 喷射混凝土应注意养护，养护时间不得少于14d。

② 由于喷射混凝土的含砂率高，水泥用量也相对较多并掺有速凝剂，其收缩变形必然要比灌注混凝土大。为保证质量应在喷射混凝土终凝2h后即进行喷水养护，并保持较长时间的养护，一般不应少于14d。当气温低于+5℃时，不得喷水养护。

4）试件制作和检验

喷射混凝土试件制作组数应符合下列规定：

① 抗压强度试件：区间或小于区间断面的结构，每20延米拱和墙各取一组；车站各取两组。

② 抗渗试件：区间结构每40延米取一组；车站每20延米取一组。

5）抗拔试验

① 锚杆应进行抗拔试验。同一批锚杆每100根应取一组试件，每组3根，不足100根也取3根。

② 同一批试件抗拔力的平均值不得小于设计锚固力，且同

一批试件抗拔力的最低值不应小于设计锚固力的90%。

6）质量检验

锚喷支护的施工质量检验数量，应按区间或小于区间断面的结构，每20延米检查1处，车站每10延米检查1处，每处$10m^2$，且不得少于3处。

（2）监理验收

1）验收标准

① 喷射混凝土所用原材料及钢筋网、锚杆必须符合设计要求。

② 喷射混凝土抗压强度、抗渗压力及锚杆抗拔力必须符合设计要求。

③ 喷层与围岩及喷层之间应粘结紧密，不得有空鼓现象。

④ 喷层厚度有60%不小于设计厚度，平均厚度不得小于设计厚度，最小厚度不得小于设计厚度的50%。

⑤ 喷射混凝土应密实、平整，无裂缝、脱落、漏喷、露筋、空鼓和渗漏水。

⑥ 喷射混凝土表面平整度的允许偏差为30mm，且矢弦比不得大于1/6。

2）验收资料

① 原材料出厂合格证、材料试验报告、代用材料试用报告。

② 按质量记录第一作业段施工记录。

③ 喷射混凝土强度、厚度、外观尺寸及锚杆抗拔力等检查和试验报告。

④ 设计变更报告。

⑤ 工程重大问题处理文件。

⑥ 竣工图。

6.2.2 地下连续墙

1. 材料质量监理

（1）混凝土

地下连续墙应采用掺外加剂的防水混凝土。

(2) 水泥

1) 水泥品种应按设计要求选用，其强度等级不应低于32.5级。

2) 采用卵石时水泥用量不应少于370kg/m^3，采用碎石时水泥用量不应少于400kg/m^3，坍落度宜为180～220mm，水灰比应小于0.6。

(3) 石子

除应符合行业标准《普通混凝土用砂、石质量及检验方法标准》(JGJ 52—2006) 的规定外，石子最大粒径不应大于40mm，且不宜大于导管直径的1/8，石子含泥量不应大于1%，吸水率不应大于1%～5%。

(4) 砂

除应符合行业标准《普通混凝土用砂、石质量及检验方法标准》(JGJ 52—2006) 的规定外，砂宜采用中砂，含泥量不应大于3%。

2. 监理巡视与验收

(1) 监理巡视要点

1) 地下连续墙施工时，混凝土应按每一个单元槽段留置一组抗压强度试件，每五个单元槽段留置一组抗渗试件。

2) 单元槽段接头不宜设在拐角处；采用复合式衬砌时，墙体与内衬接缝宜相互错开。

3) 地下连续墙与内衬结构连接处，应凿毛并清理干净，必要时应做特殊防水处理。

4) 地下连续墙用作结构主体墙体时，应符合下列规定：

① 不宜用作防水等级为一级的地下工程墙体。

② 墙的厚度宜大于600mm。

③ 选择合适的泥浆配合比或降低地下水位等措施，以防止塌方。挖槽期间，泥浆面必须高于地下水位500mm以上，遇有地下水含盐或受化学污染时应采取措施，不得影响泥浆性能指标。

④ 墙面垂直度的允许偏差应小于墙深的1/250，墙面局部

凸出不应大于 100mm。

⑤ 浇筑混凝土前必须清槽、置换泥浆和清除沉渣，沉渣厚度不应大于 100mm。

⑥ 钢筋笼浸泡泥浆时间不应超过 10h。钢筋保护层厚度不应小于 70mm。

⑦ 混凝土浇筑导管埋入混凝土深度宜为 1.5～6m，在槽段端部的浇筑导管与端部的距离宜为 1～1.5m，混凝土浇筑必须连续进行。冬期施工时应采用保温措施，墙顶混凝土未达到设计强度 50％时，不得受冻。

⑧ 支撑的预埋件应设置止水片或遇水膨胀腻子条，支撑部位及墙体的裂缝、孔洞等缺陷应采用防水砂浆及时修补，墙体幅间接缝如有渗漏，应采用注浆、嵌填弹性密封材料等进行防水处理，并做好引排措施。

⑨ 自基坑开挖直至底板混凝土达到设计强度后方可停止降水，并应将降水井封堵密实。

⑩ 墙体与工程顶板、底板、中楼板的连接处均应凿毛，清洗干净，并宜设置 1～2 道遇水膨胀止水条，其接驳器处宜喷涂水泥基渗透结晶型防水涂料或涂抹聚合物水泥防水砂浆。

5）地下连续墙的施工质量检验数量，应按连续墙每 10 个槽段抽查 1 处，每处为 1 个槽段，且不得少于 3 处。

（2）监理验收

1）监理验收标准

① 防水混凝土所用原材料、配合比以及其他防水材料必须符合设计要求。

② 地下连续墙混凝土抗压强度和抗渗压力必须符合设计要求。

③ 地下连续墙的槽段接缝以及墙体与内衬结构接缝应符合设计要求。

④ 地下连续墙墙面的露筋部分应小于 1％墙面面积，且不得有露石和夹泥现象。

⑤ 地下连续墙墙体表面平整度的允许偏差：临时支护墙体为50mm，单一或复合墙体为30mm。

2）验收资料

① 防水设计。设计图及会审记录、设计变更通知单和材料代用核定单。

② 施工方案。施工方法、技术措施、质量保证措施。

③ 技术交底。施工操作要求及注意事项。

④ 材料质量证明文件。出厂合格证、产品质量检验报告、试验报告。

⑤ 中间检查文件。分项工程质量验收记录、隐蔽工程检查验收记录、施工检验记录。

⑥ 施工日志。逐日施工情况。

⑦ 混凝土、砂浆。试配及施工配合比，混凝土抗压、抗渗试验报告。

⑧ 施工单位资质证明。资质复印证件。

⑨ 工程检验记录。抽样质量检验及观察检查。

⑩ 其他技术资料。事故处理报告、技术报告。

6.2.3 复合式衬砌

1. 材料质量监理

（1）可供选择的缓冲层材料有两种，一种是无纺布（土工布），另一种是聚乙烯泡沫塑料；缓冲排水层选用的土工布应符合下列要求：

1）具有一定的厚度，其面积密度不宜小于280g/m^2。

2）具有良好的导水性。

3）具有适应初期支护由于荷载或温度变化引起变形的能力。

4）具有良好的化学稳定性和耐久性，能抵抗地下水或混凝土、砂浆析出水的侵蚀。

（2）防水层材料可选用乙烯-醋酸乙烯共聚物（EVA）、乙烯-共聚物沥青（ECB）、聚氯乙烯（PVC）、高密度聚乙烯（HDPE）、低密度聚乙烯（LDPE）类或其他性能相近的材料。

塑料防水板材的要求如下：

1）在二次衬砌混凝土浇筑以前，板材可以承受机械碰撞而不致损伤开裂，即要求有较大的强度和延展性能。

2）板材要有耐久性。

3）板材间的接缝必须要严密可靠，不漏水，不渗水。

4）施工简便，造价经济合理。

2. 监理巡视与验收

（1）监理巡视要点

1）初期支护的线流漏水或大面积渗水，应在防水层和缓冲排水层铺设之前进行封堵或引排。

2）防水层和缓冲排水层铺设与内衬混凝土的施工距离均不应小于5m。

3）在二次衬砌采用防水混凝土浇筑时，应符合下列规定：

① 混凝土泵送时，入泵坍落度：墙体宜为100～150mm，拱部宜为160～210mm。

② 振捣不得直接触及防水层。

③ 混凝土浇筑至墙拱交界处，应间隔1～1.5h后方可继续浇筑。

④ 混凝土强度达到2.5MPa后方可拆模。

4）当地下连续墙与内衬间夹有塑料防水板的复合式衬砌时，应根据排水情况选用相应的缓冲层和塑料防水板（图6-1），并按有关塑料防水板及地下工程排水的设计与施工技术要求执行。

5）复合式衬砌的施工质量检验数量，应按区间或小于区间断面的结构，每20延米检查1处，车站每10延米检查1处，每处10m^2，且不得少于3处。

（2）监理验收

1）验收标准

① 塑料防水板、土工复合材料和内衬混凝土原材料必须符合设计要求。

② 防水混凝土的抗压强度和抗渗等级必须符合设计要求。

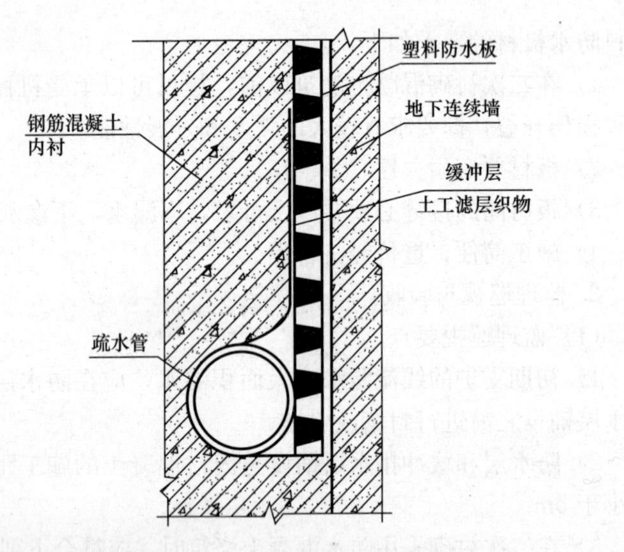

图 6-1 地下墙与内衬间的防排水层

③ 施工缝、变形缝、穿墙管道、埋设件等设置和构造均须符合设计要求，严禁有渗漏。

④ 二次衬砌混凝土渗漏水量应控制在设计防水等级要求范围内。

⑤ 二次衬砌混凝土表面应坚实、平整，不得有露筋、蜂窝等缺陷。

2）验收资料

① 材料出厂合格证、产品质量检验报告、试验报告。

② 隐蔽工程检查验收记录。

③ 施工记录。

④ 混凝土、砂浆试配及施工配合比，混凝土抗压、抗渗试验报告。

⑤ 设计图纸及会审记录，设计变更通知单和材料代用核定单。

6.2.4 盾构法隧道

1. 材料质量监理

（1）管片接缝密封垫材料的质量应符合以下规定：

1）弹性橡胶密封垫材料的物理性能应符合表6-10的要求。

弹性橡胶密封垫材料物理性能　　　表6-10

项目		性能要求	
		氯丁橡胶	三元乙丙胶
硬度（邵尔A，度）		45±5～60±5	55±5～70±5
伸长率（%）		≥350	≥330
拉伸强度（MPa）		≥10.5	≥9.5
热空气老化（70℃×96h）	硬度变化值（邵尔A，度）	≤+8	≤+6
	拉伸强度变化率（%）	≥−20	≥−15
	扯断伸长率变化率（%）	≥−30	≥−30
压缩永久变形（70℃×24h）（%）		≤35	≤28
防霉等级		达到与优于2级	达到与优于2级

注：以上指标均为成品切片测试的数据，若只能以胶料制成试样测试，则其力学性能数据应达到本标准的120%。

2）遇水膨胀橡胶密封垫胶料的物理性能应符合表6-11的要求。

遇水膨胀橡胶密封垫胶料物理性能　　　表6-11

项目		性能要求			
		PZ-150	PZ-250	PZ-400	PZ-600
硬度（邵尔A，度）		42±7	42±7	45±7	48±7
拉伸强度（MPa）≥		3.5	3.5	3	3
扯断伸长率（%）≥		450	450	350	350
体积膨胀倍率（%）≥		150	250	400	600
反复浸水试验	拉伸强度（MPa）≥	3	3	2	2
	扯断伸长率（%）≥	350	350	250	250
	体积膨胀倍率（%）≥	150	250	300	500
低温弯折（−20℃×2h）		无裂纹	无裂纹	无裂纹	无裂纹
防霉等级		达到与优于2级			

注：1. 成品切片测试应达到本标准的80%。
　　2. 接头部位的拉伸强度指标不得低于本标准的50%。

（2）钢筋混凝土管片制作。

1）钢筋混凝土管片制作应符合下列规定：

① 混凝土抗压强度和抗渗压力应符合设计要求。

② 表面应平整，无缺棱、掉角、麻面和露筋。

③ 单块管片制作尺寸允许偏差应符合表 6-12 的规定。

单块管片制作尺寸允许偏差　　表 6-12

项目	允许偏差（mm）	项目	允许偏差（mm）
宽度	±1.0	厚度	+3，－1
弧长、弦长	+1.0		

2）试件制作和检验。钢筋混凝土管片同一配合比每生产 5 环应制作抗压强度试件一组，每 10 环制作抗渗试件一组；管片每生产两环应抽查一块做检漏测试。检验方法按设计抗渗压力保持时间不小于 2h，渗水深度不超过管片厚度的 1/5 为合格。若检验管片中有 25%不合格时，应按当天生产管片逐块检漏。

2. 监理巡视与验收

(1) 监理巡视要点

1）钢筋混凝土管片拼装应符合下列规定：

① 管片验收合格后方可运至工地，拼装前应编号并进行防水处理。

② 管片拼装顺序应先就位底部管片，然后自下而上左右交叉安装，每环相邻管片应均布摆匀并控制环面平整度和封口尺寸，最后插入封顶管片成环。

③ 管片拼装后螺栓应拧紧，环向及纵向螺栓应全部穿进。

2）钢筋混凝土管片接缝防水应符合下列规定：

① 管片至少应设置一道密封垫沟槽，粘贴密封垫前应将槽内清理干净。

② 密封垫应粘贴牢固、平整、严密，位置正确，不得有起鼓、超长和缺口现象。

③ 管片拼装前应逐块对粘贴的密封垫进行检查，拼装时不得损坏密封垫。有嵌缝防水要求的，应在隧道基本稳定后进行。

④ 管片拼装接缝连接螺栓孔之间应按设计加设螺孔密封圈。必要时，螺栓孔与螺栓间应采取封堵措施。

3）盾构法隧道的施工质量检验数量，应按每连续 20 环抽查 1 处，每处为一环，且不得少于 3 处。

（2）监理验收

1）验收标准

① 盾构法隧道采用防水材料的品种、规格、性能必须符合设计要求。

② 钢筋混凝土管片的抗压强度和抗渗压力必须符合设计要求。

③ 隧道的渗漏水量应控制在设计的防水等级要求范围内。衬砌接缝不得有线流和漏泥砂现象。

④ 管片拼装接缝防水应符合设计要求。

⑤ 环向及纵向螺栓应全部穿进并拧紧，衬砌内表面的外露铁件防腐处理应符合设计要求。

2）验收资料

① 地表沉降及隆起量记录。

② 隧道轴线平面高层偏差允许值记录。

③ 隧道管片内径水平与垂直度直径差记录。

④ 管片相邻环高差记录。

⑤ 质量保证体系及管理制度。

⑥ 原材料、半成品出厂报告和复试报告（包括钢筋、水泥、外加剂）。

⑦ 混凝土配合比报告单。

⑧ 钢筋混凝土管片单片抗渗试验报告。

⑨ 施工每推进 100m 制作一次质量认定表。

6.3 排水工程

6.3.1 渗排水、盲沟排水

1. 材料质量监理

（1）滤（渗）水层的石子宜用粒径分别为 5～15mm 及 20～40mm 和 60～100mm，要求洁净、坚硬，无泥砂，不易风化；砂子宜采用中粗砂，要求干净、无杂质、含泥量不大于 2%。

(2) 渗排水做滤水层的材料宜用粒径5～15mm的石子或粗砂。

(3) 集水管应采用无砂混凝土管、有孔（Φ12）普通硬塑料管和加筋软管式透水盲管。

(4) 盲沟做渗水层的颗粒粒径。当塑性指数 $I_P \leqslant 3$（砂性土）时，采用粒径为0.1～2mm和1～7mm砂子；当 $I_P > 3$（黏性土）时，采用粒径为2～5mm砂子和5～10mm小卵石。砂、石应洁净，不得有杂质，含泥量不大于2%。

(5) 土工布面积质量≥280g/m²。

2. 监理巡视与验收

(1) 监理巡视要点

1) 渗排水、盲沟排水应在地基工程验收合格后进行施工。

2) 集水管应采用无砂混凝土管、普通硬塑料管和加筋软管式透水盲管。

3) 渗排水应符合下列规定：

① 渗排水层用砂、石应洁净，不得有杂质。

② 粗砂过滤层总厚度宜为300mm，如较厚时应分层铺填。过滤层与基坑土层接触处应用厚度为100～150mm、粒径为5～10mm的石子铺填。

③ 集水管应设置在粗砂过滤层下部，坡度不宜小于1%，且不得有倒坡现象。集水管之间的距离宜为5～10m，并与集水井相通。

④ 工程底板与渗排水层之间应做隔浆层，建筑周围的渗排水层顶面应做散水坡。

4) 盲沟排水应符合下列规定：

① 盲沟成形尺寸和坡度应符合设计要求。

② 盲沟用砂、石应洁净，不得有杂质。

③ 反滤层的砂、石粒径组成和层次应符合设计要求。

④ 盲沟在转弯处和高低处应设置检查井，出水口处应设置滤水箅子。

5) 渗排水、盲沟排水的施工质量检验数量应按10%抽查，其中按两轴线间或10延米为1处，且不得少于3处。

（2）监理验收

1）验收标准

① 反滤层的砂、石粒径和含泥量必须符合设计要求。

② 集水管的埋设深度及坡度必须符合设计要求。

③ 渗排水层的构造应符合设计要求。

④ 渗排水层的铺设应分层、铺平、拍实。

⑤ 盲沟的构造应符合设计要求。

2）验收资料

① 技术交底记录及安全交底记录。

② 测量放线及复测记录。

③ 各类原材料出厂合格证、检验报告、复验报告。

④ 验槽记录及隐蔽工程检查验收记录。

6.3.2　隧道、坑道排水

1. 材料质量监理

（1）施工用钢筋、水泥、砂、石经检验合格后方可使用。

（2）购置的预制管、塑料管、射钉、热塑性垫圈、土工布等，其质量保证资料应齐全。

（3）隧道、坑道排水所用衬砌材料应符合设计要求。

（4）缓冲排水层选用的土工布应符合下列要求：

1）有一定的厚度，其面密度不宜小于280g/m²。

2）有良好的导水性。

3）有适应初期支护由于荷载或温度变化引起变形的能力。

4）有良好的化学稳定性和耐久性，能抵抗地下水或混凝土、砂浆析出水的侵蚀。

2. 监理巡视与验收

（1）监理巡视要点

1）隧道或坑道内的排水泵站（房）设置，主排水泵站和辅助排水泵站、集水沟的有效容积应符合设计规定。

2）主排水泵站、辅助排水泵站和污水泵房的废水及污水应分别排入城市雨水和污水管道系统。污水的排放尚应符合国家现行有关标准的规定。

3）排水盲管应采用无砂混凝土集水管，导水盲管应采用外包土工布与螺旋钢丝构成的软式透水管。

4）复合式衬砌的缓冲排水层铺设应符合下列规定：

① 土工织物的搭接应在水平铺设的场合采用缝合法或胶粘法，搭接不小于300mm。

② 初期支护基面清理后即用暗钉圈将土工织物固定在初期支护上。

③ 采用土工复合材料时，土工织物面应为迎水面，涂膜面应与后浇混凝土相接触。

5）隧道、坑道排水的施工质量检验数量应按10％抽查，其中按两轴线延米为1处，且不得少于3处。

（2）监理验收

1）验收标准

① 隧道、坑道排水系统必须畅通。

② 反滤层的砂、石粒径和含泥量必须符合设计要求。

③ 土工复合材料必须符合设计要求。

④ 隧道纵向集水盲管和排水明沟的坡度应符合设计要求。

⑤ 隧道导水盲管和横向排水管的设置间距应符合设计要求。

⑥ 中心排水盲沟的断面尺寸、集水管埋设及检查井设置应符合设计要求。

⑦ 复合式衬砌的缓冲排水层应铺设平整、均匀、连续，不得有扭曲、折皱和重叠现象。

2）验收资料

① 图纸会审纪要，变更设计报告单及图纸，设计变更通知单和材料代用核定单。

② 隧道、坑道排水施工组织设计（施工方法、技术措施、质量保证措施）。

③ 技术交底记录。

④ 材料出厂合格证、产品质量检验报告、试验报告。

⑤ 中间检查记录，分项工程开工申请单，分项工程质量验收记录，隐蔽工程验收记录。

⑥ 排水施工记录、工程抽样质量检验及观察检查记录。

⑦ 混凝土、砂浆试配及施工配合比，强度试验报告。

⑧ 复合衬砌监控量测记录、图表及分析报告。

⑨ 地质条件复杂地段的地质素描资料，排、渗水观察记录。

6.4 注浆工程

6.4.1 预注浆、后注浆

1. 材料质量监理

（1）注浆材料应符合下列要求：

1）具有较好的可注性。

2）具有固结收缩小，良好的粘结性、抗渗性、耐久性和化学稳定性。

3）无毒并对环境污染小。

4）注浆工艺简单，施工操作方便，安全可靠。

（2）水泥类浆液宜选用强度等级不低于 32.5 级的普通硅酸盐水泥，其他浆液材料应符合有关规定。浆液的配合比，必须经现场试验后确定。

2. 监理巡视与验收

（1）监理巡视要点

1）注浆浆液应符合下列规定：

① 预注浆和高压喷射注浆宜采用水泥浆液、黏土水泥浆液或化学浆液。

② 壁后回填注浆宜采用水泥浆液、水泥砂浆或掺有石灰、黏土、粉煤灰等水泥浆液。

③ 注浆浆液配合比应经现场试验确定。

2）注浆过程控制应符合下列规定：

① 根据工程地质、注浆目的等控制注浆压力。

② 回填注浆应在衬砌混凝土达到设计强度的70%后进行，衬砌后围岩注浆应在充填注浆固结体达到设计强度的70%后进行。

③ 浆液不得溢出地面和超出有效注浆范围，地面注浆结束后注浆孔应封填密实。

④ 注浆范围和建筑物的水平距离很近时，应加强对邻近建筑物和地下埋设物的现场监控。

⑤ 注浆点距离饮用水源或公共水域较近时，注浆施工如有污染应及时采取相应措施。

3）注浆压力

注浆压力能克服浆液在注浆管内的阻力，把浆液压入隧道周边地层中。如有地下水时，其注浆压力尚应高于地层中的水压，但压力不宜过高，由于注浆浆液溢出地表或其有效范围之外，会给周边结构带来不良影响，所以应严格控制注浆压力。

4）回填注浆

回填注浆时间的确定，是以衬砌能否承受回填注浆压力作用为依据，避免结构过早受力而产生裂缝。回填注浆压力一般都小于0.8MPa，因此规定回填注浆应在衬砌混凝土达到设计强度的70%后进行。

为避免衬砌后围岩注浆影响回填注浆浆液固结体，因此规定衬砌后围岩注浆应在回填注浆浆液固结体达到设计强度的70%后进行。

5）注浆的施工质量检验数量，应按注浆加固或堵漏面积每100m² 抽查1处，每处10m²，且不得少于3处。

（2）监理验收

1）验收标准

① 配制浆液的原材料及配合比必须符合设计要求。

② 注浆效果必须符合设计要求。

③ 注浆孔的数量、布置间距、钻孔深度及角度应符合设计要求。

④ 注浆各阶段的控制压力和进浆量应符合设计要求。

⑤ 注浆时浆液不得溢出地面和超出有效注浆范围。

⑥ 注浆对地面产生的沉降量不得超过 30mm，地面的隆起不得超过 20mm。

2）验收资料

① 配制浆液的原材料出厂合格证、质量检验报告。

② 浆液配合比及试验报告。

③ 隐蔽工程检查验收记录。

6.4.2 衬砌裂缝注浆

1. 材料质量监理

(1) 水泥类浆液宜选用强度等级不低于 32.5 级的普通硅酸盐水泥；裂缝注浆所选用水泥的细度应符合表 6-13 的规定。

裂缝注浆水泥的细度 **表 6-13**

项目	普通硅酸盐水泥	磨细水泥	湿磨细水泥
平均粒径（D50，μm）	20～25	8	6
比表面（cm^2/g）	3250	6300	8200

(2) 水泥水玻璃浆材。水玻璃溶液使用模数以 2.4～2.8 为宜，浓度一般控制在 35°～45°Be（波美度）范围内；水泥一般采用普通硅酸盐水泥，对早期强度无要求者亦可采用矿渣水泥等；常用的缓凝剂有磷酸钠、磷酸氢二钠等；一般水玻璃浆采用的水灰比为 0.55～0.60 的水泥浆中掺入水泥重量的 1%的水玻璃；在水泥水玻璃浆材中，水灰比与浆材的凝胶时间、强度成正比，且起确定作用，水玻璃溶液的浓度只在一定范围内起作用。

(3) 防水混凝土结构出现宽度小于 2mm 的裂缝应选用化学注浆，注浆材料宜采用环氧树脂、甲基丙烯酸酯、聚氨酯等浆液；宽度大于 2mm 的混凝土裂缝要考虑注浆的补强效果，注浆材料宜采用超细水泥、改性水泥浆液或特殊化学浆液。

2. 监理巡视与验收

(1) 监理巡视要点

1）浅裂缝应骑槽粘埋注浆嘴，必要时沿缝开凿“V”形槽并用水泥砂浆封缝。

2）深裂缝应骑缝钻孔或斜向钻孔至裂缝深部，孔内埋设注浆管，间距应根据裂缝宽度而定，但每条裂缝至少有一个进浆孔和一个排气孔。

3）注浆嘴及注浆管应设于裂缝的交叉处、较宽处及贯穿处等部位。对封缝的密封效果应进行检查。

4）采用低压低速注浆，化学注浆压力宜为0.2～0.4MPa，水泥浆注浆压力宜为0.4～0.8MPa。

5）注浆后待缝内浆液初凝而不外流时，方可拆下注浆嘴并进行封口抹平。

6）衬砌裂缝注浆的施工质量检验数量，应按裂缝条数的10%抽查，每条裂缝为1处，且不得少于3处。

（2）监理验收

1）监理验收标准

① 注浆材料及其配合比必须符合设计要求。

② 注浆效果必须符合设计要求。

③ 钻孔埋管的孔径和孔距应符合设计要求。

④ 注浆的控制压力和进浆量应符合设计要求。

2）监理验收资料

① 配制浆液的原材料出厂合格证、质量检验报告。

② 浆液配合比及试验报告。

③ 隐蔽工程检查验收记录。

第7章　建筑装饰装修工程质量监理

7.1　抹灰工程质量监理

7.1.1　一般抹灰工程

1. 材料质量监理

（1）水泥

水泥必须有出厂合格证，标明进场批量，并按品种、强度等级、出厂日期分别堆放，保持干燥。如遇水泥强度等级不明或出厂日期超过3个月及受潮变质等情况，应经试验鉴定，按试验结果确定使用与否。不同品种的水泥不得混合使用。水泥凝结时间和安定性应进行复验。

（2）砂

抹灰宜采用中砂（平均粒径0.35～0.5mm），或粗砂（平均粒径≥0.5mm）与中砂混合掺用，尽量少用细砂（平均粒径0.25～0.35mm），不宜使用特细砂（平均粒径＜0.25mm）。砂在使用前必须过筛，不得含有杂质。含泥量应符合标准。

（3）磨细石灰粉

其细度过0.125mm的方孔筛，累计筛余量不大于13%，使用前用水浸泡使其充分熟化，熟化时间最少不小于3d。

（4）石灰膏

石灰膏与水调和后具有凝固时间快，并在空气中硬化，硬化时体积不收缩的特性。将块状生石灰淋制时，用筛网过滤，贮存在沉淀池中，使其充分熟化。熟化时间常温一般不少于15d，用于罩面灰时不少于30d，使用时石灰膏内不得含有未熟化的颗粒和其他杂质。在沉淀池中的石灰膏要加以保护，防止干燥、冻结和污染。

（5）纸筋

采用白纸筋或草纸筋施工时，使用前要用水浸透（时间不少于三周），将其捣烂成糊状，并要求洁净、细腻。用于罩面时宜用机械碾磨细腻，也可制成纸浆。要求稻草、麦秆应坚韧、干燥、不含杂质，其长度不得大于30mm，稻草、麦秆应经石灰浆浸泡处理。

（6）麻刀

必须柔韧干燥，不含杂质，行缝长度一般为10～30mm，用前4～5d敲打松散并用石灰膏调好，也可采用合成纤维。

（7）膨胀珍珠岩

抹灰用膨胀珍珠岩应具有密度小、导热系数低、承压能力高的优点，宜用Ⅱ类粒径混合级配，即密度80～150kg/m³，粒径小于0.16mm的不大于8%，常温导热系数0.052～0.064W/(m·K)，含水率小于2%。

2. 监理巡视要点

（1）监理巡视与检查

1）在抹灰前，砖石、混凝土等基体表面的灰尘、污垢和油渍等应清除干净，砌块的空壳要凿掉，光滑的混凝土表面要进行斩毛处理，并应洒水湿润。

2）不同材料基体交接处表面的抹灰，应先铺钉加强网，加强网与各基体的搭接宽度不应小于100mm。

3）抹灰工程应当分层进行，当抹灰总厚度≥35mm时，应采取加强措施。

4）各种砂浆抹灰层，在凝结前应防止快干、水冲、撞击、振动和受冻，在凝结后应采取措施防止污染和损坏。水泥砂浆抹灰层应在湿润条件下养护。

5）当要求抹灰层具有防水、防潮功能时，应采用防水砂浆。当混凝土（包括预制和现制）顶棚基体表面需要抹灰时，应当按设计要求对基体表面进行技术处理。

6）水泥砂浆不得抹在石灰砂浆层上。

7）抹灰的面层应在踢脚板、门窗贴脸板和挂镜线等木制品安装前进行涂抹。

8）外墙、顶棚的抹灰层与基层之间及各抹灰层之间应当粘结牢固。

9）板条、金属网顶棚和墙面的抹灰，应符合下列规定。

① 底层和中层应用麻刀石灰砂浆或纸筋石灰砂浆，各层应分遍成活，每遍厚度为3～6mm。

② 底层砂浆应压入板条缝或网眼内，形成转脚以使结合牢固。

③ 顶棚的高级抹灰，应加钉长350～450mm的麻束，间距为400mm，交错布置，分遍按发射状梳理抹进中层砂浆内，待前一层七八成干后，才可涂抹后一层。

10）冬期施工时，抹灰砂浆应采取保温措施。抹灰时，砂浆的温度不宜低于5℃。抹灰硬化初期不得受冻。用作油漆墙面的抹灰砂浆不得掺入食盐和氯化钙。

（2）监理验收

1）验收标准

① 主控项目检验标准应符合表7-1的规定。

主控项目检验　　　　表7-1

序号	项目	合格质量标准	检验方法	检查数量
1	基层表面	抹灰前基层表面的尘土、污垢、油渍等应清除干净，并应洒水润湿	检查施工记录	① 室内每一批应至少抽查10%，并不得少于3间，3间时应全数检查。 ② 室外每一批每100m²，至少应抽查一处，每处不得小于10m²
2	材料品种和性能	一般抹灰所用材料的品种和性能应符合设计要求。水泥的凝结时间和安定性复验应合格。砂浆的配合比应符合设计要求	检查产品合格证书、进场验收记录、复验报告和施工记录	
3	操作要求	抹灰工程应分层进行。当抹灰总厚度大于或等于35mm时，应采取加强措施。不同材料基体交接处表面的抹灰，应采取防止开裂的加强措施，当采用加强网时，加强网与各基体的搭接宽度应不小于100mm	检查隐蔽工程验收记录和施工记录	
4	层粘结及面层质量	抹灰层与基层之间及各抹灰层之间必须粘结牢固，抹灰层应无脱层、空鼓，面层应无爆灰和裂缝	观察；用小锤轻击检查；检查施工记录	

② 一般项目检验标准应符合表 7-2 的规定。

一般项目检验 **表 7-2**

序号	项目	合格质量标准	检验方法	检查数量
1	表面质量	一般抹灰工程的表面质量应符合下列规定： ① 普通抹灰表面应光滑、洁净、接槎平整，分格缝应清晰； ② 高级抹灰表面应光滑、洁净、颜色均匀、无抹纹，分格缝和灰线应清晰美观	观察，手摸检查	同主控项目
2	细部质量	护角、孔洞、槽、盒周围的抹灰表面应整齐、光滑；管道后面的抹灰表面应平整	观察	
3	层总厚度及层间材料	抹灰层的总厚度应符合设计要求；水泥砂浆不得抹在石灰砂浆层上；罩面石膏灰不得抹在水泥砂浆层上	检查施工记录	
4	分格缝	抹灰分格缝的设置应符合设计要求，宽度和深度应均匀，表面应光滑，棱角应整齐	观察，尺量检查	
5	滴水线（槽）	有排水要求的部位应做滴水线（槽）。滴水线（槽）应整齐顺直，滴水线应内高外低，滴水槽的宽度和深度均应不小于 10mm	观察，尺量检查	
6	允许偏差	一般抹灰工程质量的允许偏差和检验方法应符合表 7-3 的规定	见表 7-3	

③ 允许偏差应符合表 7-3 的规定。

一般抹灰的允许偏差和检验方法 **表 7-3**

序号	项目	允许偏差（mm）		检验方法
		普通抹灰	高级抹灰	
1	立面垂直度	4	3	用 2m 垂直检测尺检查
2	表面平整度	4	3	用 2m 靠尺和塞尺检查
3	阴阳角方正	4	3	用直角检测尺检查
4	分格条（缝）直线度	4	3	拉 5m 线，不足 5m 拉通线，用钢直尺检查

续表

序号	项目	允许偏差（mm）		检验方法
		普通抹灰	高级抹灰	
5	墙裙、勒脚上口直线度	4	3	拉 5m 线，不足 5m 拉通线，用钢直尺检查

注：1. 普通抹灰，本表第 3 项阴角方正可不检查。
2. 顶棚抹灰，本表第 2 项表面平整度可不检查，但应平顺。

2）验收资料

① 抹灰工程的施工图、设计说明及其他设计文件。

② 材料的产品合格证书、性能检测报告、进场验收记录和复验报告。

③ 隐蔽工程验收记录。

④ 施工记录。

7.1.2 装饰抹灰工程

1. 材料质量监理

（1）水刷石抹灰材料

1）水泥

宜用不低于 32.5 等级的矿渣硅酸盐水泥或普通硅酸盐水泥，应用颜色一致的同批产品，超过三个月保存期的水泥不能使用。

2）砂

砂宜采用中砂，使用前应用 5mm 筛孔过筛，含泥量不大于 3％。

3）石子

石子要求采用颗粒坚硬的石英石（俗称水晶石子），不含针片状和其他有害物质，石子的规格宜采用粒径约 4mm，如采用彩色石子应分类堆放。

4）石粒浆级配

水泥石粒浆的配合比，依石粒粒径的大小而定，大体上是按体积比水泥为 1，用大八厘石粒（粒径 8mm）1，中八厘（粒径 6mm）石粒 1.25，小八厘（粒径 4mm）石粒 1.5。稠度为

5～7cm。如饰面采用多种彩色石子级配，按统一比例掺量先搅拌均匀，所用石子应事先淘洗干净待用。

(2) 斩假石装饰抹灰材料

1）骨料。所用集料（石子、玻璃、粗砂等）颗粒坚硬，色泽一致，不含杂质，使用前须过筛、洗净、晾干，防止污染。

2）水泥。普通水泥、32.5 级矿渣水泥，所用水泥是同一批号、同一厂生产、同一颜色。

3）色粉。有颜色的墙面，应挑选耐碱、耐光的矿物颜料，并与水泥一次干拌均匀，过筛装袋备用。

(3) 干粘石装饰抹灰材料

1）石子

石子粒径以小一点为好，但也不宜过小或过大，太小则容易脱落泛浆，过大则需增加粘结层厚度。粒径以 5～6mm 或 3～4mm 为宜。

2）水泥

水泥必须用同一品种，其强度等级不低于 32.5 级，过期水泥不准使用。

3）砂

砂子最好是中砂或粗砂与中砂混合掺用。中砂平均粒径为 0.35～0.5mm，要求颗粒坚硬洁净，含泥量不得超过 3%，砂在使用前应过筛。不要用细砂、粉砂，以免影响粘结强度。

4）石灰膏

石灰膏应控制含量，一般灰膏的掺量为水泥用量的 1/2～1/3。用量过大，会降低面层砂浆的强度。合格的石灰膏中不得有未熟化的颗粒。

5）颜料粉

最好使用矿物质的颜料粉，如现用的铬黄、铬绿、氧化铁红、氧化铁黄、炭黑、黑铅粉等。不论用哪种颜色料粉，进场后都要经过试验。颜料粉的品种、货源、数量要一次进够，在装饰工程中，千万要把住这一关，否则无法保证色调一致。

（4）假石砖装饰抹灰材料

1）水泥。应采用普通硅酸盐水泥。

2）砂。中粗、过筛，含泥量不大于3%。

3）颜料。应采用矿物质颜料，使用时按设计要求和工程用量，与水泥一次干拌均匀，备足，过筛装袋，保存时避免潮湿。

2. 监理巡视与验收

（1）监理巡视要点

1）当用普通水泥做水刷石、斩假石和干粘石时，在同一操作面上，应使用同厂家、同品种、同强度等级、同批量的水泥。所用的彩色石粒也应是同产地、同品种、同规格、同批量的，并应筛洗干净，要统一配料干拌均匀。

2）水刷石、斩假石面层涂抹前，应在已浇水湿润的中层砂浆面上刮水泥浆（水灰比为0.37～0.40）一遍，以使面层与中层结合牢固。水刷石面层必须分遍拍平压实，石子应分布均匀、紧密。凝结前应用清水自上而下洗刷，并采取措施防止污染墙面。

3）干粘石面层的施工，应符合下列规定：

① 中层砂浆表面应先用水湿润，并刷水泥浆（水灰比为0.4∶0.5）一遍，随即涂抹水泥砂浆（可掺入外加剂及少量石灰膏或少量纸筋石灰膏）粘结层。

② 石粒粒径为4～6mm。

③ 水泥砂浆粘结层的厚度一般为4～6mm，砂浆稠度不应大于8cm，将石粒甩在粘结层上，随即用滚子或抹子压平压实。石粒嵌入砂浆的深度不小于粒径的二分之一。

④ 水泥砂浆粘结层在硬化期间，应保持湿润。

⑤ 房屋底层不宜采用干粘石。

4）斩假石面层的施工，应符合下列规定：

① 斩假石面层应赶平压实，斩剁前应经试剁，以石子不脱落为准。斩剁的方向要一致，剁纹要均匀。

② 在墙角、柱子等边棱处，宜横剁出边条或留出窄小边条不剁。

（2）监理验收

1）验收标准：

① 主控项目检验标准应符合表7-4的规定。

主控项目检验　　表7-4

序号	项目	合格质量标准	检验方法
1	基层表面	抹灰前基层表面的尘土、污垢、油渍等应清除干净，并应洒水润湿	检查施工记录
2	材料品种和性能	装饰抹灰工程所用材料的品种和性能应符合设计要求。水泥的凝结时间和安定性复验应合格。砂浆的配合比应符合设计要求	检查产品合格证书、进场验收记录、复验报告和施工记录
3	操作要求	抹灰工程应分层进行。当抹灰总厚度大于或等于35mm时，应采取加强措施。不同材料基体交接处表面的抹灰，应采取防止开裂的加强措施，当采用加强网时，加强网与各基体的搭接宽度应不小于100mm	检查隐蔽工程验收记录和施工记录
4	层粘结及面层质量	各抹灰层之间及抹灰层与基体之间必须粘结牢固，抹灰层应无脱层、空鼓和裂缝	观察；用小锤轻击检查；检查施工记录

② 一般项目检验标准应符合表7-5的规定。

一般项目检验　　表7-5

序号	项目	合格质量标准	检验方法	检查数量
1	表面质量	装饰抹灰工程的表面质量应符合下列规定： ① 水刷石表面应石粒清晰、分布均匀、紧密平整、色泽一致，应无掉粒和接槎痕迹。 ② 斩假石表面剁纹应均匀顺直、深浅一致，应无漏剁处；阳角处应横剁并留出宽窄一致的不剁边条，棱角应无损坏。 ③ 干粘石表面应色泽一致，不露浆、不漏粘，石粒应粘结牢固、分布均匀，阳角处应无明显黑边。 ④假面砖表面应平整、沟纹清晰、留缝整齐、色泽一致，应无掉角、脱皮、起砂等缺陷	观察，手摸检查	（1）室内每个检验批应至少抽查10%，并不得少于3间；不足3间时应全数检查。 （2）室外每个检验批每100m^{2}应至少抽查1处，每处不得小于10m^2

续表

序号	项目	合格质量标准	检验方法	检查数量
2	分格条（缝）	装饰抹灰分格条（缝）的设置应符合设计要求，宽度和深度应均匀，表面应平整光滑，棱角应整齐	观察	（1）室内每个检验批应至少抽查10%，并不得少于3间；不足3间时应全数检查。 （2）室外每个检验批每100m²应至少抽查1处，每处不得小于10m²
3	滴水线	有排水要求的部位应做滴水线（槽）。 滴水线（槽）应整齐顺直，滴水线应内高外低，滴水槽的宽度和深度均应不小于10mm	观察，尺量检查	
4	允许偏差	装饰抹灰工程质量的允许偏差和检验方法应符合表7-6的规定	见表7-6	

装饰抹灰的允许偏差和检验方法　　表7-6

项次	项目	允许偏差（mm）				检验方法
		水刷石	斩假石	干粘石	假面砖	
1	立面垂直度	5	4	5	5	用2m靠尺和塞尺检查
2	表面平整度	3	3	5	4	用2m靠尺和塞尺检查
3	阳角方正	3	3	4	4	用直角检测尺检查
4	分格条（缝）直线度	3	3	3	3	用5m线，不足5m拉通线，用钢直尺检查
5	墙裙、勒脚上口直线度	3	3	—	—	用5m线，不足5m拉通线，用钢直尺检查

2）验收资料

① 抹灰工程的施工图、设计说明及其他设计文件。

② 材料的产品合格证书、性能检测报告、进场验收记录和复验报告。

③ 隐蔽工程验收记录。

④ 施工记录。

7.1.3　清水砌体勾缝工程

1. 材料质量要求

（1）水泥

宜采用普通水泥或32.5级矿渣水泥，应选择同一品种、同一强度等级、同一厂家生产的水泥。水泥进厂需对产品名称、代号、净含量、强度等级、生产许可证编号、生产地址、出厂编号、执行标准、日期等进行外观检查，同时验收合格证。

(2) 砂子

宜采用细砂，使用前应过筛。

(3) 磨细生石灰粉

不含杂质和颗粒，使用前7d用水将其闷透。

(4) 石灰膏

使用时不得含有未熟化的颗料和杂质，熟化时间不少于30d。

(5) 颜料

应采用矿物质颜料，使用时按设计要求和工程用量，与水泥一次性拌均匀，计量配比准确，应做好样板（块），过筛装袋，保存时避免潮湿。

2. 监理巡视与验收

(1) 监理巡视要点

1) 勾缝前，将门窗台残缺的砖补砌好，然后用1∶3水泥砂浆将门窗框四周与墙之间的缝隙堵严塞实、抹平，应深浅一致。门窗框缝隙填塞材料应符合设计及规范要求。

2) 堵脚手眼时需先将眼内残留砂浆及灰尘等清理干净，后洒水润湿，用同墙面颜色一致的原砖补砌堵严。

3) 勾缝砂浆配制应符合设计及相关要求，并且不宜拌制太稀。勾缝顺序应由上而下，先勾水平缝，然后勾立缝。

4) 勾平缝时应使用长溜子，操作时左手端托灰板，右手执溜子，将托灰板顶在要勾的缝的下口，用右手将灰浆推入缝内，自右向左喂灰，随勾随移动托灰板，勾完一段，用溜子在缝内左右推拉移动，勾缝溜子要保持立面垂直，将缝内砂浆赶平压实、压光，深浅一致。

5) 勾立缝时用短溜子，左手将托灰板端平，右手拿小溜子将灰板上的砂浆用力压下（压在砂浆前沿），然后左手将托灰板扬起，右手将小溜子向前上方，动作要迅速，将砂浆叼起勾入主缝，从而避免污染墙面。然后使溜子在缝中上下推动，将砂浆压实在缝中。

6）勾缝深度应符合设计要求，无设计要求时，通常可控制在4～5mm为宜。

7）每一操作段勾缝完成后，用笤帚顺缝清扫，先扫平缝，后扫立缝，并不断抖弹笤帚上的砂浆，从而减少墙面污染。

8）扫缝完成后，应当认真检查一遍有无漏勾的墙缝，尤其检查易忽略、挡视线和不做的地方，发现漏勾的缝及时补勾。

9）勾缝工作全部完成后，应将墙面全面清扫，对施工中污染墙面的残留灰痕应扫净，当难以扫掉时，可用毛刷蘸水轻刷，然后仔细将灰痕擦洗掉，使墙面干净整洁。

（2）监理验收

1）验收标准

① 主控项目检验标准应符合表7-7的规定。

主控项目检验　　表7-7

序号	项目	合格质量标准	检验方法	检查数量
1	水泥及配合比	清水砌体勾缝所用水泥的凝结时间和安定性复验应合格。砂浆的配合比应符合设计要求	检查复验报告和施工记录	（1）室内每个检验批应至少抽查10%，并不得少于3间；不足3间时应全数检查 （2）室外每个检验批每100m² 应至少抽查1处，每处不小于10m²
2	勾缝牢固性	清水砌体勾缝应无漏勾。勾缝材料应粘结牢固，无开裂	观察	

② 一般项目检验标准应符合表7-8的规定。

一般项目检验　　表7-8

序号	项目	合格质量标准	检验方法	检查数量
1	勾缝外观质量	清水砌体勾缝应横平竖直，交接处应平顺，宽度和深度应均匀，表面应压实抹平	观察，尺量检查	同主控项目
2	灰缝及表面	灰缝应颜色一致，砌体表面应洁净	观察	

2）验收资料

① 抹灰工程的施工图、设计说明及其他设计文件。

② 材料的产品合格证书、性能检测报告、进场验收记录和复验报告。

③ 隐蔽工程验收记录。

④ 施工记录。

7.2 门窗工程质量监理

7.2.1 木门窗制作与安装

1. 材料质量监理

（1）制作普通木门窗所用木材的质量应符合表 7-9 的规定。

普通木门窗用木材的质量要求　　表 7-9

木材缺陷		门窗扇的立梃、冒头，中冒头	窗棂、压条、门窗及气窗的线脚、通风窗立梃	门心板	门窗框
活节	不计个数，直径（mm）	<15	<5	<15	<15
	计算个数，直径	≤材宽的 1/3	≤材宽的 1/3	≤30mm	≤材宽的 1/3
	任 1 延米个数	≤3	≤2	≤3	≤5
死节		允许，计入活节总数	不允许	允许，计入活节总数	
髓心		不露出表面的，允许	不允许	不露出表面的，允许	
裂缝		深度及长度≤厚度及材长的 1/5	不允许	允许可见裂缝	深度及长度≤厚度及材长的 1/4
斜纹的斜率（%）		≤7	≤5	不限	≤12
油眼		非正面，允许			
其他		浪形纹理、圆形纹理、偏心及化学变色，允许			

（2）制作高级木门窗所用木材的质量应符合表 7-10 的规定。

高级木门窗用木材的质量要求　　表 7-10

木材缺陷		木门扇的立梃、冒头，中冒头	窗棂、压条、门窗及气窗的线脚、通风窗立梃	门心板	门窗框
活节	不计个数，直径（mm）	＜10	＜5	＜10	＜10
	计算个数，直径	≤材宽的 1/4	≤材宽的 1/4	≤20mm	≤材宽的 1/3
	任 1 延米个数	≤2	0	≤2	≤3
死节		允许，包括在活节总数中	不允许	允许，包括在活节总数中	不允许
髓心		不露出表面的，允许	不允许	不露出表面的，允许	
裂缝		深度及长度≤厚度及材长的 1/6	不允许	允许可见裂缝	深度及长度≤厚度及材长的 1/5
斜纹的斜率（%）		≤6	≤4	≤15	≤10
油眼		非正面，允许			
其他		浪形纹理、圆形纹理、偏心及化学变色，允许			

（3）制作木门窗所用的胶料，宜采用国产酚醛树脂胶和脲醛树脂胶。普通木门窗可采用半耐水的脲醛树脂胶，高档木门窗应采用耐水的酚醛树脂胶。

（4）工厂生产的木门窗必须有出厂合格证。由于运输堆放等原因受损的门窗框、扇，应予处理，达到合格要求后，方可用于工程。

（5）小五金零件的品种、规格、型号、颜色等均应符合设计要求，质量必须合格，地弹簧等五金零件应有出厂合格证。

2. 监理巡视与验收

（1）监理巡视要点

1）木门窗制作

① 制作前必须选择符合设计要求的材料。

② 严格控制木材的含水率。

③ 刨削木材应尽量控制一次刨削厚度，顺木纹方向刨削，避免戗槎，制作过程中应始终保持各构件（制品）表面及细部的平整、光洁，减少表面缺陷。

④ 门窗框和厚度大于 50mm 的门窗扇应用双榫连接。榫槽要紧密适宜，以利锤轻击顺利插入，才能达到榫槽嵌合严密，必须避免因过紧而产生榫槽处开裂的现象。榫槽用胶料胶结并用胶楔加紧。

⑤ 成形后的门窗框、扇表面应净光或磨光，其线角细部应整齐，对露出槽外的榫、楔应锯平。

2）木门窗安装

① 将修刨好的门窗扇，用木楔临时立于门窗框中，排好缝隙后画出铰链位置。铰链位置距上、下边的距离宜是门扇宽度的 1/10，这个位置对铰链受力比较有利，又可避开榫头。然后把扇取下来，用扁铲剔出铰链合页槽。铰链合页槽应外边浅，里边深，其深度应当是把铰链合上后与框、扇平正为准。剔好铰链槽后，将铰链放入，上下铰链各拧一颗螺钉把扇挂上，检查缝隙是否符合要求，扇与框是否齐平，扇能否关住。检查合格后，再把螺丝钉全部上齐。

② 双扇门窗扇安装方法与单扇的安装基本相同，只是多一道工序——错口。双扇门应按开启方向看，右手门是盖口，左手门是等口。

③ 门窗扇安装好后要试开，其标准是：以开到那里就能停到那里为好，不能有自开或自关的现象。如果发现门窗扇在高、宽上有短缺的情况，高度上应将补钉的板条钉在下冒头下面，宽度上，在装铰链一边的梃上补钉板条。

④ 为了开关方便，平开扇上、下冒头最好刨成斜面。

门窗扇安装后要试验其启闭情况，以开启后能自然停止为好，不能有自开或自关现象。如果发现门窗在高、宽上有短缺，在高度上可将补钉板条钉于下冒头下面，在宽度上可在安装合页一边的梃上补钉板条。为使门窗开关方便，平开扇的上下冒头可刨成斜面。

(2) 监理验收

1) 验收标准：

① 木门窗制作主控项目验收见表 7-11。

主控项目验收　　表 7-11

序号	项目	合格质量标准	检验方法	检查数量
1	材料质量	木门窗的木材品种、材质等级、规格、尺寸、框扇的线型及人造木板的甲醛含量应符合设计要求。设计未规定材质等级时，所用木材的质量应符合表 7-9、表 7-10 的规定	观察；检查材料进场验收记录和复验报告	每个检验批应至少抽查 5%，并不得少于 3 樘，不足 3 樘时应全数检查；高层建筑外窗，每个检验批应至少抽查 10%，并不得少于 6 樘，不足 6 樘时应全数检查
2	木材含水率	木门窗应采用烘干的木材，含水率应符合《建筑木门、木窗》(JG/T 122) 的规定	检查材料进场验收记录	
3	木材防护	木门窗的防火、防腐、防虫处理应符合设计要求	观察；检查材料进场验收记录	
4	木节及虫眼	木门窗的结合处和安装配件处不得有木节或已填补的木节。木门窗如有允许限值以内的死节及直径较大的虫眼时，应用同一材质的木塞加胶填补。对于清漆制品，木塞的木纹和色泽应与制品一致	观察	
5	榫槽连接	门窗框和厚度大于 50mm 的门窗扇应用双榫连接。榫槽应采用胶料严密嵌合，并应用胶楔加紧	观察；手板检查	
6	胶合板门、纤维板门、压模质量	胶合板门、纤维板门和模压门不得脱胶。胶合板不得刨透表层单板，不得有戗槎。制作胶合板门、纤维板门时，边框和横楞应在同一平面上，面层、边框及横楞应加压胶结、横楞和上、下冒头应各钻两个以上的透气孔，透气孔应通畅	观察	

② 木门窗制作一般项目验收见表 7-12。

一般项目验收 表 7-12

序号	项目	合格质量标准	检验方法	检查数量
1	木门窗表面质量	木门窗表面应洁净，不得有刨痕、锤印	观察	同主控项目
2	木门窗割角拼缝	木门窗的割角、拼缝应严密平整。门窗框、扇裁口应顺直，刨面应平整	观察	
3	木门窗槽、孔	木门窗上的槽、孔的应边缘整齐，无毛刺	观察	
4	制作允许偏差	木门窗制作的允许偏差和检验方法应符合表 7-13 的规定		

木门窗制作的允许偏差和检验方法 表 7-13

项次	项目	构件名称	允许偏差（mm）		检验方法
			普通	高级	
1	翘曲	框	3	2	将框、扇平放在检查平台上，用塞尺检查
		扇	2	2	
2	对角线长度差	框、扇	3	2	用钢尺检查，框量裁口里角，扇量外角
3	表面平整度	扇	2	2	用 1m 靠尺和塞尺检查
4	高度、宽度	框	0；−2	0；−1	用钢尺检查，框量裁口里角，扇量外角
		扇	＋2；0	＋1；0	
5	裁门、线条结合处高低差	框、扇	1	0.5	用钢直尺和塞尺检查
6	相邻棂子两端间距	扇	2	1	用钢直尺检查

注：表中允许偏差栏中所列数值，凡注明正负号的，表示国标（GB 50210—2001）对此偏差的不同方向有不同要求，应严格遵守。凡没有注明正负号的，即使其偏差可能具有方向性，但 GB 50210—2001 并未对这类偏差的方向性作出规定，故检查时对这些偏差可以不考虑方向性要求。

③ 木门窗安装主控项目验收见表 7-14。

主控项目验收 **表 7-14**

序号	项目	合格质量标准	检验方法	检查数量
1	木门窗品种、规格、安装方向位置	木门窗的品种、类型、规格、开启方向、安装位置及连接方式应符合设计要求	观察，尺量检查，检查成品门的产品合格证书	每个检验批应至少抽查5%，并不得少于3樘，不足3樘时应全数检查；高层建筑外窗，每个检验批应至少抽查10%，并不得少于6樘，不足6樘时应全数检查
2	木门窗安装牢固	木门窗框的安装必须牢固。预埋木砖的防腐处理、木门窗框固定点的数量、位置及固定方法应符合设计要求	观察，手扳检查，检查隐蔽工程验收记录和施工记录	
3	木门窗扇安装	木门窗扇必须安装牢固，并应开关灵活，关闭严密，无倒翘	观察，开启和关闭检查，手扳检查	
4	门窗配件安装	木门窗配件的型号、规格、数量应符合设计要求，安装应牢固，位置应正确，功能应满足使用要求	观察，开启和关闭检查，手扳检查	

④ 木门窗安装一般项目验收见表 7-15。

一般项目验收 **表 7-15**

序号	项目	合格质量标准	检验方法	检查数量
1	缝隙嵌填材料	木门窗与墙体间缝隙的填嵌材料应符合设计要求，填嵌应饱满。寒冷地区外门窗（或门窗框）与砌体间的空隙应填充保温材料	轻敲门窗框检查，检查隐蔽工程验收记录和施工记录	同主控项目
2	批水、盖口条等细部	木门窗批水、盖口条、压缝条、密封条的安装应顺直，与门窗结合应牢固、严密	观察，手扳检查	
3	安装留缝限值及允许偏差	木门窗安装的留缝限值、允许偏差和检验方法应符合表 7-16 的规定	见表 7-16	

木门窗安装的留缝限值、允许偏差和检验方法　表 7-16

项次	项目		留缝限值（mm）		允许偏差（mm）		检验方法
			普通	高级	普通	高级	
1	门窗槽口对角线长度差				3	2	用钢尺检查
2	门窗框的正、侧面垂直度				2	1	用 1m 垂直检测尺检查
3	框与扇，扇与扇接缝高低差				2	1	用钢直尺和塞尺检查
4	门窗扇对口缝		1～2.5	1.5～2			用塞尺检查
5	工业厂房双扇大门对口缝		2～5				
6	门窗扇与上框间留缝		1～2	1～1.5			
7	门窗扇与侧框间留缝		1～2.5	1～1.5			
8	窗扇与下框间留缝		2～3	2～2.5			
9	门扇与下框间留缝		3～5	3～4			
10	双层门窗内外框间距				4	3	用钢尺检查
11	无下框时门扇与地面间留缝	外门	4～7	5～6			用塞尺检查
		内门	5～8	6～7			
		卫生间门	8～12	8～10			
		厂房大门	10～20				

注：1. 表中除给出允许偏差外，对留缝尺寸等给出了尺寸限值。考虑到所给尺寸限值是一个范围，故不再给出允许偏差。

2. 表中允许偏差栏中所列数值，凡注明正负号的，表示《建筑装饰装修工程质量验收规范》（GB 50210—2001）对此偏差的不同方向有不同要求，应严格遵守。凡没有注明正负号的，即使其偏差可能具有方向性，但《建筑装饰装修工程质量验收规范》（GB 50210—2001）并未对这类偏差的方向性作出规定，故检查时对这些偏差可以不考虑方向性要求。

2）监理验收资料

① 门窗工程的施工图、设计说明及其他设计文件。

② 材料的产品合格证书、性能检测报告、进场验收记录和复验报告。

③ 特种门及其附件的生产许可文件。

④ 隐蔽工程验收记录。

⑤ 施工记录。

7.2.2 金属门窗安装工程

1. 材料质量监理

(1) 钢门窗安装工程

1) 钢门窗。钢门窗厂生产的合格的钢门窗，型号、品种符合设计要求。

2) 水泥、砂。水泥 32.5 级以上，砂为中砂或粗砂。

3) 玻璃、油灰。按设计要求的玻璃。

4) 焊条：符合要求的电焊条。

进场前应先对钢门窗进行验收，不合格的不准进场。运到现场的钢门窗应分类堆放，不能参差挤压，以免变形。堆放场地应干燥，并有防雨、排水措施。搬运时轻拿轻放，严禁扔摔。

(2) 铝合金门窗安装工程

1) 铝合金门窗的规格、型号应符合设计要求，五金配件配套齐全，并具有出厂合格证、材质检验报告书并加盖厂家印章。

2) 防腐材料、填缝材料、密封材料、防锈漆、水泥、砂、连接板等应符合设计要求和有关标准的规定。

3) 进场前应对铝合金门窗进行验收检查，不合格者不准进场。运到现场的铝合金门窗应分型号、规格堆放整齐，并存放于仓库内。搬运时轻拿轻放，严禁扔摔。

2. 监理巡视与验收

(1) 监理巡视要点

1) 钢门窗安装

① 钢门窗就位

a. 按图纸中要求的型号、规格及开启方向等，将所需要的钢门窗搬运到安装地点，并垫靠稳当。

b. 将钢门窗立于图纸要求的安装位置，用木楔临时固定，将其铁脚插入预留孔中，然后根据门窗边线、水平线及距外墙皮的尺寸进行支垫，并用托线板靠吊垂直。

c. 钢门窗就位时，应保证钢门窗上框距过梁要有 20mm 缝隙，框左右缝宽一致，距外墙皮尺寸符合图纸要求。

② 钢门窗固定

a. 钢门窗就位后，校正其水平和正面、侧面垂直，然后将上框铁脚与过梁预埋件焊牢，将框两侧铁脚插入预留孔内，用水把预留孔内湿润，用 1∶2 较硬的水泥砂浆或 C20 细石混凝土将其填实后抹平。终凝前不得碰动框、扇。

b. 三天后取出四周木楔，用 1∶2 水泥砂浆把框与墙之间的缝隙填实，与框同平面抹平。

c. 若为钢大门时，应将合页焊到墙中的预埋件上。要求每侧预埋件必须在同一垂直线上，两侧对应的预埋件必须在同一水平位置上。

③ 五金配件安装

a. 检查窗扇开启是否灵活，关闭是否严密，如有问题必须调整后再安装。

b. 在开关零件的螺孔处配置合适的螺钉，将螺钉拧紧。当拧不进去时，检查孔内是否有多余物。若有，将其剔除后再拧紧螺钉。当螺钉与螺孔位置不吻合时，可略微挪动位置，重新攻丝后再安装。

c. 钢门锁的安装按说明书及施工图要求进行，安好后锁应开关灵活。

2）铝合金门窗安装

① 安装前应逐樘检查、核对其规格、型号、形式、表面颜色等，必须符合设计要求。铝合金门窗安装应采用预留洞口的方法施工，不得采用边安装边砌口或先安装后砌口的方法施工。

② 对在搬运和堆放过程造成的质量问题，应经处理合格后，方可安装。

③ 铝合金窗披水安装。按施工图纸要求将披水固定在铝合金窗上，且要保证位置正确、安装牢固。

④ 铝合金门窗的安装就位。根据画好的门窗定位线，安装铝合金门窗框。

⑤ 铝合金门窗的固定应符合下列规定：

a. 当墙体上预埋有铁件时，可直接把铝合金门窗的铁脚直接与墙体上的预铁件焊牢，焊接处需做防锈处理。

b. 当墙体上没有预埋铁件时，可用金属膨胀螺栓或塑料膨胀螺栓将铝合金窗的铁脚固定到墙上。

c. 当墙体上没有预埋铁件时，也可用电钻在墙上打 80mm 深、直径为 6mm 的孔，用 L 形 80mm×50mm 的 ϕ6mm 钢筋，在长的一端涂 108 胶水泥浆，然后插入孔中。待 108 胶水泥浆终凝后，再将铝合金门窗的铁脚与埋置的 ϕ6mm 钢筋焊牢。

⑥ 门窗扇及门窗玻璃的安装应符合下列规定：

a. 门窗扇和门窗玻璃应在洞口墙体表面装饰完工验收后安装。

b. 推拉门窗在门窗框安装固定后，将配好玻璃的门窗扇整体安入框内滑槽，调整好与扇的缝隙即可。

c. 平开门窗在框与扇格架组装上墙、安装固定好后再安玻璃，即先调整好框与扇的缝隙，再将玻璃安入扇并调整好位置，最后镶嵌密封条及密封胶。

d. 地弹簧门应在门框及地弹簧主机入地安装固定后再安门扇。先将玻璃嵌入门扇格架并一起入框就位，调整好框扇缝隙，最后填嵌门扇玻璃的密封条及密封胶。

⑦ 安装五金配件。五金配件与门窗连接用镀锌螺钉，安装的五金配件应结实牢固，使用灵活。

（2）监理验收

1）验收标准

① 主控项目验收见表 7-17。

主控项目验收 表 7-17

序号	项目	合格质量标准	检验方法	检查数量
1	门窗质量	钢门窗的品种、类型、规格、尺寸、性能、开启方向、安装位置、连接方式及铝合金门窗的型材壁厚应符合设计要求。金属门窗的防腐处理及填嵌、密封处理应符合设计要求	观察，尺量检查，检查产品合格证书、性能检测报告、进场验收记录和复验报告，检查隐蔽工程验收记录	每个检验批应至少抽查5%，并不得少于3樘，不足3樘时应全数检查；高层建筑的外窗，每个检验批应至少抽查10%，并不得少于6樘，不足6樘时应全数检查
2	框和副框安装及预埋件	钢门窗框和副框的安装必须牢固。预埋件的数量、位置、埋设方式、与框的连接方式必须符合设计要求	手扳检查，检查隐蔽工程验收记录	
3	门窗扇。安装	钢门窗扇必须安装牢固，并应开关灵活、关闭严密，无倒翘。推拉门窗扇必须有防脱落措施	观察，开启和关闭检查，手扳检查	
4	配件质量及安装	钢门窗配件的型号、规格、数量应符合设计要求，安装应牢固，位置应正确，功能应满足使用要求	观察，开启和关闭检查，手扳检查	

② 一般项目验收见表 7-18。

一般项目验收 表 7-18

序号	项目	合格质量标准	检验方法	检查数量
1	表面质量	钢门窗表面应洁净、平整、光滑、色泽一致，无锈蚀。大面应无划痕、碰伤。漆膜或保护层应连续	观察	同主控项目
2	框与墙体间缝隙	钢门窗框与墙体之间的缝隙应填嵌饱满，并采用密封胶密封。密封胶表面应光滑、顺直，无裂纹	观察，轻敲门窗框检查，检查隐蔽工程验收记录	
3	扇密封胶条或毛毡密封条	钢门窗扇的橡胶密封条或毛毡密封条应安装完好，不得脱槽	观察，开启和关闭检查	

续表

序号	项目	合格质量标准	检验方法	检查数量
4	排水孔	有排水孔的钢门窗，排水孔应畅通，位置和数量应符合设计要求	观察	同主控项目
5	留缝限值和允许偏差	金属门窗安装的留缝限值、允许偏差和检验方法应符合表7-19、表7-20和表7-21的规定	见表7-19、表7-20和表7-21	

钢门窗安装的留缝限值、允许偏差和检验方法　表7-19

项次	项目		留缝限值（mm）	允许偏差（mm）	检验方法
1	门窗槽口宽度、高度	≤1500mm		2.5	用钢尺检查
		>1500mm		3.5	
2	门窗槽口对角线长度差	≤2000mm		5	用钢尺检查
		>2000mm		6	
3	门窗框的正、侧面垂直度			3	用1m垂直检测尺检查
4	门窗横框的水平度			3	用1m水平尺和塞尺检查
5	门窗横框标高			5	用钢尺检查
6	门窗竖向偏离中心			4	用钢尺检查
7	双层门窗内外框间距			5	用钢尺检查
8	门窗框、扇配合间隙		≤2		用塞尺检查
9	无下框时门扇与地面间留缝		4～8		用塞尺检查

铝合金门窗安装的允许偏差和检验方法　表7-20

项次	项目		允许偏差（mm）	检验方法
1	门窗槽口宽度、高度	≤1500mm	1.5	用钢尺检查
		>1500mm	2	
2	门窗槽口对角线长度差	≤2000mm	3	用钢尺检查
		>2000mm	4	
3	门窗框的正、侧面垂直度		2.5	用垂直检测尺检查
4	门窗横框的水平度		2	用1m水平尺和塞尺检查

续表

项次	项目	允许偏差（mm）	检验方法
5	门窗横框标高	5	用钢尺检查
6	门窗竖向偏离中心	5	用钢尺检查
7	双层门窗内外框间距	4	用钢尺检查
8	推拉门窗扇与框搭接量	1.5	用钢直尺检查

涂色镀锌钢板门窗安装的允许偏差和检验方法　表 7-21

项次	项目		允许偏差（mm）	检验方法
1	门窗槽口宽度、高度	≤1500mm	2	用钢尺检查
		＞1500mm	3	
2	门窗槽口对角线长度差	≤2000mm	4	用钢尺检查
		＞2000mm	5	
3	门窗框的正、侧面垂直度		3	用垂直检测尺检查
4	门窗横框的水平度		3	用 1m 水平尺和塞尺检查
5	门窗横框标高		5	用钢尺检查
6	门窗竖向偏离中心		5	用钢尺检查
7	双层门窗内外框间距		4	用钢尺检查
8	推拉门窗扇与框搭接量		2	用钢直尺检查

2）验收资料

① 门窗工程的施工图、设计说明及其他设计文件。

② 材料的产品合格证书、性能检测报告、进场验收记录和复验报告。

③ 特种门及其附件的生产许可文件。

④ 隐蔽工程验收记录。

⑤ 施工记录。

7.2.3　塑料门窗安装工程

1. 材料质量监理

（1）塑料门窗的规格、型号应符合设计要求，五金配件配套齐全，并具有出厂合格证。

（2）玻璃、嵌缝材料、防腐材料等应符合设计要求和有关标准的规定。

（3）进场前应先对塑料门窗进行验收检查，不合格者不准进场。运到现场的塑料门窗应分型号、规格以不小于 70°的角度立放于整洁的仓库内，需先放置垫木。仓库内的环境温度应小于 50℃；门窗与热源的距离不应小于 1m，并不得与腐蚀物质接触。

（4）五金件型号、规格和性能均应符合国家现行标准的有关规定，滑撑铰链不得使用铝合金材料。

2. 监理巡视与验收

（1）监理巡视要点

1）在门窗的上框及边框上安装固定片，安装应符合下列要求：

① 检查门窗框上下边的位置及其内外朝向，并确认无误后，再安固定片。安装时应先采用直径为 $\Phi3.2$ 的钻头钻孔，然后将十字槽盘端头自攻螺钉 M4×20 拧入，严禁直接锤击钉入。

② 固定点应距门窗角、中竖框、中横框 150～200mm，固定点之间的间距应不大于 600mm。不得将固定片直接装在中横框、中竖框的档头上。

2）根据设计图纸及门窗扇的开启方向，确定门窗框的安装位置，并把门窗装入洞口，并使其上下框中线与洞口中线对齐。

安装时应采取防止门窗变形的措施。无下框平开门应使两边框的下脚低于地面标高线 30mm，带下框的平开门或推拉门应使下框低于地面标高线 10mm。然后将上框的一个固定片固定在墙体上，并应调整门框的水平度、垂直度和直角度用木楔临时固定。当下框长度大于 0.9m 时，其中间也用木楔塞紧。然后调整直度、水平度及直角度。

3）当门窗与墙体固定时，应先固定上框，后固定边框。

（2）监理验收

1）验收标准

① 主控项目验收见表 7-22。

主控项目验收 **表 7-22**

序号	项目	合格质量标准	检验方法	检查数量
1	门窗质量	塑料门窗的品种、类型、规格、尺寸、开启方向、安装位置、连接方式及填嵌密封处理应符合设计要求，内衬增强型钢的壁厚及设置应符合国家现行产品标准的质量要求	观察，尺量检查，检查产品合格证书、性能检测报告、进场验收记录和复验报告，检查隐蔽工程验收记录	每个检验批应至少抽查5%，并不得少于3樘，不足3樘时应全数检查；高层建筑的外窗，每个检验批应至少抽查10%，并不得少于6樘，不足6樘时应全数检查
2	框、扇安装	塑料门窗框、副框和扇的安装必须牢固。固定片或膨胀螺栓的数量与位置应正确，连接方式应符合设计要求。固定点应距窗角、中横框、中竖框 150～200mm，固定点间距应不大于 600mm	观察，手扳检查，检查隐蔽工程验收记录	
3	拼樘料与框连接	塑料门窗拼樘料内衬增强型钢的规格、壁厚必须符合设计要求，型钢应与型材内腔紧密吻合，其两端必须与洞口固定牢固。窗框必须与拼樘料连接紧密，固定点间距应不大于 600mm	观察，手扳检查，尺量检查，检查进场验收记录	
4	门窗扇安装	塑料门窗扇应开关灵活、关闭严密，无倒翘。推拉门窗扇必须有防脱落措施	观察，开启和关闭检查，手扳检查	
5	配件质量及安装	塑料门窗配件的型号、规格、数量应符合设计要求，安装应牢固，位置应正确，功能应满足使用要求	观察，手扳检查，尺量检查	
6	框与墙体缝隙填嵌	塑料门窗框与墙体间缝隙应采用闭孔弹性材料填嵌饱满，表面应采用密封胶密封。密封胶应粘结牢固，表面应光滑、顺直、无裂纹	观察，检查隐蔽工程验收记录	

② 一般项目验收见表 7-23。

一般项目验收　　表 7-23

序号	项目	合格质量标准	检验方法	检查数量
1	表面质量	塑料门窗表面应洁净、平整、光滑，大面应无划痕、碰伤	观察	同主控项目
2	密封条及旋转门窗间隙	塑料门窗扇的密封条不得脱槽。旋转窗间隙应基本均匀		
3	门窗扇开关力	塑料门窗扇的开关力应符合下列规定： 1）平开门窗扇平铰链的开关力应不大于 80N，滑撑铰链的开关力应不大于 80N，并不小于 30N； 2）推拉门窗扇的开关力应不大于 100N	观察，用弹簧秤检查	
4	玻璃密封条、玻璃槽口	玻璃密封条与玻璃及玻璃槽口的接缝应平整，不得卷边、脱槽	观察	
5	排水孔	排水孔应畅通，位置和数量应符合设计要求		
6	安装允许偏差	塑料门窗安装的允许偏差和检验方法应符合表 7-24 的规定	见表 7-24	

塑料门窗安装的允许偏差和检验方法　　表 7-24

项次	项目		允许偏差（mm）	检验方法
1	门窗槽口宽度、高度	≤1500mm	2	用钢尺检查
		＞1500mm	3	
2	门窗槽口对角线长度差	≤2000mm	3	用钢尺检查
		＞2000mm	5	
3	门窗框的正、侧面垂直度		3	用 1m 垂直检测尺检查
4	门窗横框的水平度		3	用 1m 水平尺和塞尺检查
5	门窗横框标高		5	用钢尺检查
6	门窗竖向偏离中心		5	用钢直尺检查
7	双层门窗内外框间距		4	用钢尺检查
8	同樘平开门窗相邻扇高度差		2	用钢直尺检查

续表

项次	项目	允许偏差（mm）	检验方法
9	平开门窗铰链部位配合间隙	+2，−1	用塞尺检查
10	推拉门窗扇与框搭接量	+1.5，−2.5	用钢直尺检查
11	推拉门窗扇与竖框平行度	2	用1m水平尺和塞尺检查

2）验收资料

① 门窗工程的施工图、设计说明及其他设计文件。

② 材料的产品合格证书、性能检测报告、进场验收记录和复验报告。

③ 特种门及其附件的生产许可文件。

④ 隐蔽工程验收记录。

⑤ 施工记录。

7.2.4 特种门窗安装工程

1. 材料质量监理

（1）防火、防盗门

1）防火门、防盗门的规格、型号应符合设计要求，经消防部门鉴定和批准，五金配件配套齐全，并具有生产许可证、产品合格证和性能检测报告。

2）防腐材料、填缝材料、密封材料、水泥、砂、连接板等应符合设计要求和有关标准的规定。

3）防火门、防盗门码放前，要将存放处清理平整，垫好支撑物。如果门有编号，要根据编号码放好；码放时面板叠放高度不得超过1.2m；门框重叠平放高度不得超过1.5m；要有防晒、防风及防雨措施。

（2）全玻门

1）玻璃。主要是指厚度在12mm以上的玻璃，根据设计要求选好玻璃，并安放在安装位置附近。

2）不锈钢或其他有色金属塑材的门框、限位槽及板，都应加工好，准备安装。

3）辅助材料，如木方、玻璃胶、地弹簧、木螺钉、自攻螺钉等根据设计要求准备。

（3）卷帘门

1）符合设计要求的卷帘门产品，由帘板、卷筒体、导轨、电动机、传动部分组成。

2）按其导轨的规格不同，又可分为8型、14型、16型卷帘门等类型。

3）不论何种卷帘门均系由工厂制作成成品，运到现场安装。

2. 监理巡视与验收

（1）监理巡视要点

1）防火、防盗门安装

① 立门框。先拆掉门框下部的固定板，凡框内高度比门扇的高度大于30mm者，洞口两侧地面须设留凹槽。门框一般埋入±0.00m标高以下20mm，须保证框口上下尺寸相同，允许偏差＜1.5mm，对角线允许偏差＜2mm。

将门框用木楔临时固定在洞口内，经校正合格后，固定木楔，门框铁脚与预埋铁板焊牢。然后在框两上角墙上开洞；向框内灌注M10水泥素浆，待其凝固后方可装配门扇，冬期施工应注意防寒，水泥素浆浇筑后的养护期为21天。

② 安装门扇附件。门框周边缝隙，用1∶2的水泥砂浆或强度不低于10MPa的细石混凝土嵌缝牢固，应保证与墙体结成整体，经养护凝固后，再粉刷洞口及墙体。

③ 粉刷完毕后，安装门窗、五金配件及防火、防盗装置。门扇关闭后，门缝应均匀平整，开启自由轻便，不得有过紧、过松和反弹现象。

2）自动门安装

① 地面轨道安装。铝合金自动门和全玻璃自动门地面上装有导向性下轨道。异形钢管自动门无下轨道。自动门安装时，撬出预埋方木条便可埋设下轨道，下轨道长度为开启门宽的2倍。埋轨道时注意与地坪的面层材料的标高保持一致。

② 安装横梁。将 18 号槽钢放置在已预埋铁板的门柱处，校平、吊直，注意与下面轨道的位置关系，然后电焊牢固。

③ 固定机箱。将厂方生产的机箱仔细固定在横梁上。

④ 安装门扇。安装门扇，使门扇滑动平稳、润滑。

⑤ 调试。接通电源，调整微波传感器和控制箱，使其达到最佳工作状态。一旦调整正常后，不得任意变动各种旋转位置，以免出现故障。

3）全玻门安装

① 裁割玻璃。厚玻璃的安装尺寸，应从安装位置的底部、中部和顶部进行测量，选择最小尺寸为玻璃板宽度的切割尺寸。如果在上、中、下测得的尺寸一致，其玻璃宽度的裁割应比实测尺寸小 3～5mm。玻璃板的高度方向裁割，应小于实测尺寸的 3～5mm。玻璃板裁割后，应将其四周做好倒角处理，倒角宽度为 2mm，如若在现场自行倒角，应手握细砂轮块作缓慢细磨操作，防止崩边崩角。

② 安装玻璃板。用玻璃吸盘将玻璃板吸紧，然后进行玻璃就位。先把玻璃板上边插入门框底部的限位槽内，然后将其下边安放于木底托上的不锈钢包面对口缝内。

③ 门扇固定。进行门扇定位安装。先将门框横梁上的定位销本身的调节螺钉调出横梁平面 1～2mm，再将玻璃门扇竖起来，把门扇下横档内的转动销连接件的孔位对准地弹簧的转动销轴，并转动门扇将孔位套入销轴上。然后把门扇转动 90°，使之与门框横梁成直角，把门扇上横档中的转动连接件的孔对准门框横梁上的定位销，将定位销插入孔内 15mm 左右（调动定位销上的调节螺钉）。

④ 安装拉手。全玻璃门扇上的拉手孔洞，一般是事先订购时就加工好的，拉手连接部分插入孔洞时不能很紧，应有松动。安装前在拉手插入玻璃的部分涂少许玻璃胶，如若插入过松，可在插入部分裹上软质胶带。拉手组装时，其根部与玻璃贴紧后再拧紧固定螺钉。

4）卷帘门安装

① 洞口处理。复核洞口与产品尺寸是否相符。防火卷帘门的洞口尺寸，可根据 3MO 模制选定。一般洞口宽度不宜大于5m，洞口高度也不宜大于 5MO 并复核预埋件位置及数量。

② 固定卷筒、传动装置。将垫板电焊在预埋铁板上，用螺钉固定卷筒的左右支架，安装卷筒。卷筒安装后应转动灵活。安装减速器和传动系统。安装电气控制系统。

③ 装帘板。将帘板拼装起来，然后安装在卷筒上。

④ 安装导轨。按图纸规定位置，将两侧及上方导轨焊牢于墙体预埋件上，并焊成一体，各导轨应在同一垂直平面上。安装水幕喷淋系统，并与总控制系统连接。

⑤ 试车。先手动试运行，再用电动机启闭数次，调整至无卡住、阻滞及异常噪声等现象为止，启闭的速度符合要求。全部调试完毕，安装防护罩。

⑥ 清理。粉刷或镶砌导轨墙体装饰面层，清理现场。

（2）监理验收

1）验收标准

① 主控项目验收见表 7-25。

主控项目验收 **表 7-25**

序号	项目	合格质量标准	检验方法	检查数量
1	门质量和性能	特种门的质量和各项性能应符合设计要求	检查生产许可证、产品合格证书和性能检测报告	每个检验批应至少抽查 5%，并不得少于 10 樘，不足 10 樘时应全数检查
2	门品种规格、方向位置	特种门的品种、类型、规格、尺寸、开启方向、安装位置及防腐处理应符合设计要求	观察，尺量检查，检查进场验收记录和隐蔽工程验收记录	
3	机械、自动和智能化装置	带有机械装置、自动装置或智能化装置的特种门，其机械装置、自动装置或智能化装置的功能应符合设计要求和有关标准的规定	启动机械装置、自动装置或智能化装置，观察	

续表

序号	项目	合格质量标准	检验方法	检查数量
4	安装及预埋件	特种门的安装必须牢固。预埋件的数量、位置、埋设方式、与框的连接方式必须符合设计要求	观察，手扳检查，检查隐蔽工程验收记录	每个检验批应至少抽查5%，并不得少于10樘，不足10樘时应全数检查
5	配件、安装及功能	特种门的配件应齐全，位置应正确，安装应牢固，功能应满足使用要求和特种门的各项性能要求	观察，手扳检查，检查产品合格证书、性能检测报告和进场验收记录	

② 一般项目验收见表7-26。

一般项目验收　　表7-26

序号	项目	合格质量标准	检验方法	检查数量
1	表面装饰	特种门的表面装饰应符合设计要求	观察	每个检验批应至少抽查5%，并不得少于10樘，不足10樘时，应全数检查
2	表面质量	特种门的表面应洁净，无划痕、碰伤		
3	推拉自动门留缝限值及允许偏差	推拉自动门安装的留缝限值、允许偏差和检验方法应符合表7-27的规定	见表7-27	
4	推拉自动门感应时间限值	推拉自动门的感应时间限值和检验方法应符合表7-28的规定	见表7-28	
5	旋转门安装允许偏差	旋转门安装的允许偏差和检验方法应符合表7-29的规定	见表7-29	

推拉自动门安装的留缝限值、允许偏差和检验方法表7-27

项次	项目		留缝限值（mm）	允许偏差（mm）	检验方法
1	门槽口宽度、高度	≤1500mm		1.5	用钢尺检查
		＞1500mm		2	
2	门槽口对角线长度差	≤2000mm		2	用钢尺检查
		＞2000mm		2.5	

续表

项次	项目	留缝限值（mm）	允许偏差（mm）	检验方法
3	门框的正、侧面垂直度		1	用1m垂直检测尺检查
4	门构件装配间隙		0.3	用塞尺检查
5	门梁导轨水平度		1	用1m水平尺和塞尺检查
6	下导轨与门梁导轨平行度		1.5	用钢尺检查
7	门扇与侧框间留缝	1.2～1.8		用塞尺检查
8	门扇对口缝	1.2～1.8		用塞尺检查

推拉自动门的感应时间限值和检验方法　　表7-28

项次	项目	感应时间限值（s）	检验方法
1	开门响应时间	≤0.5	用秒表检查
2	堵门保护延时	16～20	用秒表检查
3	门扇全开启后保持时间	13～17	用秒表检查

旋转门安装的允许偏差和检验方法　　表7-29

项次	项目	允许偏差（mm）		检验方法
		金属框架玻璃旋转门	木质旋转门	
1	门扇正、侧面垂直度	1.5	1.5	用1m垂直检测尺检查
2	门扇对角线长度差	1.5	1.5	用钢尺检查
3	相邻扇高度差	1	1	用钢尺检查
4	扇与圆弧边留缝	1.5	2	用塞尺检查
5	扇与上顶间留缝	2	2.5	用塞尺检查
6	扇与地面间留缝	2	2.5	用塞尺检查

2）验收资料

① 门窗工程的施工图、设计说明及其他设计文件。

② 材料的产品合格证书、性能检测报告、进场验收记录和复验报告。

③ 特种门及其附件的生产许可文件。

④ 隐蔽工程验收记录。

⑤ 施工记录。

7.3 吊顶工程质量监理

7.3.1 暗龙骨吊顶工程

1. 材料质量监理

（1）龙骨

龙骨是指用轻钢做成的，用于天花吊顶的主材料，它通过螺杆与楼板相接，用来固定天花或者物体。一般可分为木龙骨和轻钢龙骨。

1）木龙骨。木龙骨一般宜选用针叶树类，树种及规格应符合设计要求，进场后应进行筛选，并将其中腐蚀部分、斜口开裂部分、虫蛀以及腐烂部分剔除，其含水率不得大于18%。

2）轻钢龙骨。轻钢龙骨分U形和T形龙骨两种。

（2）罩面板

罩面板应具有出厂合格证。罩面板不应有气泡、起皮、裂纹、缺角、污垢和图案不完整等缺陷；表面应平整，边缘整齐，色泽一致。

（3）其他材料

安装吊顶罩面板的紧固件、螺钉、钉子宜为镀锌的，吊杆用的钢筋、角钢等应做好防锈处理，胶粘剂的类型应按所用罩面板的品种配套选用，若现场配制胶粘剂，其配合比应由试验确定。其他如射钉、膨胀螺栓等应按设计要求选用。

2. 监理巡视与验收

（1）监理巡视要点

1）在施工前应按设计要求对房间的净高、洞口标高和吊顶内的管道、设备及其支架标高进行交接检验。

2）吊顶龙骨应当平整、牢固，利用吊杆或吊筋螺栓调整拱度。安装龙骨时应严格按照放线的水平标准线和规方线组装周边骨架。受力节点应装钉严密、牢固，保证龙骨的整体刚度。龙骨的尺寸应符合设计要求，纵横拱度均匀，互相适应。吊顶龙骨严禁有硬弯，如有必须调直再进行固定。

3）吊顶面层应当平整。在施工前应弹线，中间按平线起拱。长龙骨的接长应采用对接；相邻龙骨接头要错开，避免主龙骨向边倾斜。

（2）监理验收

1）验收标准

① 主控项目检验标准应符合表 7-30 的规定。

主控项目检验　　表 7-30

序号	项目	合格质量标准	检验方法	检查数量
1	标高、尺寸、起拱、造型	吊顶标高、尺寸、起拱和造型应符合设计要求	观察，尺量检查	每个检验批应至少抽查 10%，并不得少于 3 间，不足 3 间时应全数检查
2	饰面材料	饰面材料的材质、品种、规格、图案和颜色应符合设计要求	观察；检查产品合格证书、性能检测报告、进场验收记录和复验报告	
3	吊杆、龙骨、饰面材料安装	暗龙骨吊顶工程的吊杆、龙骨和饰面材料的安装必须牢固	观察；手扳检查；检查隐蔽工程验收记录和施工记录	
4	吊杆、龙骨材质	吊杆、龙骨的材质、规格、安装间距及连接方式应符合设计要求。金属吊杆、龙骨应经过表面防腐处理；木吊杆、龙骨应进行防腐、防火处理	观察；尺量检查；检查产品合格证书、性能检测报告、进场验收记录和隐蔽工程验收记录	
5	石膏板接缝	石膏板的接缝应按其施工工艺标准进行板缝防裂处理。安装双层石膏板时，面层板与基层板的接缝应错开，并不得在同一根龙骨上接缝	观察	

② 一般项目检验标准应符合表 7-31 的规定。

一般项目检验　　表 7-31

序号	项目	合格质量标准	检验方法	检查数量
1	材料表面质量	饰面材料表面应洁净、色泽一致，不得有翘曲、裂缝及缺损。压条应平直、宽窄一致	观察，尺量检查	同主控项目
2	灯具等设备	饰面板上的灯具、烟感器、喷淋头、风口箅子等设备的位置应合理、美观，与饰面板的交接应吻合、严密	观察	
3	龙骨、吊杆接缝	金属吊杆、龙骨的接缝应均匀一致，角缝应吻合，表面应平整，无翘曲、锤印。木质吊杆、龙骨应顺直，无劈裂、变形	检查隐蔽工程验收记录和施工记录	
4	填充材料	吊顶内填充吸声材料的品种和铺设厚度应符合设计要求，并应有防散落措施	检查隐蔽工程验收记录和施工记录	
5	允许偏差	暗龙骨吊顶工程安装的允许偏差和检验方法应符合表 7-32 的规定	见表 7-32	

暗龙骨吊顶工程安装的允许偏差和检验方法　　表 7-32

序号	项目	允许偏差（mm）				检验方法
		纸面石膏板	金属板	矿棉板	木板、塑料板、格栅	
1	表面平整度	3	2	2	2	用 2m 靠尺和塞尺晢
2	接缝直线度	3	1.5	3	3	拉 5m 线，不足 5m 通线，用钢直尺检查
3	接缝高低差	1	1	1.5	1	用钢直尺和塞尺检查

2）验收资料

① 吊顶工程的施工图、设计说明及其他设计文件。

② 材料的产品合格证书、性能检测报告、进场验收记录和复验报告。

③ 隐蔽工程验收记录。

④ 施工记录。

7.3.2 明龙骨吊顶工程

1. 材料质量监理

（1）明龙骨吊顶工程所用木龙骨、轻钢龙骨、石膏板、金属板等材料要求与暗龙骨吊顶工程相同。

（2）当吊顶饰面使用玻璃板时，应使用安全玻璃并应符合设计要求，玻璃应有出厂合格证、进场验收记录和性能检测报告。

2. 监理巡视与验收

（1）监理巡视要点

1）轻钢骨架及罩面板在安装时，应注意保护顶棚内各种管线。轻钢骨架的吊杆不准固定在通风管道及其他设备上。

2）应注意保护施工顶棚部位已安装的门窗和已施工完毕的地面、墙面及窗台等，防止污损。

3）接缝应平直，板块装饰前应严格控制其角度和周边的规整性，尺寸应一致。安装时应拉通线找直，并按拼缝中心线排放饰面板，排列必须保持整齐。在安装时，应沿中心线和边线进行，并保持接缝均匀一致。压条应沿装订线钉装，并应平顺光滑，线条整齐，接缝密合。

4）大于3kg的重型灯具、电扇及其他重型设备严禁安装在吊顶工程的龙骨上。

（2）监理验收

1）验收标准

① 主控项目检验标准应符合表7-33的规定。

主控项目检验　　表 7-33

序号	项目	合格质量标准	检验方法	检查数量
1	吊杆标高起拱及造型	吊顶标高、尺寸、起拱和造型应符合设计要求	观察，尺量检查	每个检验批应至少抽查10%，并不得少于3间，不足3间时应全数检查
2	饰面材料	饰面材料的材质、品种、规格、图案和颜色应符合设计要求。当饰面材料为玻璃板时，应使用安全玻璃或采取可靠的安全措施	观察；检查产品合格证书、性能检测报告、进场验收记录	
3	饰面材料安装	饰面材料的安装应稳固严密，饰面材料与龙骨的搭接宽度应大于龙骨受力面宽度的2/3	观察；手扳检查；尺量检查	
4	吊杆、龙骨材质	吊杆、龙骨的材质、规格、安装间距及连接方式应符合设计要求。金属吊杆、龙骨应经过表面防腐处理；木吊杆、龙骨应进行防腐、防火处理	观察；尺量检查；检查产品合格证书、进场验收记录和隐蔽工程验收记录	
5	吊杆、龙骨安装	明龙骨吊顶工程的吊杆和龙骨安装必须牢固	手扳检查；检查隐蔽工程验收记录和施工记录	

② 一般项目检验标准应符合表 7-34 的规定。

一般项目检验　　表 7-34

序号	项目	合格质量标准	检验方法	检查数量
1	饰面材料表面质量	饰面材料表面应洁净、色泽一致，不得有翘曲、裂缝及缺损。饰面板与明龙骨的搭接应平整、吻合，压条应平直、宽窄一致	观察，尺量检查	同主控项目
2	灯具等设备	饰面板上的灯具、烟感器、喷淋头、风口箅子等设备的位置应合理、美观，与饰面板的交接应吻合、严密	观察	
3	龙骨接缝	金属龙骨的接缝应平整、吻合，颜色应一致，不得有划伤、擦伤等表面缺陷。木质龙骨应平整、顺直，无劈裂	观察	

续表

序号	项目	合格质量标准	检验方法	检查数量
4	填充材料	吊顶内填充吸声材料的品种和铺设厚度应符合设计要求，并应有防散落措施	检查隐蔽工程验收记录和施工记录	同主控项目
5	允许偏差	明龙骨吊顶工程安装的允许偏差和检验方法应符合表 7-35 的规定	见表 7-35	

明龙骨吊顶工程安装的允许偏差和检验方法　　表 7-35

序号	项目	允许偏差（mm）				检验方法
		石膏板	金属板	矿棉板	塑料板、玻璃板	
1	表面平整度	3	2	3	2	用 2m 靠尺和塞尺检查
2	接缝直线度	3	2	3	3	拉 5m 线，不足 5m 拉通线，用钢直尺检查
3	接缝高低差	1	1	2	1	用钢直尺和塞尺检查

2）验收资料

① 吊顶工程的施工图、设计说明及其他设计文件。

② 材料的产品合格证书、性能检测报告、进场验收记录和复验报告。

③ 隐蔽工程验收记录。

④ 施工记录。

7.4　涂饰工程质量监理

7.4.1　水性涂料涂饰工程

1. 材料质量监理

（1）水性涂料涂刷工程所用涂料的品种、型号和性能应符合设计要求。

（2）民用建筑工程室内用水性涂料，应测定总挥发性有机化合物（TVOC）和游离甲醛的含量，其限量应符合表 7-36 的规定。

室内用水性涂料中总挥发性有机化合物

(TVOC) 和游离甲醛限量　　　　表 7-36

测定项目	限量	测定项目	限量
TVOC (g/L)	≤200	游离甲醛 (g/kg)	≤0.1

(3) 民用建筑工程室内用水性胶粘剂，应测定其总挥发性有机化合物 (TVOC) 和游离甲醛的含量，其限量应符合相关规定。

2. 监理巡视与验收

(1) 监理巡视要点

1) 水星涂料涂饰工程的施工环境温度应在 5～35℃之间。

2) 基层表面应当干净、平整，表面麻面等缺陷应用腻子填平并用砂纸磨平磨光。

3) 对于室外涂饰，同一墙面应用相同的材料和配合比。涂料在施工时，应经常搅动数遍，涂层不应过厚，涂刷均匀。若分段施工时，其施工缝应留在分格缝、墙的阴阳角处或管后。

4) 对于室内涂饰，一面墙每遍必须一次完成，涂饰上部施工时，溅到下部的浆点要及时铲除掉，以免妨碍平整美观。

5) 涂层与其他装修材料和设备衔接处应吻合，且界面应清晰。

(2) 监理验收

1) 验收标准

① 主控项目检验标准应符合表 7-37 的规定。

主控项目检验　　　　表 7-37

序号	项目	合格质量标准	检验方法	检查数量
1	材料质量	水性涂料涂饰工程所用涂料的品种、型号和性能应符合设计要求	检查产品合格证书、性能检测报告和进场验收记录	(1) 室外涂饰工每 $100m^2$ 应至少查一处，每处不得小于 $10m^2$。(2) 室内涂饰工每个检验批应抽查 10%，并不得少于 3 间；不足 3 间应全数检查
2	涂饰颜色和图案	水性涂料涂饰工程的颜色、图案应符合设计要求	观察	
3	涂饰综合质量	水性涂料涂饰工程应涂饰均匀、粘结牢固，不得漏涂、透底、起皮和掉粉	观察，手摸检查	
4	基层处理的要求	水性涂料涂饰工程的基层处理应符合基层处理要求	观察；手摸检查；检查施工记录	

② 一般项目检验标准应符合表 7-38 的规定。

一般项目检验　　表 7-38

序号	项目	合格质量标准	检验方法	检查数量
1	与其他材料和设备衔接处	涂层与其他装修材料和设备衔接处应吻合，界面应清晰		同主控项目
2	薄涂料涂饰质量允许偏差	薄涂料的涂饰质量和检验方法应符合表 7-39 的规定	见表 7-39	
3	厚涂料涂饰质量允许偏差	厚涂料的涂饰质量和检验方法应符合表 7-40 的规定	见表 7-40	
4	复层涂料涂饰质量允许偏差	复层涂料的涂饰质量和检验方法应符合表 7-41 的规定	见表 7-41	

薄涂料的涂饰质量和检验方法　　表 7-39

序号	项目	普通涂饰	高级涂饰	检验方法
1	颜色	均匀一致	均匀一致	观察
2	泛碱、咬色	允许少量轻微	不允许	
3	流坠、疙瘩	允许少量轻微	不允许	
4	砂眼、刷纹	允许少量轻微砂眼，刷纹通顺	无砂眼，无刷纹	
5	装饰线、分色线直线度允许偏差（mm）	2	1	拉 5m 线，不足 5m 拉通线，用钢直尺检查

厚涂料的涂饰质量和检验方法　　表 7-40

序号	项目	普通涂饰	高级涂饰	检验方法
1	颜色	均匀一致	均匀一致	观察
2	泛碱、咬色	允许少量轻微	不允许	
3	点状分布		疏密均匀	

复层涂料的涂饰质量和检验方法 **表 7-41**

序号	项目	质量要求	检验方法
1	颜色	均匀一致	观察
2	泛碱、咬色	不允许	
3	喷点疏密程度	均匀，不允许连片	

2）验收资料

① 涂饰工程的施工图、设计说明及其他设计文件。

② 材料的产品合格证书、性能检测报告和进场验收记录。

③ 施工记录。

7.4.2 美术涂饰工程

1. 材料质量监理

（1）油漆、涂料、填充料、催干剂、稀释剂等材料选用必须符合现行国家标准《民用建筑工程室内环境污染控制规范》（GB 50325—2015）第 3.3.2 条的要求。并具备有关国家环境检测机构出具的有关有害物质限量等级检测报告。

（2）各色颜料应耐碱、耐光。

2. 监理巡视与验收

（1）监理巡视要点

1）基层腻子应平整、坚实、牢固，无粉化、无起皮和裂缝。

2）水溶性、溶剂型涂饰应涂刷均匀、粘结牢固，不得漏涂、透底、起皮和反锈。

3）一般涂料、油漆施工的环境温度不宜低于 10℃，相对湿度不宜大于 60%。

4）有水房间应采用具有耐水性腻子。

5）后一遍涂料必须在前一遍涂料干燥后进行。

（2）监理验收

1）监理验收标准：

① 主控项目验收见表 7-42。

主控项目验收　　表 7-42

序号	项目	合格质量标准	检验方法	检查数量
1	材料质量	美术涂饰所用材料的品种、型号和性能应符合设计要求	观察，检查产品合格证书、性能检测报告和进场验收记录	室外涂饰工程每 $100m^2$ 应至少检查一处，每处不得小于 $10m^2$ 室内涂饰工程每个检验批应至少抽查 10%，并不得少于 3 间，不足 3 间时应全数检查
2	涂饰综合质量	美术涂饰工程应涂饰均匀、粘结牢固，不得漏涂、透底、起皮、掉粉和反锈	观察，手摸检查	
3	基层处理	美术涂饰工程的基层处理应符合以下要求：1）新建筑物的混凝土或抹灰基层在涂饰涂料前应涂刷抗碱封闭底漆；2）旧墙面在涂饰涂料前应清除疏松的旧装修层，并涂刷界面剂；3）混凝土或抹灰基层涂刷溶剂型涂料时，含水率不得大于 8%；涂刷乳液型涂料时，含水率不得大于 10%。木材基层的含水率不得大于 12%；4）基层腻子应平整、坚实、牢固，无粉化、起皮和裂缝；内墙腻子的粘结强度应符合《建筑室内用腻子》（JG/T 3049）的规定；5）厨房、卫生间墙面必须使用耐水腻子	观察，手摸检查，检查施工记录	
4	套色、花纹、图案	美术涂饰的套色、花纹和图案应符合设计要求	观察	

② 一般项目验收见表 7-43。

一般项目验收　　表 7-43

序号	项目	合格质量标准	检验方法	检查数量
1	表面质量	美术涂饰表面应洁净，不得有流坠现象	观察	同主控项目
2	仿花纹理涂饰表面质量	仿花纹涂饰的饰面应具有被模仿材料的纹理		

续表

序号	项目	合格质量标准	检验方法	检查数量
3	套色涂饰图案	套色涂饰的图案不得移位，纹理和轮廓应清晰	观察	同主控项目

2）验收资料

① 涂饰工程的施工图、设计说明及其他设计文件。

② 材料的产品合格证书、性能检测报告和进场验收记录。

③ 施工记录。

第8章　建筑电气工程质量监理

8.1　配线系统质量监理

8.1.1　架空线路及杆上电气设备安装

1. 监理巡视要点

（1）电杆组立

1）电杆坐标位置应正确，电杆埋设深度应符合表8-1的要求；电杆坑、拉线坑的深度允偏差应不深于设计坑深100mm，不浅于设计坑深50mm。

2）钢筋混凝土电杆钢圈的焊接应由经考试合格的焊工进行，并在焊缝处打上钢印代号；接口缝隙应为2～5mm，钢圈厚度大于6mm时应采用V形剖口，焊缝中严禁用焊条或其他金属堵塞；多层焊缝接口应错开，收口处熔池应填满；焊缝表面应无缺陷，咬边深度不应大于0.5mm，当钢圈厚度超过10mm时，咬边深度不应大于1mm。

电杆埋设深度　　表8-1

杆长（m）	7	8	9	10	11	12	13	15
埋深（m）	1.4	1.5	1.6	1.7	1.8	1.9	2.0	2.3

3）电杆组立应正直，直线杆的横向位移不应大于50mm，杆梢偏移不应大于梢径的1/2，直线杆顺线路方向位移不得超过设计的电杆档距的5%；转角杆应向外角预偏置，等紧线后回正，且不向内角倾斜，向外角倾斜不应大于1个梢径；双杆竖立后应平直，双杆中心线与中心桩之间横向位移小于50mm，两杆高低差小于20mm。

4）电杆坑底要铲平夯实，通常在9m以上的电杆应采用底盘；杆坑回填土时应分层夯实并应有防沉台，台高应超过地面300mm。

（2）电杆埋设

架空线路的杆型、拉线设置及两者的埋设深度，在施工设计时是依据所在地的气象条件、土壤特性及地形情况等因素加以考虑决定的。埋设深度是否足够，涉及线向抗风能力和稳固性，太深会浪费材料。单回路的配电线路，电杆埋深不应小于表8-1所列数值。一般电杆的埋深基本上（除15m杆以外）可为电杆高度的1/10加0.7m；拉线坑的深度不应小于1.2m。电杆坑、拉线坑的深度允许偏差应不深于设计坑深100mm，不浅于设计坑深50mm。

（3）横担安装

导线为水平排列时，上层横担距杆顶距离应大于200mm。直线杆单横担应装于受电侧，90°转角杆及终端杆单横担应装于拉线侧。

（4）导线架设

导线架设时，其线路的相序排列应统一，对设计、施工、安全运行都是有利的，高压线路面向负荷，从左侧起，导线排列相序为L1、L2、L3相；低压线路面向负荷，从左侧起，导线排列相序为L1、L2、L3相。电杆上的中性线（N）应靠近电杆，若线路沿建筑物架设时，应靠近建筑物。

1）导线无断股、扭绞和死弯，与绝缘子固定可靠，金具齐全且应与导线规格适配。

2）导线连接，同档距内，同一根导线的接头不得超过一个，不同金属、不同规格及不同绞向的导线严禁在档距内连接。

铜芯线连接时必须采用搪锡法处理，小截面铜芯线应采用绞线接法连接，大截面铜芯线，应采用压接、铰接、复卷或统卷法进行连接，其搭接长度不应小于导线直径的25倍。

导线采用压接连接时，压接后的接续管弯曲度，不应大于管长的2%，若大于2%时应给予校直。压接或校直后的接续管不应有裂纹。导线端头绑扣线钳压后不应拆除，露出长度不应小于20mm。

3）架空导线的弧垂值，允许偏差为设计弧垂值的±5%。水平排列的同档导线间弧垂值偏差为±50mm。

（5）杆上电气设备安装

1）变压器导管表面应光洁，不应有裂纹、破损等现象，一、二次引线应排列整齐，绑扎牢固。变压器外壳应可靠接地。

2）跌落式熔断器的瓷件、铸件不应有裂纹、砂眼，排列应整齐、高低一致。熔管轴线与地面的垂线夹角为15°～30°，上下引线与导线的连接应紧密可靠。

3）不得用线材代替保险丝（片），在安装时接触应紧密，不应出现弯折、压扁、伤痕等现象。

4）杆上油断器安装时，水平倾斜度不应大于托架长度的1%，引线的绑扎连接处应留有防水弯，绑扎长度不应小于150mm，绑扎应紧密，外壳应可靠接地，并调好三相同期。

5）杆上避雷器安装要排列整齐、高低一致，相间距离不小于350mm。引下线应短而直，电源侧引线铜线截面面积应不小于16mm²，铝线截面面积应不小于25mm²；接地侧引线铜线截面面积应不小于25mm²，铝线截面面积应不小于35mm²。与接地装置引出线连接可靠。

2. 监理验收

（1）验收标准

1）主控项目检验标准应符合表8-2的规定。

主控项目检验 **表8-2**

序号	项目	合格质量标准	检验方法	检查数量
1	变压器中性点的接地及接地电阻值测试	变压器中性点应与接地装置引出干线直接连接，接地装置的接地电阻值必须符合设计要求	查阅测试记录或测试时旁站	

续表

序号	项目	合格质量标准	检验方法	检查数量
2	杆上高压电气设备的交接试验	杆上变压器和高压绝缘子、高压隔离开关、跌落式熔断器、避雷器等必须交接试验合格	查阅试验记录或试验时旁站	全数检查
3	杆上低压配电装置和馈电线路的交接实验	杆上低压配电箱的电气装置和馈电线路交接试验应符合下列规定：(1) 每路配电开关及保护装置的规格、型号，应符合设计要求；(2) 相间和相对地间的绝缘电阻值应大于0.5MΩ。(3) 电气装置的交流工频耐压试验电压为1kV，当绝缘电阻值大于10MΩ时，可采用2500V兆欧表摇测替代，试验持续时间1min，无击穿闪络现象	查阅试验记录或试验时旁站	全数检查
4	电杆坑、拉线坑深度允许偏差	电杆坑、拉线坑的深度允许偏差，应不深于设计坑深100mm、不浅于设计坑深50mm	用钢尺测量	抽查10%，少于5档，全数检查
5	架空导线的弧垂值允许偏差及水平排列的同档导线间弧垂值偏差	架空导线的弧垂值，允许偏差为设计弧垂值的±5%，水平排列的同档导线间弧垂值偏差为±50mm	用钢尺测量	抽查10%，少于5档，全数检查

2）一般项目检验标准应符合表8-3的规定。

一般项目检验　　表8-3

序号	项目	合格质量标准	检验方法	检查数量
1	拉线及其绝缘子、金具安装	拉线的绝缘子及金具应齐全，位置正确，承力拉线应与线路中心线方向一致，转角拉线应与线路分角线方向一致。拉线应收紧，收紧程度与杆上导线数量规格及弧垂值相适配	目测或用适配表测量	抽查10%，少于5组，全数检查

续表

序号	项目	合格质量标准	检验方法	检查数量
2	电杆组立	电杆组立应正直，直线杆横向位移应不大于50mm，杆梢偏移应不大于梢径的1/2，转角杆紧线后不向内角倾斜，向外角倾斜应不大于1个梢径	钢尺或用适配仪表测量	抽查10%，少于5组，全数检查，其中转角杆应全数检查
3	横担安装及防腐处理	直线杆单横担应装于受电侧，终端杆、转角杆的单横担应装于拉线侧。横担的上下歪斜和左右扭斜，从横担端部测量应不大于20mm。横担等镀锌制品应热浸镀锌	用钢尺测量	抽查10%，少于5组，全数检查
4	导线架设	导线无断股、扭绞和死弯，与绝缘子固定可靠，金具规格应与导线规格适配	目测检查	抽查10%，少于5组，全数检查
5	线路安全距离	线路的跳线、过引线、接户线的线向和线对地间的安全距离，电压等级为6～10kV的，应大于300mm；电压等级为1kV及以下的，应大于150mm；用绝缘导线架设的线路，绝缘破口处应修补完整	钢尺测量和目测	全数检查
6	杆上电气设备安装	杆上电气设备安装应符合下列规定：1）固定电气设备的支架、紧固件为热浸镀锌制品，紧固件及防松零件齐全。 2）变压器油位正常、附件齐全、无渗油现象、外壳涂层完整。 3）跌落式熔断器安装的相间距离不小于500mm，熔管试操动能自然打开旋下。 4）杆上隔离开关分合操动灵活，操动机构机械锁定可靠，分合时三相同期性好，分闸后，刀片与静触头间空气间隙距离不小于200mm，地面操作杆的接地（PE）可靠，且有标志。 5）杆上避雷器排列整齐，相间距离不小于350mm，电源侧引线铜线截面积不小于16m^2、铝线截面积不小于25m^2，接地侧引线铜线截面积不小于25m^2，铝线截面积不小于35m^2。与接地装置引出线连接可靠	钢尺测量和目测	全数检查

（2）验收资料

① 材料出厂合格证或实验报告。

② 变压器出厂试验记录。

③ 绝缘子耐压试验记录。

④ 电气设备试验调整记录。

⑤ 绝缘电阻测试记录。

⑥ 交叉跨越距离记录及有关文件。

8.1.2 裸母线、封闭母线、插接式母线安装

1. 监理巡视要点

（1）绝缘子安装

母线固定金具与支持绝缘子的固定应平整牢固，不应使其所支持的母线受到额外应力。安装在同一平面或垂直面上的支柱绝缘子或穿墙套管的顶面，应位于同一平面上，中心线位置应符合设计要求，母线直线段的支柱绝缘子安装中心线应在同一直线上；电压为10kV及以上时，母线穿墙时应装有穿墙套管，套管孔径应比嵌入部分至少大5mm；套管垂直安装时，法兰应在上，从上向下安装；套管水平安装时，法兰应在外，从外向内安装；在同一室内，套管应从供电侧向受电侧方向安装。支柱绝缘子和穿墙套管的底座或法兰盘均不得埋入混凝土或抹灰层内，支柱绝缘子的底座、套管的法兰及保护罩（网）等不带电的金属构件，均应接地。母线在支柱绝缘子上的固定点应位于母线全长或两个母线补偿器的中心处。

（2）母线安装

1）母线敷设应按设计要求装设补偿器（伸缩节），设计未规定时，应每隔下列长度设一个：铝母线为20～30m，铜母线为30～50m，钢母线为35～60m。

2）硬母线跨柱、梁或跨屋架敷设时，母线在终端及中间分段处应分别采用终端及中间拉紧装置。终端或中间拉紧固定支架宜装有调节螺栓的拉线，拉线的固定点应能承受拉线张力，且同一档距内，母线的各相弛度最大偏差应小于10%。母线长度超过

300～400m 而需换位时，换位不应小于一个循环。槽形母线换位段处可用矩形母线连接，换位段内各相母线的弯曲程度应对称一致。

3）母线与母线或母线与电器接线端子的螺栓搭接面的安装，应符合下列要求：

① 母线接触面加工后应当保持清洁，并涂以电力复合脂。

② 母线平置时，贯穿螺栓应由下往上穿，其余情况下，螺母应置于维护侧，螺栓长度宜露出螺母 2～3 扣。

③ 贯穿螺栓连接的母线两外侧均应有平垫圈，相邻螺栓垫圈间应有 3mm 以上的净距，螺母侧应装有弹簧垫圈或锁紧螺母。

④ 螺栓受力应均匀，不应使电器的接线端子受到额外应力。

4）插接线母线槽的安装，应符合下列要求：

① 悬挂式母线槽的吊钩应有调整螺栓，固定点间距离不得大于 3m。

② 母线槽的端头应装封闭罩，引出线孔的盖子应完整。

③ 各段母线槽的外壳的连接应是可拆的，外壳之间应有跨接线，并应接地可靠。

5）母线的相序排列，当设计无规定时应符合下列规定：

以设备正视方向为准，对上下布置的母线，交流 A、B、C 相或直流正、负极应由上而下；对水平布置的母线，交流 A、B、C 相或直流正、负极应由内向外；引下线的母线，交流 A、B、C 相或直流正、负极应由左向右。

2. 监理验收

（1）验收标准

1）主控项目检验标准应符合表 8-4 的规定。

主控项目检验　　　　表 8-4

序号	项目	合格质量标准	检验方法	检查数量
1	可接近裸露导体的接地或接零	绝缘子的底座、套管的法兰、保护网（罩）及母线支架等可接近裸露导体应接地（PE）或接零（PEN）可靠。不应作为接地（PE）或接零（PEN）的接续导体	目测检查	抽查 10 处，少于 10 处，全数检查

续表

序号	项目	合格质量标准	检验方法	检查数量
2	母线与母线、母线与电器接线端子的螺栓搭接	母线与母线或母线与电器接线端子，当采用螺栓搭接连接时，应符合下列规定：1）母线的各类搭接连接的钻孔直径和搭接长度符合《建筑电气工程施工质量验收规范》（GB 50303—2002）中附录C的规定，用力矩扳手拧紧钢制连接螺栓的力矩值符合《建筑电气工程施工质量验收规范》（GB 50303—2002）中附录D的规定。2）母线接触面保持清洁，涂电力复合脂，螺栓孔周边无毛刺。3）连接螺栓两侧有平垫圈，相邻垫圈间有大于3mm的间隙，螺母侧装有弹簧垫圈或锁紧螺母。4）螺栓受力均匀，不使电器的接线端子受额外应力	目测检查或用适配工具做拧动试验	抽查10处，少于10处，全数检查
3	封闭、插接式母线的组对连接	封闭、插接式母线安装应符合下列规定：1）当段与段连接时，两相邻段母线及外壳对准，连接后不使母线及外壳受额外应力。2）母线的连接方法符合产品技术文件要求	目测检查或查阅施工记录	抽查10处少于10处，全数检查
4	室内裸母线的最小安全净距	室内裸母线的最小安全净距应符合《建筑电气工程施工质量验收规范》（GB 50303—2002）中附录E的规定	拉线尺量	
5	高压母线交流工频耐压试验	高压母线交流工频耐压试验必须交接试验合格	查阅试验记录或试验时旁站	全数检查
6	低压母线交接试验	低压母线交接试验应合格	查阅试验记录或试验时旁站	全数检查
7	封闭、插接式母线与外壳同心允许偏差	封闭、插接式母线与外壳同心，允许偏差为±5mm	查阅试验记录或试验时旁站	全数检查

2）一般项目检验标准应符合表 8-5 的规定。

一般项目检验 **表 8-5**

序号	项目	合格质量标准	检验方法	检查数量
1	母线支架的固定	母线的支架与预埋铁件采用焊接固定时，焊缝应饱满；采用膨胀螺栓固定时，选用的螺栓应适配，连接应牢固	目测或用适配工具做拧动试验	抽查 10%，少于 5 处，全数检查
2	母线与母线、母线与电器接线端子搭接面处理	母线与母线、母线与电器接线端子搭接，搭接面的处理应符合下列规定：1）铜与铜：室外、高温且潮湿的室内，搭接面搪锡；干燥的室内，不搪锡。2）铝与铝：搭接面不做涂层处理。3）钢与钢：搭接面搪锡或镀锌。4）铜与铝：在干燥的室内，铜导体搭接面搪锡；在潮湿场所，铜导体搭接面搪锡，且采用铜铝过渡板与铝导体连接。5）钢与铜或铝：钢搭接面搪锡	目测检查	抽查 10%，少于 5 处，全数检查
3	母线的相序排列及涂色	母线的相序排列及涂色，当设计无要求时应符合下列规定：1）上、下布置的交流母线，由上至下排列为 A、B、C 相；直流母线正极在上，负极在下。2）水平布置的交流母线，由盘后向盘前排列为 A、B、C 相；直流母线正极在后，负极在前。3）面对引下线的交流母线，由左至右排列为 A、B、C 相；直流母线正极在左，负极在右。4）母线的涂色：交流，A 相为黄色、B 相为绿色、C 相为红色；直流，正极为赭色、负极为蓝色；在连接处或支持件边缘两侧 10mm 以内不涂色	目测检查	抽查 5 处，少于 5 处，全数检查

续表

序号	项目	合格质量标准	检验方法	检查数量
4	母线在绝缘子上的固定	母线在绝缘子上安装应符合下列规定：1）金具与绝缘子间的固定平整牢固，不使母线受额外应力。2）交流母线的固定金具或其他支持金具不形成闭合铁磁回路。3）除固定点外，当母线平置时，母线支持夹板的上部压板与母线间有1～5mm的间隙；当母线立置时，上部压板与母线间有1.5～2mm的间隙。4）母线的固定点，每段设置1个，设置于全长或两母线伸缩节的中点。5）母线采用螺栓搭接时，连接处距绝缘子的支持夹板边缘不小于50mm	目测或用适配工具抽检	抽查10%，少于5处，全数检查
5	封闭、插接式母线的组装和固定	封闭、插接式母线组装和固定位置应正确，外壳与底座间、外壳各连接部位和母线的连接螺栓应按产品技术文件要求选择正确，连接紧固	目测或查阅施工记录或用适配工具做拧动试验	抽查10%，少于5处，全数检查

（2）验收资料

1）产品合格证、出厂试验记录和技术文件。

2）高压绝缘子、高压穿墙套管和母线交流工频耐压试验记录。

3）母线安装技术记录。

4）绝缘电阻测试记录。

5）接地（接零）测试记录。

8.1.3 电线、电缆穿管和线槽敷线

1. 监理巡视要点

（1）管道穿线

1）穿管敷设的绝缘导线，其额定电压不应低于500V；

2）不同回路、不同电压等级和交充与直流的导线，不得穿在同一根管内，但下列几种情况或设计特殊要求的除外：

① 电压为50V及以下的回路；

② 同一台设备的电机回路和无抗干扰要求的控制回路；

③ 照明花灯的所有回路；

④ 同类照明的几个回路，可穿入同一根管内，但管内导线总数不应多于8根。

3）单根交充电线不得穿钢管，同一交流回路的导线应穿于同一钢管内；

4）导线在穿管内不应有接头和扭结，接头应设在接线盒（箱）内；

5）管内导线包括绝缘层在内的总截面积不应大于管子内空截面积的40％；

6）钢管的管口应加护套。

（2）导线连接

1）绝缘层：在割开导线绝缘层进行连接时，不应损伤线芯；导线的接头应在接线盒内连接；不同材料导线不准直接连接；分支线接头处，干线不应受到来自支线的横向拉力。绝缘导线除芯线连接外，在连接处应用绝缘带（塑料带、黄蜡带等）包装均匀、严密，绝缘强度不低于原有强度。在接线端子的端部与导线绝缘层的空隙处，也应用绝缘带包缠严密，最外层处还得用黑胶布扎紧一层，以防机械损伤。

2）锅芯线连接：单股铝线与电气设备端子可直接连接，多股铝芯线应采用焊接或压接鼻子后再与电气设备端子连接，压模规格同样应与线芯截面相符。

3）铜芯线连接：单股铜线与电气器具端子可直接连接。截面超过 $2.5mm^2$，多股铜线连接应采用焊接或压接端子再与电气器具连接，采用焊接方法应先将线芯拧紧后，经搪锡后再与器具连接，焊锡应饱满，焊后要清除残余焊药和焊渣，不应使用酸性焊剂。用压接法连接，压模的规格应与线芯截面相符。

（3）线槽敷线

1）金属线槽内电线或电缆的总截面（含保护层）不应超过线槽内截面的40％；塑料线槽内电线划电缆的总截面（含保护层）不应超过线槽内截面的20％，载流导线不宜超过30根（控制、信号等线路可视为非载流导线）。

2）同一回路的所有导线应敷设在同一线槽内，意在消除交流电路的涡流效应。同一路径无防干扰的线路可敷设于同一线槽内。但同一线槽内的绝缘导线和电缆都应具有与最高标称电压回路绝缘相同的绝缘等级。

3）强弱电线路应分槽敷设，两种线路交叉处分线盒内应设置屏蔽分线板。

2. 监理验收

（1）验收标准

1）主控项目

① 三相或单相的交流单芯电缆，不得单独穿于钢导管内。

② 同回路、不同电压等级和交流与直流的电线不应穿于同一导管内，同一交回路的电线应穿于同一金属导管内，且管内电线不得有接头。

③ 爆炸危险环境照明线路的电线和电缆额定电压不得低于750V，且电线必须穿于钢导管内。

2）一般项目

① 电线、电缆芽管前，应清除管内杂物和积水。管口应有保护措施，不进入接线盒（箱）的垂直管口穿入电线、电缆后，管口应密封。

② 当采用多相供电时，同一建筑物、构筑物的电线绝缘层颜色选择应一致，即保护地线（PE线）应是黄绿相间色。零线用淡蓝色；相线用A相——黄色，B相——绿色，C相——红色。

③ 线极数线应符合下列规定：

a. 电线在线槽内有一定余量，不得有接头，电线按回路编号分段绑扎，绑扎点间距不应大于2m。

b. 同一回路的根线和零线，敷设于同一金属线槽内。

c. 同一电源的不同回路无抗干扰要求的线路可敷设于同一线槽内；敷设于同一线槽内抗干扰要求的线路用隔板隔离，或采用屏蔽电线且屏蔽护套一端接地。

（2）验收资料

1）电线、电缆的产品合格证和出厂试验报告。

2）回路绝缘电阻测试记录。

3）电缆绝缘电阻、直流耐压试验、泄漏电流和相位测试记录。

4）安装隐蔽工程验收记录。

8.1.4　变压器、箱式变电所安装

1. 监理巡视要点

（1）变压器安装

1）变压器本体及附体安装

变压器安装位置应正确，变压器基础的轨道应水平，轮距与轨距应配合；装有气体继电器的变压器、电抗器，应使其顶盖沿气体继电器气流方向有1%～1.5%的升高坡度（制造厂规定不需安装坡度者除外）。当须与封闭母线连接时，其套管中心线应与封闭母线安装中心线相符。

2）变压器与线路连接

① 变压器一、二次引线施工，不应使变压器的套管直接承受应力。

② 变压器工作零线与中性接地线，应分别敷设，工作零线宜用绝缘导线。

③ 所有螺栓应紧固，连接螺栓的锁紧装置应齐全，固定牢固。变压器零线沿器身向下接至接地装置的线段，应固定牢靠。

④ 器身各附件间连接的导线，连接牢固，并应有保护措施。

⑤ 与变压器连接的母线、支架、保护管、接零线均应便于拆卸，便于变压器检修，各连接螺栓的螺纹应露出螺母2～3扣。

⑥ 所有支架防腐应齐全、完整。

⑦ 油浸变压器附件的控制线，宜用具有耐油性能的绝缘导线，靠近箱壁的导线，应加金属软管保护。

3）变压器送电试运行

① 变压器送电前的检查

a. 变压器试运行前应做全面检查，确认符合试运行条件时方可投入运行。

b. 变压器试运行前，必须由质量监督部门检查合格。

② 变压器送电试运行

a. 变压器第一次投入时，可全压冲击合闸，冲击合闸时一般可由高压侧投入。

b. 变压器第一次受电后，持续时间不应少于10min，无异常情况。

c. 变压器应进行3～5次全压冲击合闸，并无异常情况，励磁涌流不应引起保护装置错误动作。

d. 油浸变压器带电后，检查油系统不应有渗油现象。

e. 变压器试运行要注意冲击电流，空载电流，一、二次电压和温度，并做好详细记录。

f. 变压器并列运行前，应核对好相位。

g. 变压器空载运行24h，无异常情况，方可投入负荷运行。

（2）箱式变电所安装

1）箱式变电所及落地式配电箱的基础应高于室外地坪，周围排水通畅。箱式变电所的固定形式有两种，用地角螺栓齐全，拧紧牢固；自由安放的应垫平放正。

2）箱式变电所内外涂层完整、无损伤，有通风口的风口防护网完好。

3）箱式变电所的高低压柜内部接线完整、低压每个输出回路标记清晰，回路名称准确。

4）金属箱式变电所及落地式配电箱，箱体应与PE线或PEN线连接可靠，且有标识。

2. 监理验收

（1）验收标准

1）主控项目

① 变压器安装应位置正确，附件齐全，油浸变压器油位正常，无渗油现象。

② 接地装置引出的接地干线与变压器的低压侧中性点直接

连接；接地干线与箱式变电所的 N 母线和 PE 母线直接连接；变压器箱体、干式变压器的支架或外壳应接地（PE）。所有连接应可靠，紧固件及防松零件齐全。

③ 变压器必须按《建筑电气工程施工质量验收规范》GB 50303—2015 的规定交接试验合格。

④ 箱式变电所及落地式配电箱的基础应高于室外地坪，周围排水畅通。用地脚螺栓固定的螺帽齐全，拧紧牢固；自由安放的应垫平放正。金属箱式变电所及落地式配电箱，箱体应接地（PE）或接零（PEN）可靠，且有标识。

⑤ 箱式变电所的交接试验，必须符合下列规定：

a. 由高压成套开关柜、低压成套开关柜和变压器三个独立单元组合成的箱式变电所高压电气设备部分，按 GB 50303—2015 的规定交接试验合格。

b. 高压开关、熔断器等与变压器组合在同一个密闭油箱内的箱式变电所，交接试验按产品提供的技术文件要求执行。

c. 低压成套配电柜交接试验符合 GB 50303—2015 的规定。

2）一般项目

① 有载调压开关的传动部分润滑应良好，动作灵活，点动给定位置与开关实际位置一致，自动调节符合产品的技术文件要求。

② 绝缘件应无裂纹、缺损和瓷件瓷釉损坏等缺陷，外表清洁，测温仪表指示准确。

③ 装有滚轮的变压器就位后，应将滚轮用能拆卸的制动部件固定。

④ 变压器应按产品技术文件要求进行检查器身，当满足下列条件之一时，可不检查器身：

a. 制造厂规定不检查器身者；

b. 就地生产仅作短途运输的变压器，且在运输过程中有效监督，无紧急制动、剧烈振动、冲撞或严重颠簸等异常情况者。

⑤ 箱式变电所内外涂层完整、无损伤，有通风口的风口防护网完好。

⑥ 箱式变电所的高低压柜内部接线完整、低压每个输出回路标记清晰，回路名称准确。

⑦ 装有气体继电器的变压器顶盖，沿气体继电器的气流方向有1.0%～1.5%的升高坡度。

（2）验收资料

1）设备出厂合格证、相关试验报告和技术条件。

2）器具、材料出厂合格证。

3）电力变压器试验调整记录和绝缘油化验报告。

8.2 电气照明安装质量监理

8.2.1 普通灯具安装

1. 监理巡视与验收

（1）灯具安装

1）嵌入顶棚的装饰灯具应固定在专设的框架上，灯具的电源线不应贴近灯具外壳，灯线留有余量，固定灯罩的边框、边缘应紧贴在顶棚面上；矩形灯具的边缘应与顶棚的装饰直线平行，如灯具对称安装时，其纵横中心轴线应在同一条直线上，偏斜不应大于5mm；日光灯管组合的开启式灯具，灯管排列要整齐，金属隔片不应有弯曲、扭、斜等缺陷。

2）通常灯具的安装高度应高于2.5m；灯具安装应牢固，灯具通过圆木台与墙面、楼面固定，用木螺钉固定时，螺钉进木榫长度不应少于20～25mm，固定灯具用螺栓不得少于2个，木台直径不大于75mm时，可用一个螺钉或螺栓固定，现浇混凝土楼板应采用尼龙膨胀栓，灯具应装在木台中心，偏差不超过1.5mm；灯具重量超过3kg时，应固定在预埋的吊钩或螺栓上，吸顶灯具与木台过近时应有隔热措施。

3）每一接线盒应供应一盏灯具，门口第一个开关应开关门口的第一盏灯具，灯具与开关应相对应，事故照明灯具应有特殊标志，并有专用供电电源，每个照明回路均应通电校正，做到灯亮、开启自如。

4）采用钢管灯具的吊杆，钢管内径通常不小于10mm；吊链灯具用于小于1kg的灯具，灯线不应受到拉力，灯线应与吊链编叉在一起；软线吊灯的软线两端应作保险扣；日光灯与高压水银灯及其附件应配套使用，安装位置便于检查；成排室内安装灯具，中心偏差不应大于5mm；若弯管灯杆长度超过350mm，应加装拉攀固定；变配电所高低压盘及母线上方不得安装灯具。

（2）花灯及组合式灯具安装

1）花饰灯具的金属构件，应做好保护接地（PE）或保护接零（PEN）。

2）花灯的吊钩应采用镀锌件，并要作5倍以上灯具重量的试验。通常情况下采用型钢作吊钩时，圆钢最小规格应不小于ϕ12mm；扁钢应不小于50mm×5mm。

3）在吊顶夹板上开孔装灯时，应先钻成小孔，小孔对准灯头盒，等吊顶夹板钉上后，再根据花灯法兰盘大小，扩大吊顶夹板眼孔，使法兰盘能盖住夹板孔洞，保证法兰、吊杆在分格中心位置。

4）凡是在木结构上安装吸顶组合灯、面包灯、半圆球灯及日光灯具时，应在灯爪子与吊顶直接接触的部位，垫上3mm厚的石棉布（纸）隔热，防止火灾事故发生。

2. 监理验收

（1）验收标准

1）主控项目检验标准应符合表8-6的规定。

主控项目检验　　　　表8-6

序号	项目	合格质量标准	检验方法	检查数量
1	灯具固定	灯具的固定应符合下列规定： 1）灯具重量大于3kg时，固定在螺栓或预埋吊钩上。 2）软线吊灯，灯具重量在0.5kg及以下时，采用软电线自身吊装；大于0.5kg的灯具采用吊链，且软电线编叉在吊链内，使电线不受力。 3）灯具固定牢固可靠，不使用木楔。每个灯具固定用螺钉或螺栓不少于两个；当绝缘台直径在75mm及以下时，采用1个螺钉或螺栓固定	目测检查或查阅施工记录	抽查10%，少于10套，全数检查

续表

序号	项目	合格质量标准	检验方法	检查数量
2	花灯吊钩选用、固定及悬吊装置的过载试验	花灯吊钩圆钢直径应不小于灯具挂销直径，且应不小于6mm。大型花灯的固定及悬吊装置，应按灯具重量的2倍做过载试验	目测和尺量检查或查阅过载试验记录	全数检查
3	钢管吊灯灯杆检查	当钢管作灯杆时，钢管内径应不小于10mm，钢管厚度应不小于1.5mm	尺量检查	抽查10%，少于10套，全数检查
4	灯具的绝缘材料耐火检查	固定灯具带电部件的绝缘材料以及提供防触电保护的绝缘材料，应耐燃烧和防明火	查阅材料和施工记录	抽查10%，少于10套，全数检查
5	灯具的安装高度和使用电压等级	当设计无要求时，灯具的安装高度和使用电压等级应符合下列规定： 1）一般敞开式灯具，灯头对地面距离不小于下列数值（采用安全电压时除外）。 ① 室外：2.5m（室外墙上安装）。 ② 厂房：2.5m。 ③ 室内：2m。 ④ 软吊线带升降器的灯具在吊线展开后0.8m。 2）危险性较大及特殊危险场所，当灯具距地面高度小于2.4m时，使用额定电压为36V及以下的照明灯具，或有专用保护措施	拉线尺量	全数检查
6	灯具金属外壳的接地或接零	当灯具距地面高度小于2.4m时，灯具的可接近裸露导体必须接地（PE）或接零（PEN）可靠，并应有专用接地螺栓，且有标志	目测检查	全数检查

2）一般项目检验标准应符合表8-7的规定。

一般项目检验 **表8-7**

序号	项目	合格质量标准	检验方法	检查数量
1	电线线芯最小截面积	引向每个灯具的导线线芯最小截面积应符合《建筑电气工程施工质量验收规范》（GB 50303—2002）的规定	查阅施工记录	抽查10%，少于10套，全数检查

续表

序号	项目	合格质量标准	检验方法	检查数量
2	灯具的外形、灯头及其接线检查	灯具的外形、灯头及其接线应符合下列规定： 1）灯具及其配件齐全，无机械损伤、变形、涂层剥落和灯罩破裂等缺陷。 2）软线吊灯的软线两端做保护扣，两端芯线搪锡；当装升降器时，套塑料软管，采用安全灯头。 3）除敞开式灯具外，其他各类灯具灯泡容量在100W及以上者采用瓷质灯头。 4）连接灯具的软线盘扣、搪锡压线，当采用螺口灯头时，相线接于螺口灯头中间的端子上。 5）灯头的绝缘外壳不破损和漏电；带有开关的灯头，开关手柄无裸露的金属部分	目测检查	抽查10%，少于10套，全数检查
3	变电所内灯具的安装位置要求	变电所内，高低压配电设备及裸母线的正上方不应安装灯具	目测	全数检查
4	装有白炽灯泡的吸顶灯具隔热检查	装有白炽灯泡的吸顶灯具，灯泡不应紧贴灯罩；当灯泡与绝缘台间距离小于5mm时，灯泡与绝缘台间应采取隔热措施	目测及尺量	抽查10%，少于10套，全数检查
5	大型灯具的玻璃罩安全措施	安装在重要场所的大型灯具的玻璃罩，应采取防止玻璃罩碎裂后向下溅落的措施	目测并查阅施工记录	全数检查
6	投光灯的固定检查	投光灯的底座及支架应固定牢固，枢轴应沿需要的光轴方向拧紧固定	用适配工具做拧动试验	全数检查
7	室外壁灯的防水检查	安装在室外的壁灯应有泄水孔，绝缘台与墙面之间应有防水措施	目测检查	抽查10%，少于10套，全数检查

(2) 验收资料

1) 材料、器具及设备的产品合格证、安装使用说明书。

2) 安装自检记录。

3) 工序交接确认记录。

4) 电气绝缘电阻测试记录。

5) 电气器具通电安全检查记录。

第9章　工程建设安全监理

9.1　安全监理的依据

（1）国家现行的关于安全施工方面的法律、法规及强制性标准。

（2）国家现行施工规范、规程及强制性条文。

（3）被批准的设计文件。

（4）省、市地方建设工程安全生产管理法规以及强制性措施。

（5）施工组织设计中的安全技术措施，临电专项和相关专项工程施工技术方案。

（6）工程承包合同和监理委托合同。

9.2　安全监理的工作内容

根据建设部颁布的强制性行业标准《建筑施工安全检查标准》(JGJ 59—2011)，强化施工现场安全管理工作，规范施工现场安全技术资料，提高施工现场文明施工和安全生产工作水平。

根据《建设工程安全生产管理条例》(国务院令第393号，以下简称《安全条例》)，及国家、省、市有关法律、法规和标准、规范，对建设工程项目施工现场安全生产监理工作进行探讨。

9.2.1　监理单位的安全责任

（1）切实贯彻“安全第一，预防为主”的安全生产方针，工程监理单位和监理工程师应当按照法律法规和工程建设强制性标准实施监理，并对建设工程安全生产承担监理责任。

（2）工程监理单位在实施监理过程中，发现存在安全事故隐患的，应当要求施工单位整改；情况严重的，应当要求施工单位暂时停止施工并及时报告建设单位。施工单位拒不整改或者不停止施工的，工程监理单位应当及时向有关主管部门报告。

（3）根据《安全条例》，施工单位应当在施工组织设计中编制安全技术措施和施工现场临时用电方案，对达到一定规模的危险性较大的分部分项工程编制专项施工方案，并附具安全验算结果，经施工单位技术负责人、总监理工程师签字后实施，由专职安全生产管理人员进行现场监督。

9.2.2 施工准备阶段的安全生产监理

（1）督促施工承包单位建立、健全施工现场安全生产保证体系，执行有关安全生产制度，必须在开工前按规定办理安全监督手续，为职工办理建筑工程人身意外伤害保险。

（2）审查施工组织设计安全技术措施与专项安全施工方案。

1）施工组织设计要根据工程特点、施工方法、劳动组织、作业环境、新技术、新工艺、新材料等情况，在防护、技术管理上制定针对性的安全措施，并符合工程建设强制性标准。

2）工程专业性较强的项目，如打桩、基坑支护和降水工程、土方开挖工程、模板工程、爬模（滑模）施工、承重支撑搭设和拆除、脚手架、施工临时用电、物料提升机、外用电梯、塔吊、起重吊装、拆除、爆破工程、国务院建设行政主管部门或者其他有关部门规定的其他危险性较大的工程等均要编制专项的安全施工方案，审查施工方案是否可行、安全、可靠。

3）施工组织设计、专项安全施工方案必须由专业技术人员编制，经企业技术负责人审查批准、签名、加盖公章，并经项目监理部审核，由项目总监理工程师签字后方可实施。

4）审查施工现场总平面布置图和安全标志布置平面图。

（3）审查施工单位在施工作业书中对各分部（分项）工程、各工种及其他安全技术交底纪录。

1）安全技术交底必须与下达施工任务同时进行，固定作业场所的工种可定期交底，非固定作业场所的工种可按每一分部（分项）工程或定期进行交底，新进班组必须先进行安全技术交底后才能上岗。

2）审查安全交底内容是否包括工作场所的安全防护设施、安全操作规程及安全注意事项。

3）审查季节性施工是否进行了安全技术交底。

4）审查特殊作业环境是否进行安全技术交底。

9.2.3 施工过程中安全生产监理

（1）应督促施工单位进行安全自检，在进行安全生产检查中是否按照《安全条例》、住房城乡建设部颁布的强制性行业标准《建筑施工安全检查标准》（JGJ 59—2011）及建设工程现场安全施工实施意见等进行检查。

（2）安全检查记录应真实反映各项检查后发现的安全问题和事故隐患，督促施工单位进行整改，并对整改事项进行复查。

（3）工程可分为基础、主体、结构、装饰四个阶段进行安全检查评分。

（4）在项目施工过程中采用巡视或旁站等形式实施现场安全监理（包括安全、防火和文明施工等）。

9.2.4 专项工程的安全监理

1. 脚手架安全监理

（1）脚手架搭设前要审查专项安全方案。

（2）审查钢管、扣件的生产出厂证、产品合格证、法定检测机构检测报告。

1）钢管表面应平直光滑，不应有裂缝、结疤、分层错位、硬弯、毛刺和深的划道，不得自行对接加长。明显弯曲变形不应超过《建筑施工扣件式钢管脚手架安全技术规程》（JGJ 130—2011）中表8.1.5的规定，且应做好防锈处理。

2）扣件不得有裂缝、变形，表面大于10mm^{2}的砂眼不应超过3处，且累计面积不应大于50mm^2，螺栓不得出现滑丝。

3）对承重支模系统（承重支撑架搭设）应使用力矩扳手进行抽样检测，螺栓拧紧扭力矩达65N·m时，不得发生破坏，并对抽样检测的数量、部位和结果做好相应的记录。

（3）审核建筑安全监督管理部门核发的设备准用证及操作

人员上岗证是否在有效期内。

（4）脚手架搭设完毕后，应经过验收合格后挂牌，方能使用。

2. 基坑支护安全监理

（1）审核基坑支护安全方案和支护结构设计计算书等。4m深以上基坑支护方案，必须经当地有关专家组评审后再行施工。

（2）审核基坑支护“变形监测”是否到位，施工过程中经常查阅“变形监测”记录和“沉降观测”记录，情况发生异常时应及时报告，并告诉施工单位采取必要的应急措施。

3. 模板工程安全监理

（1）审核模板工程施工方案和混凝土输送方法，是否制定针对性安全措施。

（2）模板拆除前必须有混凝土强度报告及审批拆模申请，模板支撑系统拆除时，混凝土强度必须符合《混凝土结构工程施工质量验收规范》（GB 50204—2015）的相关规定。

4. 施工临时用电安全监理

（1）审查施工单位上报的施工临时用电方案和电工上岗证。

（2）复核施工单位临时用电接地电阻。

（3）凡工地新购入的电缆电线、电路开关及保护或连接电器装置（如插头插座、熔断器等）、低压电气（如漏电保护器、隔离开关、低压成套开关设备）、电动工具（如电钻、电动砂轮机、圆锯、插入式混凝土振动器）、电焊机等必须具备CCC认证标志并符合行业有关规范。

5. 物料提升机（龙门架、井字架）安全监理

（1）审查施工单位的专项施工方案。

（2）认真核查生产厂家的生产许可证或制造许可证、产品合格证和法定检测机构出具的检测报告，及建筑安装监督部门核发的准用证。

（3）审核机械操作人员上岗证。

（4）在使用前必须按规定进行验收，未经验收合格，一律不得投入使用。

（5）物料提升机、施工升降机，每班使用前必须进行空载和载重运行的试验。

（6）检查工地是否有专人负责维修、保养。

6. 外用电梯安全监理

（1）审核装拆单位许可证、参加装拆人员上岗证。

（2）查阅外用电梯使用说明及装拆方案（含基础方案）。

（3）安装结束后，安装单位应进行调试检测并附有验收记录，数据齐全，经安装单位和使用单位验收合格后，报当地建筑安全监督管理部门备案后使用。

（4）核查外用电梯（人货两用电梯）生产许可证，或制造许可证、产品合格证，及法定检测机构出具的检测报告（安全装置应每两年经法定检测单位检测，有效期是否符合）。

（5）外用电梯（人货两用电梯）基础必须做好隐检，并经监理企业签认。

（6）人货两用电梯每次顶升和拆降后继续使用的应重新验收。

7. 塔吊（塔式起重机）安全监理

（1）审核装拆单位许可证、参加装拆人员上岗证、塔吊人员上岗证。

（2）查阅塔吊使用说明及装拆方案（含基础方案）。

（3）安装结束后，安装单位应进行调试检测，并有验收记录，数据齐全，在经安装单位和使用单位验收合格后，再报当地建筑安全监督管理部门备案后使用。

（4）查阅塔吊出厂合格证。

（5）签认塔吊基础隐蔽工程验收记录。

（6）塔吊（塔式起重机）每次顶升和拆降后需要继续使用的应重新验收。

8. 起重吊装安全监理

（1）查阅起重机型号选择、吊装平面布置、吊装工艺及相应安全技术措施等内容。

（2）审核建筑安全监督管理部门核发的准用证是否在有效

期时间内。

（3）审核操作司机是否是本机型的司机操作。

（4）验证起重吊装作业人员上岗证。

（5）每次作业前应根据当天的最大起重量进行试吊、检验。

9. 打桩机械

（1）核查打桩机械（包括锤击、静压）建筑安全监督管理部门核发的准用证。

（2）查验桩机作业人员上岗证。

9.2.5 安全事故隐患的监理手段

（1）工程监理单位在实施监理过程中发现存在安全事故隐患的，应当要求施工单位整改。

（2）安全事故隐患情况严重的，应当要求施工单位暂时停止施工并及时报告建设单位。

（3）施工单位对监理提出的整改意见拒不整改，或者不停止施工的，工程监理单位应当及时向有关主管部门报告。

（4）施工企业或项目经理部必须按国家有关规定建立安全事故上报制度，凡施工现场发生重伤、死亡和造成严重经济损失或社会影响的重大安全事故的，必须在30min内上报当地工程安全质量监督总站。

9.3 安全监理管理资料

1. 安全监理内部管理资料

（1）监理规划；

（2）分项或分部安全监理实施细则；

（3）专项安全施工监理实施细则；

（4）安全监理日志；

（5）监理月报；

（6）安全监理台账；

（7）建筑施工现场安全检查日检表；

（8）安全检查隐患整改监理通知单。

2. 审查或检查施工单位的安全管理资料

（1）现场安全管理资料：

1）施工组织设计、专项安全施工方案。

2）现场安全文明施工管理组织机构及责任划分表。

（2）安全文明防护资料：

1）安全生产协议书，安全文明生产承诺书以及安全生产措施备案表。

2）项目部安全生产责任制度。

3）分项或分部工程或专项安全施工方案的安全措施。

4）各类安全防护设施的检查验收记录。

5）安全技术交底记录。

6）特殊工种名册及复印件。

7）入场安全教育记录。

8）防护用品合格证及检测资料。

9）临时用电安全检查验收记录。

10）施工机械安全检查验收记录。

11）保卫、消防安全检查记录。

12）料具安全检查记录。

13）现场环境保护检查记录。

14）环境卫生检查记录。

15）安全检查评分表、汇总表。

（3）建筑工程一般安全检查：

1）检查三宝、四口、五临边。施工现场所有人员必须的安全配备：三宝（安全帽、高处作业的安全带、安全绳）、四种类型的洞口和五种类型的临边的安全防护。

2）检查脚手架、模板支撑系统、卸料平台的搭设是否满足要求。

3）检查施工安全用电、用火的执行情况和消防硬件软件措施。

4）检查各作业面施工行为是否规范，文明施工的执行情况

（含噪声、扬尘控制）。

9.4 监理人员的安全职责

1. 总监理工程师安全职责

（1）对工程项目的安全监理工作负责，并确定施工现场具体安全监理员，明确其工作职责。

（2）结合工程质量监理，审查专业分包资质，并提出审查意见。

（3）审查施工组织设计中的安全技术措施或专项施工方案，并签署意见。

（4）结合工程质量监理，在主持编写监理规划时，增加安全监理方案，明确安全监理内容、工作程序和制度、措施。

（5）结合工程质量监理，审批监理实施细则中增加的安全监理具体措施。

（6）检查和督促安全监理员的工作。

（7）参与安全事故、火警事故的调查分析，并督促事故后的现场整改。

（8）组织编写并签发安全监理月报、安全监理专题报告；负责签署监理工程师通知单（安全）、工程暂停令、复工报审表。

（9）参加有关单位组织的施工现场安全检查。

（10）定期审阅安全监理员的安全监理日记，并签署意见。

2. 专业监理工程师安全职责

（1）协助审查施工组织设计中的安全技术措施或专项施工方案是否符合工程建设强制性标准。

（2）协助编写监理实施细则中所需增加的安全监理具体措施。

（3）在施工现场巡视、检查时，发现安全违规操作或安全隐患等，向施工承包单位提出整改要求，或向总监理工程师反映。

（4）参与安全事故、火警事故涉及技术质量问题的调查分析。

3. 安全监理员安全职责

（1）在总监理工程师的领导下，具体负责施工现场日常安全监理工作。

(2) 结合工程质量事故，审查特种作业人员的资格。

(3) 具体负责审查施工组织设计中的安全技术措施或专项施工方案是否符合工程建设强制性标准。

(4) 负责编写监理实施细则中所需增加的安全监理具体措施。

(5) 督促施工承包单位建立、健全施工现场安全生产保证体系，执行有关安全生产制度。

(6) 负责复核施工承包单位施工机械、脚手架安全设施的验收手续，并签署意见。

(7) 在施工建设中，采用巡视或旁站等形式实施现场安全监理（包括安全、防火和文明施工等）。

(8) 督促施工承包单位进行安全自检，参加施工现场的安全检查。

(9) 检查分包单位安全工作，并向总监理工程师报告。

(10) 参与安全事故、火警事故的调查分析，并督促事故后的现场整改。

(11) 负责编写安全监理月报、安全监理专题报告。

(12) 负责填写安全监理日记。

(13) 负责整理安全监理资料（包括影像资料），并及时上交公司。

第10章　工程建设监理的组织

10.1　组织的基本原理

10.1.1　项目监理的组织形式

项目监理组织形式的设计，应遵循集中与分权统一、专业分工与协作统一、管理跨度与分层统一、权责一致、才职相称、效率和弹性的原则。同时，还应考虑委托监理合同规定的服务内容、服务期限、工程项目的特点（工程类别、规模、技术复杂程度、工程环境等）、工程项目承发包模式、业主委托的任务以及监理企业自身的条件。常用的项目监理织形式有直线制、职能制、直线职能制和矩阵制。

1. 直线制监理组织形式

这种组织形式是最简单的，它的特点是组织中各种职位是按垂直系统直线排列的。适用于监理项目能划分为若干相对独立子项的大、小型建设项目，如图10-1所示。此种形式由总监工程师负责整个项目的规划、组织和指导，并着重整个项目范围内各方面的协调工作。子项目监理组分别负责子项目的目标值控制，具体领导现场专业或专项监理组的工作。

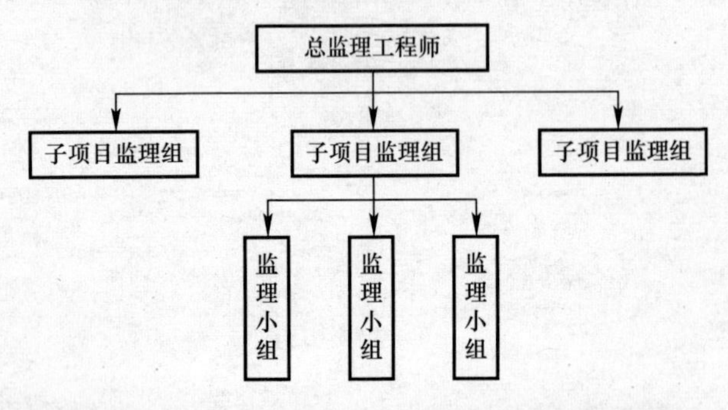

图10-1　按子项目分解设立直线制监理组织形式

还可按建设阶段分解设立直线制监理组织形式，如图 10-2 所示。此种形式适用于大、中型以上项目，且承担包括设计和施工的全过程工程建设监理任务。这种组织形式的主要优点是机构简单、权力集中、命令统一、职责分明、决策迅速、隶属关系明确。缺点是实行没有职能机构的“个人管理”，这就要求总监理工程师通晓各种业务和多种知识技能，成为“全能”式人物。

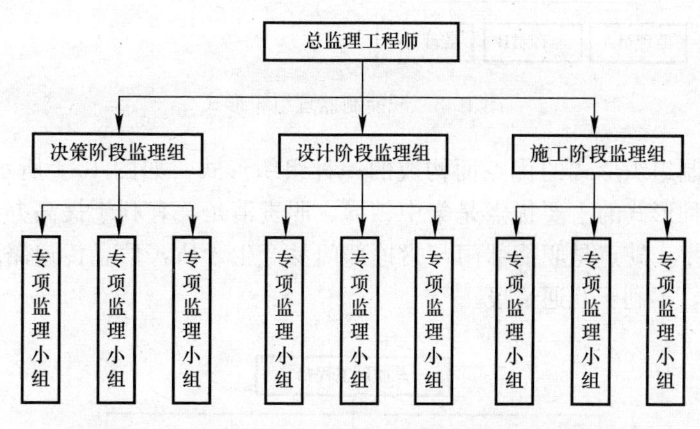

图 10-2 按建设阶段分解设立直线制监理组织形式

2. 职能制监理组织

职能制的监理组织形式，是在总监理工程师下设一些职能机构，分别从职能角度对基层监理组进行业务管理，这些职能机构可以在总监理工程师授权的范围内，就其主管的业务范围，向下下达命令和指示，如图 10-3 所示。此种形式适用于工程项目在地理位置上相对集中的工程。这种组织形式的主要优点是目标控制分工明确，能够发挥职能机构的专业管理作用，专家参加管理，提高管理效率，减轻总监理工程师负担。缺点是多头领导，易造成职责不清。

3. 直线职能制监理组织

直线职能制的监理组织形式是结合了直线制组织形式和职

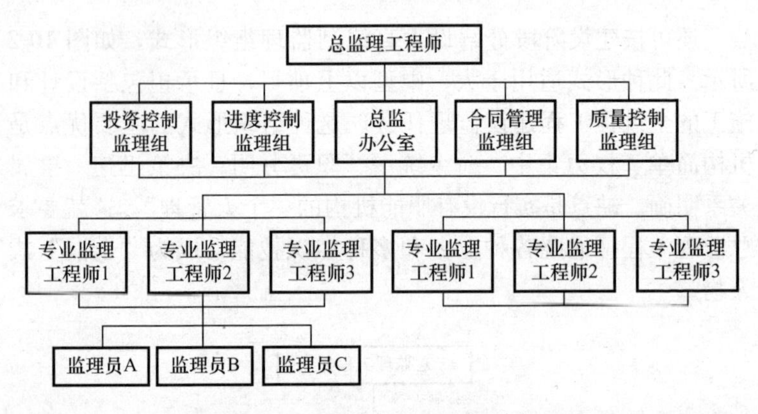

图 10-3　职能制监理组织形式

能制组织形式的优点而构成的一种组织形式，如图 10-4 所示。这种形式的主要优点是集中领导、职责清楚，有利于提高办事效率。缺点是职能部门与指挥部门易产生矛盾，信息传递路线长，不利于互通情报。

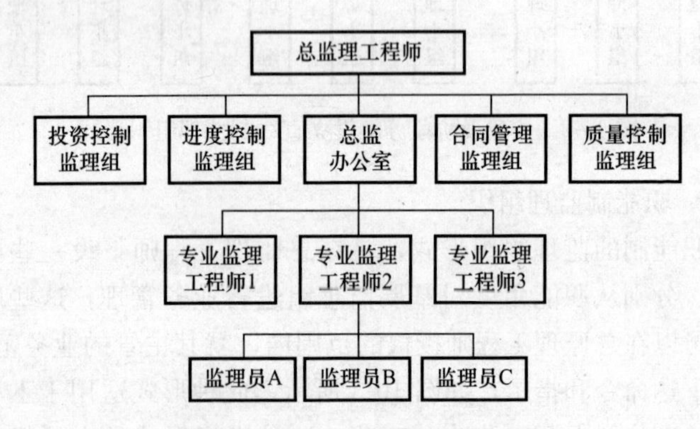

图 10-4　直线职能制监理组织形式

4. 矩阵制监理组织

矩阵制监理组织是由纵横两套管理系统组成的矩阵形组织结构，一套是纵向的职能系统，另一套是横向的子项目系统，如图 10-5 所示。

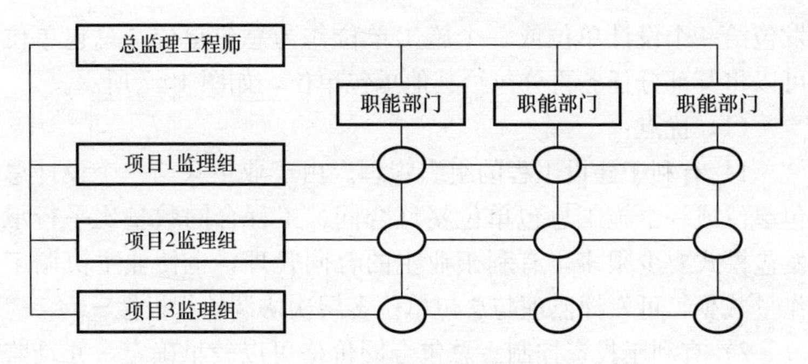

图 10-5　矩阵制监理组织形式

这种形式的优点是加强了各职能部门的横向联系，具有较大的机动性和适应性；把上下左右集权与分权实行最优的结合，有利于解决复杂难题，有利于监理人员业务能力的培养。缺点是纵横向协调工作量大，处理不当会造成扯皮现象，产生矛盾。

10.1.2　建设工程项目组织管理的基本模式

1. 平行承发包模式

发包方将建设工程的设计、施工及材料设备采购的任务分解发包给若干个单位，分别签订承包合同。各单位之间的关系式平行的，没有主次之分。如图 10-6 所示。

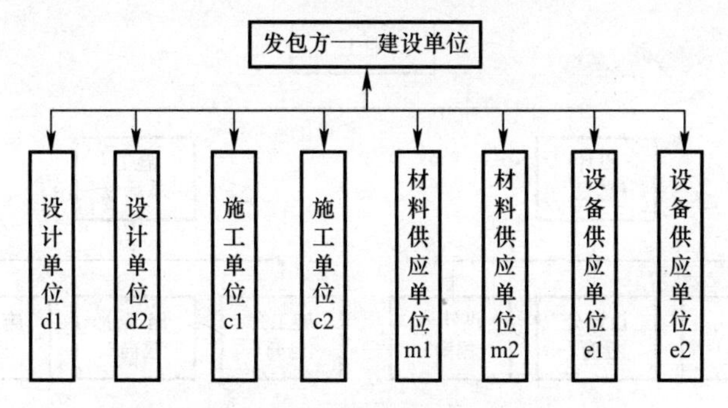

图 10-6　平行承发包模式

2. 设计、施工总分包模式

所谓设计或施工总分包，是指业主将全部设计或施工任务发包给一个设计单位或一个施工单位作为总包单位，总包单位可以将其部分任务再分包给其他承包单位，如图 10-7 所示。

（1）优点：

1）有利于建设工程的组织管理。由于业主只与一个设计总包单位或一个施工总包单位签订合同，工程合同数量比平行承发包模式要少很多，有利于业主的合同管理，也使业主协调工作量减少，可发挥监理与总包单位多层次协调的积极性。

2）有利于投资控制。总包合同价格可以较早确定，并且监理单位也易于控制。

3）有利于质量控制。在质量方面，既有分包单位的自控，又有总包单位的监督，还有工程监理单位的检查认可，对质量控制有利。

4）有利于工期控制。

（2）缺点：

1）建设周期较长。不仅不能将设计阶段与施工阶段搭接，而且施工招标需要的时间也较长。

2）总包报价可能较高。竞争相对不甚激烈；另一方面，总包单位都要在分包报价的基础上加收管理费向业主报价。

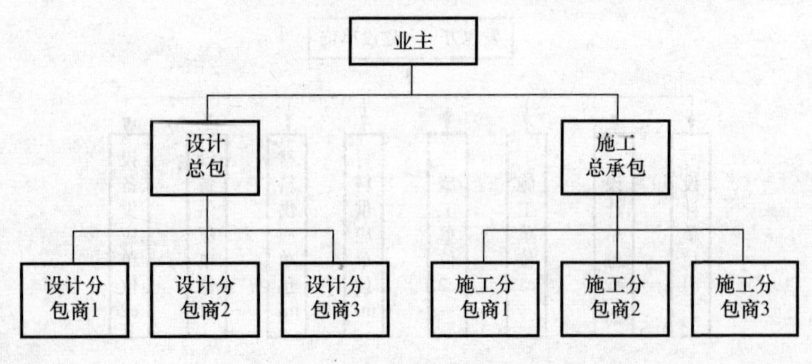

图 10-7　设计、施工总分包模式

3. 项目总承包模式

发包方将建设工程的设计、施工及材料设备采购等工程全部发包给一家公司承包，如图10-8所示。

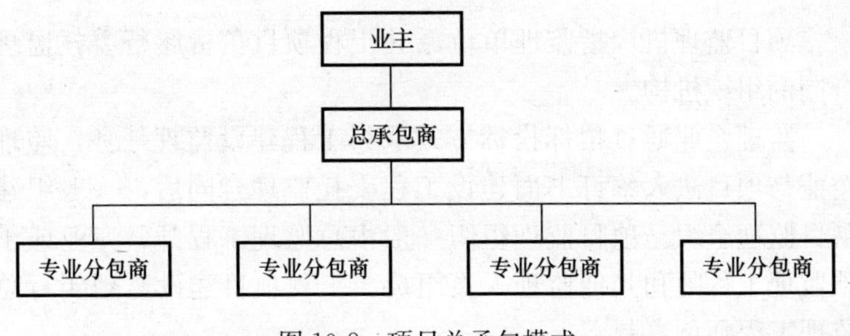

图10-8　项目总承包模式

4. 项目管理总承包模式

发包方将工程项目发包给一个专门从事项目组织管理的单位，再由其分包给若干个设计、施工和材料设备供应单位，并在实施中进行项目管理的承包模式，如图10-9所示。

（1）优点：

1）项目管理专业化程度提高。

2）合同关系简单。

3）有利于工程投资、工程质量和工程进度控制。

（2）缺点：

1）项目管理单位承担风险的能力较弱，而承担的风险很高。

2）发包方的工程项目风险增大。

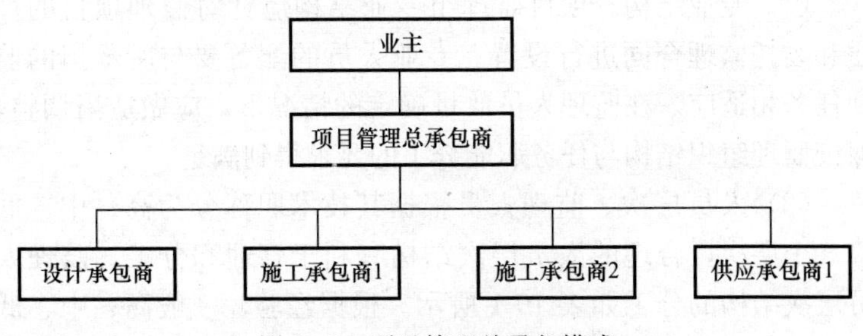

图10-9　项目管理总承包模式

10.2 项目监理机构

项目监理机构指监理单位派驻工程项目负责履行委托监理合同的组织机构。

监理企业通过招标投标方式取得工程建设监理任务，监理企业与项目法人签订书面建设工程委托监理合同后，一般组建项目监理组织。项目监理组织一般由总监理工程师、专业或子项监理工程师和其他监理人员组成。工程项目建设监理实行总监理工程师负责制。

总监理工程师行使合同赋予监理企业的权限，全面负责委托的监理工作。总监理工程师在授权范围内发布有关指令，签认所监理的工程项目有关款项的支付凭证，并有权建议撤换不合格的分包单位和项目负责人及有关人员。项目监理组织成立后一般工作内容有：收集有关资料，熟悉情况，编制项目监理规划；按工程建设进度分专业编制工程建设监理细则；根据项目监理规划和监理细则开展工程建设监理活动；参与工程预验收并签署试验、化验报告等。

10.3 监理人员的配备

10.3.1 项目监理组织的人员配备

监理组织人员的配备一般应考虑专业结构、人员层次、工程建设强度、工程复杂程度和工程监理企业的业务水平。

(1) 专业结构。项目监理组专业结构应针对监理项目的性质和委托监理合同进行设置。专业人员的配备要与所承担的监理任务相适应。在监理人员数量确定的情况下，应做适当调整，保证监理组织结构与任务职能分工的要求得到满足。

(2) 人员层次。监理人员根据其技术职称分为高、中、低级3个层次，合理的人员层次结构有利于管理和分工。监理人员层次结构的分工如表10-1所示。根据经验，一般高、中、低人员配备比例大约为10%、60%、20%，此外还有10%左右为行政管理人员。

监理机构人员层次 **表 10-1**

监理组织层次		主要职能	要求对应的技术职称
项目监理部	总监理工程师专业监理工程师	项目监理的策划项目监理实施的组织与协调	高级
子项监理组	子项监理工程师 专业监理工程师	具体组织子项监理业务	中级
现场监理员	质监员 计量员 预算员 计划员等	监理实务的执行与作业	初级

（3）工程建设强度。工程建设强度是指单位时间内投入的工程建设资金的数量。它是衡量一项工程紧张程度的标准。

其中，投资和工期是指由监理企业所承担的那部分工程的建设投资和工期。一般投资额是按合同价，工期是根据进度总目标及分目标确定的。

显然，工程建设强度越大，投入的监理人力就越多。工程建设强度是确定人数的重要因素。

（4）工程复杂程度。每项工程都具有不同的复杂情况。工程地点、位置、气候、性质、空间范围、工程地质、施工方法、后勤供应等不同，则投入的人力也就不同。根据一般工程的情况，工程复杂程度要考虑的因素有：设计活动多少、气候条件、地形条件、工程地质、施工方法、工程性质、工期要求、材料供应和工程分散程度等。

（5）工程监理企业的业务水平。每个监理企业的业务水平有所不同，业务水平的差异影响监理效率的高低。对于同一份委托监理合同，高水平的监理企业可以投入较少的人力去完成监理工作，而低水平的监理企业则需投入较多的人力。各监理企业应当根据自己的实际情况对监理人员数量进行适当调整。

10.3.2 监理人员确定

1. 监理人员确定原则

（1）监理人员需要量定额。根据工程复杂程度等级按一个单位工程的建设强度来制定。

（2）确定工程建设强度。

（3）确定工程复杂程度。按构成工程复杂程度的因素，根据本工程实际情况分别打分。

（4）根据工程复杂程度和工程建设强度套定额。

（5）根据实际情况确定监理人员数量。

如某工程根据监理组织结构情况决定每个机构各类监理人员如下：

监理总部（含总监、总监助理和总监办公室）：监理工程师2人，监理员2人，行政文秘员2人。

子项目1监理组：监理工程师4人，监理员12人，行政文秘员1人。

子项目2监理组：监理工程师3人，监理员11人，行政文秘员1人。

2. 监理人员配备

监理人员应包括总监理工程师、专业监理工程师和监理员，必要时可配备总监理工程师代表。另，注册监理工程师。取得国务院建设主管部门颁发的《中华人民共和国注册监理工程师注册执业证书》和执业印章，从事建设工程监理与相关服务等活动的人员。

（1）总监理工程师。由工程监理单位法定代表人书面任命，负责履行建设工程监理合同、主持项目监理机构工作的注册监理工程师。

（2）总监理工程师代表。经监理单位法定代表人同意，由总监理工程师书面授权，代表总监理工程师行使其部分职责和权力，具有工程类注册执业资格或具有中级及以上专业技术职称、3 年及以上工程实践经验并经监理业务培训的人员。

(3) 专业监理工程师。由总监理工程师的授权，负责实施某一专业或某一岗位的监理工作，有相应监理文件签发权，具有工程类注册执业资格或具有中级及以上专业技术职称、2 年及以上工程实践经验并经监理业务培训的人员。

(4) 监理员。从事具体监理工作，具有中专及以上学历并经过监理业务培训的人员。

项目监理机构的监理人员应专业配套、数量满足工程项目监理工作的需要。监理单位应于委托监理合同签订后应及时将项目监理机构的组织形式、人员构成及对总监理工程师的任命书面通知建设单位。当总监理工程师需要调整时，监理单位应征得建设单位同意并书面通知建设单位；当专业监理工程师需要调整时，总监理工程师应书面通知建设单位。

10.3.3 监理人员的职责

1. 总监理工程师

一名总监理工程师只宜担任一项委托监理合同的项目总监理工程师工作。当需要同时担任多项委托监理合同的项目总监理工程师工作时，须经建设单位同意，且最多不得超过 3 项。

总监理工程师应履行以下职责：

(1) 确定项目监理机构人员及其岗位职责。

(2) 组织编制监理规划，审批监理实施细则。

(3) 根据工程进展及监理工作情况调配监理人员，检查监理人员工作。

(4) 组织召开监理例会。

(5) 组织审核分包单位资格。

(6) 组织审查施工组织设计、(专项) 施工方案。

(7) 审查工程开复工报审表，签发工程开工令、暂停令和复工令。

(8) 组织检查施工单位现场质量、安全生产管理体系的建立及运行情况。

(9) 组织审核施工单位的付款申请，签发工程款支付证书，组织审核竣工结算。

(10) 组织审查和处理工程变更。

(11) 调解建设单位与施工单位的合同争议，处理工程索赔。

(12) 组织验收分部工程，组织审查单位工程质量检验资料。

(13) 审查施工单位的竣工申请，组织工程竣工预验收，组织编写工程质量评估报告，参与工程竣工验收。

(14) 参与或配合工程质量安全事故的调查和处理。

(15) 组织编写监理月报、监理工作总结，组织整理监理文件资料。

2. 总监理工程师代表

总监理工程师代表应履行以下职责：

(1) 负责总监理工程师指定或交办的监理工作。

(2) 按总监理工程师的授权，行使总监理工程师的部分职责和权力。

总监理工程师不得将下列工作委托总监理工程师代表：

(1) 组织编制监理规划，审批监理实施细则。

(2) 根据工程进展及监理工作情况调配监理人员。

(3) 组织审查施工组织设计、(专项) 施工方案。

(4) 签发工程开工令、暂停令和复工令。

(5) 签发工程款支付证书，组织审核竣工结算。

(6) 调解建设单位与施工单位的合同争议，处理工程索赔。

(7) 审查施工单位的竣工申请，组织工程竣工预验收，组织编写工程质量评估报告，参与工程竣工验收。

(8) 参与或配合工程质量安全事故的调查和处理。

3. 专业监理工程师

专业监理工程师应履行以下职责：

(1) 参与编制监理规划，负责编制监理实施细则。

（2）审查施工单位提交的涉及本专业的报审文件，并向总监理工程师报告。

（3）参与审核分包单位资格。

（4）指导、检查监理员工作，定期向总监理工程师报告本专业监理工作实施情况。

（5）检查进场的工程材料、构配件、设备的质量。

（6）验收检验批、隐蔽工程、分项工程，参与验收分部工程。

（7）处置发现的质量问题和安全事故隐患。

（8）进行工程计量。

（9）参与工程变更的审查和处理。

（10）组织编写监理日志，参与编写监理月报。

（11）收集、汇总、参与整理监理文件资料。

（12）参与工程竣工预验收和竣工验收。

4. 监理员

监理员应履行以下职责：

（1）检查施工单位投入工程的人力、主要设备的使用及运行状况。

（2）进行见证取样。

（3）复核工程计量有关数据。

（4）检查工序施工结果。

（5）发现施工作业中的问题，及时指出并向专业监理工程师报告。

第 11 章　工程建设监理文件

11.1　监理文件概述

我们通常所说的建设工程监理文件，其实就是监理单位投标时编制的监理大纲、监理合同签订后编制的监理规划以及监理实施细则。按编制的时间上看，首先是编制建设工程监理大纲，在监理大纲的基础上编制监理规划，然后在监理规划的基础上编制监理实施细则。

监理大纲又称监理方案。它是指在进行监理投标时，工程监理单位为承揽到的监理业务，由经营部门和技术管理部门共同编写的监理方案性文件，也是工程监理单位投标书的核心内容。

监理规划就是将签订的委托监理合同中所规定的工程监理单位应承担的责任及监理任务具体化，它是项目监理机构科学、有序地开展监理工作的基础。

监理实施细则又简称监理细则。如果把建设工程看作是一项系统工程，其与监理规划的关系可以比作施工图设计与初步设计的关系。也就是说，监理细则是在监理规划的基础上，由项目监理机构的专业监理工程师针对工程项目中所相应的监理工作进行编写，并经总监理工程师批准实施的操作性文件。

11.2　监理大纲

监理大纲是根据工程监理招标文件的要求及有关技术标准、规范的规定，结合工程监理单位和招标工程项目的实际情况，阐述自己对工程监理文件的理解及对招标工程的技术、质量、合同的难点和重点的认识，提出工程监理工作的目标，制定出相应的监理措施，明确实施的监理程序、方法和完成的时限。

11.2.1 监理大纲编制的目的和作用

1. 监理大纲编制的目的

监理大纲是根据监理单位有关的管理制度和管理体系文件，摘录其中非经营秘密的部分，以其技术和管理方案的可行性与先进性，向招标人显示本监理单位对招标工程的理解程度、管理能力和全面达标招标文件要求的能力，供招标人审查和评价，以达到中标的目的。

2. 监理大纲编制的作用

（1）为监理单位的经营目标服务。监理单位为在竞争中获得建设单位的认可和信服本单位能实现招标单位的投资目标和建设意图，根据招标文件的要求所编写的监理大纲，也是投标书的重要组成部分，其目的是使建设单位认可监理大纲中的监理方案，在竞争中能获得监理任务。

（2）签订监理委托合同的依据之一。监理大纲是对招标文件的响应，是充分反映监理单位实力、经验和服务承诺的文件；它是双方签订监理委托合同的依据之一。

（3）制订监理规划的基础。监理大纲可以说是为了项目监理机构方便开展今后的监理工作而制定的基本方案，为了使监理大纲的内容和监理实施过程紧密结合，监理大纲的编制人员应当是监理单位经营部门或技术管理部门人员，也包括拟定的总监理工程师、监理员，总监理工程师、监理员参与编制监理大纲有利于监理规划的编制。

11.2.2 监理大纲的主要内容

监理大纲的内容，监理单位应当根据建设单位所发布的监理招标文件的要求来制定。其主要内容有以下三个方面：

（1）监理单位拟派往项目监理机构的主要监理人员情况介绍。

在监理大纲中，监理单位需要介绍拟派往所承揽或投标工程的项目监理机构的主要监理人员，并对他们的资格情况进行实际说明。

（2）拟采用的监理方案。

监理单位应根据建设单位所提供的项目资料和自己初步掌握的工程信息，制定拟采用的监理方案，具体包括监理组织方案、目标控制方案、合同管理方案、组织协调方案、安全生产和文明施工监理方案等。规模大、复杂程度高的工程还要求明确监理难点和措施、工程难点和针对难点采取的监理措施，以及对工程的合理化建议。

（3）计划提供给建设单位的监理阶段性文件。

在监理大纲中，监理单位还应该向建设单位提供能反映监理工作阶段性成果的文件，来明确未来工程监理工作，有助于建设单位掌握工程建设过程，有利于监理单位顺利承揽该建设工程的监理业务。

11.2.3 监理大纲的编制要求

（1）监理大纲是建设单位选择监理单位的依据之一，因此监理单位必须详细阅读招标文件及其提供的设计文件的要求，认真进行现场勘察，然后制定监理大纲。监理单位要做到通过监理大纲能充分显示投标单位对建设单位要求的积极响应，让建设单位感受到监理单位的良好合作愿望和信誉，体现出监理单位优良的素质、丰富的经验、雄厚的技术实力和完成监理工作的能力。

（2）监理大纲的编制要从建设单位的立场和角度出发，充分为建设单位考虑对建设项目进行策划，分析项目的质量控制难点、进度和投资控制的风险，提出相应的对策和中肯的建议。要求对质量、进度、造价等控制的方法科学、合理、措施有力，具有先进性和针对性。

经建设单位和工程监理单位谈判确定了的监理大纲，是监理规划的框架性文件，应当纳入委托合同的附件中，成为监理合同文件的组成部分。

11.3 监理规划

监理规划是指工程监理单位接受项目建设单位委托，然后签订委托监理合同，并收到设计文件之后，在项目总监理工程师的主持下，根据委托监理合同，在监理大纲的基础上，结合工程项目的具体情况，收集大量工程信息和资料，然后制定经监理单位技术负责人批准，用来指导项目监理机构全面开展监理工作的指导性文件。监理大纲与监理规划都是围绕着整个项目监理机构所开展的监理工作来编写的，但从内容的范围上来讲，监理规划的内容要比监理大纲更详细、更全面。

11.3.1 项目监理规划的作用

建设工程监理规划的作用主要体现在以下几个方面：

1. 指导项目监理机构组织全面开展工作

监理规划的基本作用就是指导项目监理机构全面开展监理工作，中心任务是协助建设单位实现监理目标。工程建设监理的中心任务是协助建设单位实现工程项目建设的总目标，而实现建设总目标是一个系统过程，它需要制订计划、建立组织、配备合适的监理人员，进行有效的领导，实施工程的目标控制。在实施项目监理过程中，监理单位要集中精力做好目标控制工作，只有做好工作，才能完成工程建设监理的任务。所以，监理规划需要对项目监理机构开展的各项监理工作做好全面、系统的组织和安排，进行有效控制。它包括针对项目的实际情况明确项目监理机构的工作目标，制定监理工作程序，确定目标控制、合同管理、信息管理、组织协调等各项措施，确定各项工作的方法和手段。项目监理机构只有依据监理规划，才能做到全面、有序、规范地开展监理工作。

监理规划是在监理大纲的基础上编制的，因此应当更加明确地规定项目监理组织在工程监理实施过程中，应合理规范分配监理人员的工作和各个阶段施工部位的具体工作，只有这样才能真正开展工作，做到有条不紊。

2. 监理规划是建设行政部门对监理单位监督管理的重要内容

建设行政部门依法对社会上所有监理单位及其监理活动实施监督、管理和指导，对其管理水平、人员素质、专业配套和监理业绩等进行核查和考评，确认其资质和资质等级，同时建设行政部门还对工程监理单位实行资质年检制度。政府行政部门就是以核查和考评来认定监理单位监理工作的水平。所以说，监理单位的实际水平和规范化程度，可从监理规划和它的实施中充分地体现出来。因此，政府行政部门对监理单位进行考核时十分重视对监理规划的检查，它是建设监理主管部门监督、管理和指导监理单位开展工程建设监理活动的重要内容。

3. 监理规划是建设单位确认监理单位履行合同的重要依据

作为监理单位的委托方，建设单位有权了解和确认监理单位执行的建设工程委托的监理合同的情况，同时，建设单位有权监督监理单位全面、认真地执行工程委托监理合同。监理规划是建设单位了解和确认这些问题的第一手资料，也是建设单位确认监理单位是否履行监理合同的主要说明性文件，监理规划应当能够全面而详细地为建设单位委托监理合同的履行提供的重要依据。

4. 监理规划是监理单位内部考核的依据和重要的存档资料

从监理单位内部管理制度化、规范化、科学化的要求出发，需要对项目监理机构的监理人员的工作进行考核，其主要依据就是经过监理单位技术负责人审批的工程项目监理规划。通过此考核可对有关监理人员的监理工作水平和能力作出客观、正确的评价，从而有助于监理单位对这些监理人员更加合理地安排岗位发挥其作用，提高监理工作效率。另外，项目监理规划的内容随着工程的进展而逐步调整、补充和完善，它在一定程度上真实地反映了项目监理的全貌，是监理过程的综合性记录。因此，可是说它也是监理单位的重要存档资料。

11.3.2 监理规划的编制

监理规划直接影响到本工程项目监理的深度和广度，以及该工程项目的总体质量，所以一个工程建设监理项目的监理规划编制水平的高低，对于监理业务的发展有着举足轻重的作用。要圆满完成一项建设工程监理任务，编制好建设工程监理规划就显得非常必要。

1. 监理规划编制的依据

监理规划涉及全局，其编制既要考虑工程的实际特点，考虑国家的法律、法规、规范，又要体现监理合同对监理的要求、施工承包合同对承包商的要求。《建设工程监理规范》（GB 50319—2013）要求编制监理规划应依据建设工程的相关法律、法规及项目审批文件；与建设工程项目有关的标准、设计文件、技术资料；监理大纲、委托监理合同文件以及与建设工程项目相关的合同文件。具体分解为以下几个主要方面：

（1）工程项目外部环境资料

1）自然条件方面的资料。具体包括工程地质、工程水文、历年气象、区域地形、自然灾害等。这些情况不但关系到工程的复杂程度，而且会影响施工的质量、进度和投资。例如，在夏季多雨的地区进行施工，就必须考虑雨期施工进行监理的方法、措施。在监理规划中要深入研究分析自然条件对监理工作的影响，给予充分重视。

2）社会和经济条件方面的资料。具体包括建设工程所在地政治形势、社会治安状况、建筑市场状况、相关单位（勘察设计单位、施工单位、材料和设备供应单位、工程咨询和监理单位）、基础设施（交通设施、通信设施、公用设施、能源设施）、金融市场情况等方面的资料。

社会问题对工程施工的三大目标有着重要的影响，社会政治局势的稳定情况直接关系到工程项目建设能否顺利开展。而如果工程中的大型构件、设备要通过运输进场，则要考虑公路、铁路及桥梁的承受力。勘察设计单位的勘察设计能力、施工单位的施工能力，以及他们的易合作性，对监理的工作起着很大的制约作用。设想，如果工程的承包单位能力很差，再强的监理单位也难以完成项目监理的目标。毕竟，监理单位不能代替承包单位进行施工。在监理单位撤换承包单位的建议被建设单位采纳后，势必又引发进场费与出场费问题，对投资产生影响。

施工场地周围的建筑、公用设施对施工的开展有极其重要的影响。例如，在临近地铁线路的地方开挖基坑，对于维护结构的位移控制有严格要求，那么监理工作中位移监测的工作量就比较大，对监测设备的精度要求也很高。

(2) 工程建设方面的法律、法规

1) 国家颁布的工程建设有关各方面的法律、法规和政策。这是工程建设相关法律、法规的最高层次，不论在任何地区或任何部门进行工程建设，都必须遵守。

2) 工程所在地或所属部门颁布的工程建设相关各方面的法律、法规、规定和政策。

3) 工程建设的各种规范和标准。监理规划必须依法编制，要具有合法性。监理单位跨地区、跨部门进行监理时，监理规划尤其要充分反映工程所在地区或部门的政策、法规和规定的要求。

(3) 政府批准的工程建设文件：

1) 政府工程建设主管部门批准的可行性研究报告、立项批文。

2) 政府规划部门确定的规划条件、土地使用条件、环境保护要求、市政管理规定等。

(4) 工程建设监理合同。

监理单位与建设单位签订的工程项目监理合同明确了监理单位、监理工程师的权利和义务、监理工作的范围和内容、有关监理规划方面的要求等。

(5) 其他相关建设合同。

工程建设项目的设计合同、施工承包合同、材料设备采购等合同文件中明确了建设单位和承包单位的权利和义务。监理工作应该在合同规定的范围内，要求有关单位按照工程项目的目标开展工作。监理同时应该按照有关合同的规定，协调建设单位和设计、承包等单位的关系，维护各方的权益。

(6) 工程项目建设单位的正当要求。

根据监理单位应竭诚为客户服务的宗旨，在不超出合同职责范围的前提下，监理单位应最大限度地满足建设单位的正当要求。

（7）工程实施过程输出的有关工程信息。

1）工程建设方案、初步设计、施工图设计等文件。

2）工程实施状况。

3）工程招标投标情况。

4）重大工程变更。

5）外部环境变化等。

（8）工程项目监理大纲。

1）项目监理组织计划。

2）拟投入的主要监理成员。

3）投资、进度、质量控制方案。

4）信息管理方案。

5）合同管理方案。

6）定期提交给建设单位的监理工作阶段性成果。

2. 监理规划的编制要求

（1）监理规划的基本内容构成应当力求统一。监理规划作为指导项目监理机构全面开展监理工作的指导性文件，在总体内容组成上应力求做到统一。这是监理规范、统一的要求，是监理制度化的要求，是监理科学性的要求。监理规划的基本构成内容的确定，首先应考虑整个建设工程监理制度对建设工程监理的内容要求。建设工程监理的主要内容是控制建设工程投资、工期和质量，进行工程建设合同管理，协调有关单位间的工作关系。这些无疑是构成监理规划的基本内容。而监理规划的基本作用是用来指导项目监理机构全面开展监理工作。所以，对整个监理工作的组织、控制、方法、措施等将成为监理规划必不可少的内容。某一个具体建设工程的监理规划，要根据监理单位与建设单位签订的监理合同所确定的监理实际范围和深度来加以取舍。

归纳起来，监理规划的基本构成内容一般包括目标规划、目标控制、组织协调、合同管理、信息管理等部分。监理规划统一的内容要求应当在建设监理法规文件或监理合同中明确下来。

（2）监理规划的内容应具有针对性和可操作性。监理规划是指导一个特定工程项目监理工作的技术组织文件，它的具体内容要适应这个工程项目，同时又要符合特定的监理委托合同的要求。针对某项建设工程的监理规划，有它自己的投资、进度、质量控制目标，有它自己的项目组织形式和相应的监理组织机构，有它的信息管理制度和合同管理措施，有它自己独特的目标控制措施、方法和手段。监理规划内容必须具有针对性和可操作性，才能真正起到指导具体监理工作的作用。

（3）监理规划的表达方式应当标准化、格式化。规范化、标准化是科学管理的标志之一。监理规划的内容表达应当明确、简洁、直观，使它便于记忆。比较而言，图、表和简洁的文字说明应当是采用的基本方式。对编写监理规划各项内容时应当采用什么表格、图示，以及哪些内容需要采用简单的文字说明等，应当作出一般规定，以满足监理规划格式化、标准化的要求。

（4）项目总监理工程师是监理规划编制的主持人。监理规划应当在项目总监理工程师的主持下编写制定，这是工程建设监理实施项目总监理工程师负责制的必然要求。在施工准备阶段，项目监理机构进入施工现场，总监理工程师组织全体监理人员熟悉设计图纸及其有关文件和调查了解施工现场情况。在此基础上，对项目监理大纲进行深化与具体化，编制项目监理规划。总监理工程师应广泛征求项目监理机构的各专业监理工程师的意见和建议，根据其中水平较高的专业监理工程师各自的专业和职务，分工编写项目监理规划的相应部分，汇总后，组织项目监理机构全体人员讨论，通过后，由总监理工程师最后审定，报请监理单位技术负责人审核批准，在召开第一次工地会议前报送给建设单位。

在监理规划编写的过程中，应当充分听取建设单位的意见，最大限度地满足他们的合理要求，为进一步做好工程服务奠定基础。还要听取被监理方的意见，不仅包括本工程项目的承包单位，还应当广泛地向其他有丰富经验的承包单位征求意见。

（5）监理规划应当遵循建设工程运行的动态规律。监理规划是针对一个具体工程来编写的，监理规划的内容与工程进展密切相关，而工程的动态性很强，因此整个监理规划的编写需要有一个过程，可以将编写的整个过程划分为若干个阶段，每个编写阶段都与工程实施阶段相对应。例如，可划分为设计阶段、施工招标阶段和施工阶段等。

同时，工程项目在实施过程中，内外因素和条件不可避免地要发生变化，这就需要对监理规划进行相应的补充、修改和完善，使建设工程监理工作能始终在监理规划的有效指导下进行。

（6）监理规划应经过审核。监理规划在编写完成后需要经监理单位的技术负责人审核批准，其技术负责人应当签字认可。同时，还应当提交给建设单位，由建设单位确认，并监督实施。

11.3.3 建设工程监理规划的主要内容

项目监理规划是工程项目监理的纲领性、指导性文件，主要解决工程项目监理的“5W2H”问题，说明在特定项目中监理工作做什么（What）、谁来做（Who）、为什么做（Why）、什么时候做（When）、在何处做（Where）、怎样做（How）、做多少（How much），即具体的监理工作制度、程序、方法和措施的问题，从而把监理工作纳入到规范化、标准化的轨道，避免监理工作中的随意性。

《建设工程监理规范》（GB 50319—2013）规定，监理规划通常应包括以下 12 个方面：

1. 工程项目概况

工程项目的概况部分主要编写如下内容：

（1）工程项目名称。

（2）工程项目地点。

（3）工程项目组成及建设规模。

（4）主要建筑结构类型。

（5）预计工程投资总额（可分两部分费用编列）：

1）工程项目投资总额。

2）分项工程投资组成。

（6）工程项目计划工期（可以以工程项目的计划持续时间或以工程项目的具体日历时间表示）：

1）以工程项目的计划持续时间表示：工程项目计划工期为××个月或××天；

2）以工程项目的具体日历时间表示：工程项目计划工期由×年×月×日至×年×月×日。

（7）工程质量目标：按照合同书的质量等级目标要求，如合格或优质工程。

（8）工程项目结构图与编码系统（图 11-1）。

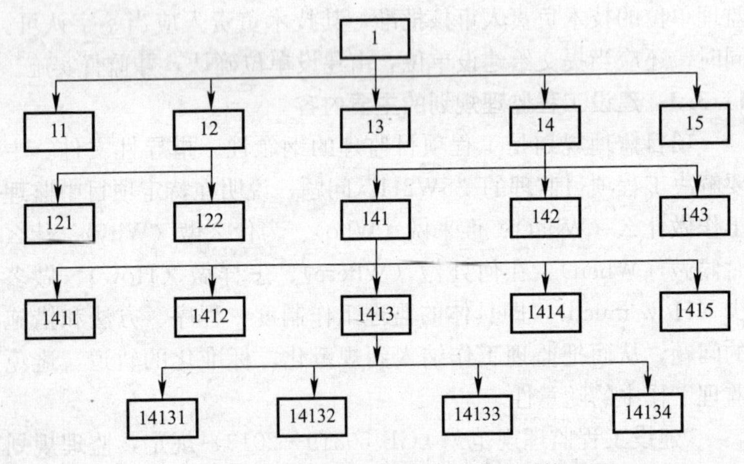

图 11-1　工程项目结构图与编码系统

2. 监理工作的范围、内容和目标

（1）监理工作范围

1）工程项目建设监理阶段。工程项目建设监理阶段是指监理单位所承担监理任务的工程项目建设阶段，可以按照监理合同中确定的监理阶段划分：

① 工程项目立项阶段的监理。

② 工程项目设计阶段的监理。

③ 工程项目招标阶段的监理。

④ 工程项目施工阶段的监理。

⑤ 工程项目保修阶段的监理。

2）工程项目建设监理范围。工程项目建设监理范围是指监理单位所承担任务的工程项目建设监理的范围。如果监理单位承担全部工程项目的工程建设监理任务，监理的范围为全部工程项目，否则应按照监理单位所承担的项目的建设标段或子项目划分确定工程项目建设监理范围。

（2）监理工作内容

1）工程项目立项阶段监理工作主要内容。

① 协助建设单位准备项目报建手续。

② 项目可行性研究咨询。

③ 技术经济论证。

④ 编制工程建设匡算。

⑤ 组织设计任务书编制。

2）设计阶段监理工作主要内容。

① 结合工程项目特点，收集设计所需的技术经济资料。

② 编写设计要求文件。

③ 组织工程项目设计方案竞赛或设计招标，协助建设单位选择好勘察设计单位。

④ 拟定和商谈设计委托合同内容。

⑤ 向设计单位提供设计所需基础资料。

⑥ 配合设计单位开展技术经济分析，搞好设计方案的比选，优化设计。

⑦ 配合设计进度，组织设计单位与消防、环保、土地、人防、防汛、园林以及供水、供电、供气、供热、电信等有关部

门的协调工作。

⑧ 组织各设计单位之间的协调工作。

⑨ 参与主要设备、材料的选型。

⑩ 审核工程估算、概算、施工图预算。

⑪ 审核主要设备、材料清单。

⑫ 审核工程项目设计图纸。

⑬ 检查和控制设计进度。

⑭ 组织设计文件的报批。

3）施工招标阶段监理工作主要内容：

① 拟定工程项目施工招标方案并征得建设单位同意。

② 准备工程项目施工招标条件。

③ 办理施工招标申请。

④ 编写施工招标文件。

⑤ 标底经建设单位认可后，报送所在地方建设主管部门审核。

⑥ 组织工程项目施工招标工作。

⑦ 组织现场勘查与答疑会，回答投标人提出的问题。

⑧ 组织开标、评标及定标工作。

⑨ 协助建设单位与中标单位商签承包合同。

4）材料、设备采购供应的监理工作主要内容。

对于由建设单位负责采购供应的材料、等物资，监理工程师应负责进行制订计划、监督合同执行和供应工作，具体包括：

① 制定材料、设备等物资供应计划和相应的资金需求计划。

② 通过质量、价格、供货期、售后服务等条件的分析和比选，确定材料、设备等物资供应厂商。重要设备还应访问现有使用用户，并考察生产单位的质量保证体系。

③ 拟定并商签材料、设备的订货合同。

④ 监督合同的实施，确保材料、设备的及时供应。

5）施工准备阶段监理工作主要内容：

① 审查施工单位选择的分包单位的资质。

② 监督检查施工单位质量保证体系及安全技术措施，完善

质量管理程序与制度。

③ 检查设计文件是否符合设计规范及标准，检查施工图纸是否能满足施工需要。

④ 协助做好优化设计和改善设计工作。

⑤ 参加设计单位向施工单位的技术交底。

⑥ 审查施工单位上报的实施性施工组织设计，重点对施工方案、劳动力、材料、机械设备的组织及保证工程质量、安全、工期和控制造价等方面的措施进行监督，并向建设单位提出监理意见。

⑦ 在单位工程开工前检查施工单位的复测资料，特别是两个相邻施工单位之间的测量资料、控制桩橛是否交接清楚，手续是否完善，质量有无问题，并对贯通测量、中线及水准桩的设置、固桩情况进行审查。

⑧ 对重点工程部位的中线、水平控制进行复查。

⑨ 监督落实各项施工条件，审批一般单项工程、单位工程的开工报告，并报建设单位备查。

6）施工验收阶段监理工作主要内容：

① 督促、检查施工单位及时整理竣工文件和验收资料，受理单位工程竣工验收报告，提出监理意见。

② 根据施工单位的竣工报告，提出工程质量检验报告。

③ 组织工程预验收，参加建设单位组织的竣工验收。

7）委托的其他服务。

监理单位及监理工程师受建设单位委托，可承担以下几个方面的技术服务：

① 协助建设单位准备工程条件，办理供水、供电、供气、电信线路等申请或签订协议。

② 协助建设单位制定产品营销方案。

③ 为建设单位培训技术人员。

（3）监理工作目标

工程项目建设监理目标是指监理单位所承担的工程项目的

监理工作预期达到的目标，通常以工程项目的建设规模或三大控制目标（投资、进度、质量）来表示。

1）投资目标：以××年预算为基价，静态投资为××万元（合同承包价为××万元）。

2）工期目标：××个月或自××年××月××日至××年××月××日。

3）质量目标：根据合同条件的工程项目质量等级要求，按照相应的质量验收标准通过验收。

工程项目质量等级要求：合格。

主要单项工程质量等级要求：合格。

重要单位工程质量等级要求：合格。

3. 监理工作依据

（1）工程建设方面的法律、法规、规范。

（2）政府批准的工程建设文件。

（3）设计文件。

（4）建设工程监理合同。

（5）其他工程建设合同。

4. 监理组织形式、人员配备及进退场计划、监理人员岗位职责

（1）监理机构的组织形式

监理机构的组织结构形式和规模，应根据工程委托监理合同规定的服务内容、服务期限、工程类别、规模、技术复杂程度、工程环境等因素确定。一般可用组织结构图表示。

（2）监理机构的人员配备计划及进退场计划

监理人员有总监理工程师、专业监理工程师和监理员，必要时可配备总监理工程师代表。项目监理机构的监理人员应专业配套、数量满足工程项目监理工作的需要并与监理大纲和监理投标文件一致。对于关键人员，应说明他们的工作经历和从事监理工作的情况等。

进退场计划按照工程实际情况制定。

(3) 监理机构的人员岗位职责

1) 项目监理机构职能部门的职责分工。

2) 各类监理人员的职责分工。

5. 监理工作制度

(1) 项目立项阶段

1) 可行性研究报告评审制度。

2) 工程匡算审核制度。

3) 技术咨询制度。

(2) 设计阶段

1) 设计大纲、设计要求编写及审核制度。

2) 设计委托合同管理制度。

3) 设计咨询制度。

4) 设计方案评审制度。

5) 工程估算、概算审核制度。

6) 施工图纸审核制度。

7) 设计费用支付签署制度。

8) 设计协调会及会议纪要制度。

9) 设计备忘录签发制度等。

(3) 施工招标阶段

1) 招标准备工作有关制度。

2) 编制招标文件有关制度。

3) 标的编制及审核制度。

4) 合同条件拟定及审核制度。

5) 组织招标实务有关制度。

(4) 施工阶段

1) 施工图纸会审及设计交底制度。

2) 施工组织设计审核制度。

3) 工程开工申请制度。

4) 工程材料、半成品质量检验制度。

5) 隐蔽工程、检验批、分项、分部（子分部）工程质量验收制度。

6）技术复核制度。

7）单位工程、单项工程中间验收制度。

8）技术经济签证制度。

9）设计变更处理制度。

10）现场协调会及会议纪要签发制度。

11）施工备忘录签发制度。

12）施工现场紧急情况处理制度。

13）工程款支付签审制度。

14）工程索赔签审制度等。

（5）项目监理机构内部工作制度

1）项目监理机构工作会议制度。

2）对外行文审批制度。

3）建立监理工作日志制度。

4）监理周报、月报制度。

5）技术、经济资料及档案管理制度。

6）监理费用预算制度等。

6. 工程质量控制

1）对所有隐蔽工程在隐蔽之前进行检查和办理签证，对重点工程要派监理人员驻点跟踪监理，签署重要的分项工程、分部工程和单位工程质量评定表。

2）对施工测量、放样等进行检查，发现质量问题应及时通知施工单位纠正，并做好监理记录。

3）检查确认运到现场的工程材料、构件和设备质量，并查验试验、化验报告单、出厂合格证是否齐全、合格，监理工程师有权禁止不符合质量要求的材料、设备进入工地和投入使用。

4）监督施工单位严格按照施工规范、设计图纸要求进行施工，严格执行施工合同。

5）对工程主要部位、主要环节及技术复杂工程加强检查。

6）检查施工单位的工程自检工作，数据是否齐全，填写是否正确，并对施工单位质量评定自检工作做出综合评价。

7）对施工单位的检验测试仪器、设备、度量衡定期检验，不定期地进行抽检，保证度量资料的准确。

8）监督施工单位对各类土木和混凝土试件按规定进行检查和抽查。

9）监督施工单位认真处理施工中发生的一般质量事故，并认真做好监理记录。

10）对重大质量事故及其他紧急情况，应及时报告建设单位。

7. 工程造价控制

1）审查施工单位申报的月、季度计量报表，认真核对其工程数量，不超计、不漏计，严格按合同规定进行计量支付签证。

2）保证支付签证的各项工程质量合格、数量准确。

3）建立计量支付签证台账，定期与施工单位核对。

4）按建设单位授权和施工合同的规定审核变更设计。

8. 工程进度控制

1）监督施工单位严格按施工合同规定的工期组织施工。

2）对控制工期的重点工程，审查施工单位提出的保证进度的具体措施，若发生延误，应及时分析原因，采取对策。

3）建立工程进度台账，核对工程形象进度，按月、季向建设单位报告施工计划执行情况、工程进度及存在的问题。

9. 安全生产管理的监理工作

根据监理目标编制监理工作过程控制流程图或表格。

（1）制定监理工作总程序应根据工程专业特点，并按工作内容分别制定具体的监理工作量序。

（2）制定监理工作程序应体现事前控制和主动控制的要求。

（3）制定监理工作程序应结合工程项目的特点，注重监理工作的效果。监理工作程序中明确工作内容、行为主体、考核标准、工作时限。

（4）当涉及建设单位和承包单位的工作时，监理工作程序应符合委托监理合同和施工合同的规定。

（5）在监理工作实施过程中，应根据实际情况的变化对监理工作程序进行调整和完善。

10. 合同与信息管理

（1）拟定本工程项目合同体系及合同管理制度，包括合同草案的拟定、会签、协商、修改、审批、签署、保管等工作制度及流程。

（2）协助建设单位拟定项目的各类合同条款，并参与各类合同的商谈。

（3）合同执行情况的分析和跟踪管理。

（4）协助建设单位处理与项目有关的索赔事宜及合同纠纷事宜。

11. 组织协调

（1）监理机构内部人际关系的协调

监理机构的工作效率很大程度上取决于人际关系的协调，总监理工程师应首先抓好人际关系的协调，激励项目监理机构成员。

1）在人员安排上要量才录用；

2）在工作委任上要职责分明；

3）在成绩评价上要实事求是；

4）在矛盾调解上要恰到好处。

（2）监理机构内部组织关系的协调

1）在目标分解的基础上设置组织机构，根据工程对象及委托监理合同所规定的工作内容，设置配套的管理部门；

2）明确规定每个部门的目标、职责和权限，最好以规章制度的形式作出明文规定；

3）事先约定各个部门在工作中的相互关系。有主办、牵头和协作、配合之分；

4）建立信息沟通制度，通过工作例会、业务碰头会、发会议纪要、工作流程图或信息传递卡等方式来沟通信息，使局部了解全局，服从并适应全局需要；

5）及时消除工作中的矛盾或冲突。总监理工程师应采用民主的作风，激励各个成员的工作积极性；采用公开的信息政策；经常性地指导工作，和成员一起商讨、多倾听意见和建议。

（3）监理机构内部需求关系的协调

1）对监理设备、材料的平衡。建设工程监理开始时，要做好监理规划和监理实施细则的编写工作，提出合理的监理资源配置，要注意抓好期限上的及时性、规格上的明确性、数量上的准确性、质量上的规定性。

2）对监理人员的平衡。要抓住调度环节，注意各专业监理工程师的配合。监理力量的安排必须考虑到工程进展情况，作出合理的安排，以保证工程监理目标的实现。

12. 监理设施

（1）建设单位应提供委托监理合同约定的满足监理工作需要的办公、交通、生活设施。项目监理机构应妥善保管和使用建设单位提供的设施，并应在完成监理工作后移交建设三位。

（2）项目监理机构应根据建设工程项目类别、规模、技术复杂程度、建设工程项目所在地的环境条件，按委托监理合同的约定，配备满足监理工作需要的常规检测设备和工具。在大中型项目的监理工作中，项目监理机构应实施监理工作的计算机辅助管理。

（3）在大型项目的监理工作中，项目监理机构实施监理工作的计算机辅助管理。

11.3.4 监理规划的实施

1. 监理规划的严肃性

（1）监理规划经审核批准后，应当提交给建设单位确认和监督实施，所有监理工作必须照此严格执行。

（2）监理单位应根据监理规划建立合格的组织结构、有效的指挥系统和信息管理制度，明确和完善有关人员的职责分工，落实监理工作的责任，以保证监理规划的实现。

2. 监理规划的交底

项目总监理工程师应对编制的监理规划逐级及分专业进行交底，并在监理规划的基础上，要求各专业监理工程师根据监理项目的具体情况负责编写监理实施细则。

3. 对监理规划执行情况进行检查、分析和总结

监理规划在实施过程中要定期进行执行情况的检查，检查的主要内容有：

（1）监理工作进行情况。建设单位为监理工作创造的条件是否具备；监理工作是否按监理规划或监理实施细则展开；监理工作制度是否认真执行；监理工作还存在哪些问题或制约因素等。

（2）监理工作的效果。监理工作的效果只能分阶段表现出来。如工程进度是否符合计划要求；工程质量及工程投资是否处于受控状态等。

根据检查中发现的问题和对其原因的分析，以及监理实施过程中实际情况或条件发生重大变化，需要对原制定的规划进行调整或修改，主要是监理工作内容和深度，以及相应的监理工作措施。监理规划的调整或修改与编制时的职责分工相同，并按原报审程序经过批准后报建设单位。

11.4 监理实施细则

项目监理细则又称项目监理（工作）实施细则。监理细则是在项目监理规划基础上由项目监理组织的各有关部门，根据监理规划的要求，在部门负责人主持下，针对所分担的具体监理任务和工作，结合项目具体情况和掌握的工程信息制定的指导具体监理业务实施的文件。

项目监理细则在编写时间上总是滞后于项目监理规划。编写主持人一般是项目监理组织的某个部门的负责人。其内容具有局部性，是围绕着某个部门的主要工作来编写的。它的作用是指导具体监理业务的开展。项目监理大纲、监理规划、监理

细则是相互关联的，它们都是构成项目监理规划系列文件的组成部分，它们之间存在着明显的依据性关系；在编写项目监理规划时，一定要严格根据监理大纲的有关内容来编写；在制定项目监理细则时，一定要在监理规划的指导下进行。

11.4.1 监理实施细则的作用

项目监理实施细则是在监理规划的基础上，根据项目实际情况对各项监理工作的具体实施和操作要求的具体化、详细化。它是根据工程建设项目特点，由项目总监理工程师组织各专业监理工程师编制，并经总监理工程师批准后执行。监理实施细则一般应重点写明控制目标、关键工序、特殊工序、重点部位、质量控制点及相应的控制措施等。对于技术资料不全或新的施工工艺、新材料应用等，应在充分调查基础上，单独列出章节予以细化明确。监理实施细则对工程建设项目的监理工作具有：

1. 监理工作实施的技术依据

在项目监理工作实施过程中，由于工程建设项目的单件性和一次性及周围内外环境条件变化，即使同一施工工序在不同的项目上也存在影响工程质量、投资、进度的各种因素。因此，为了做到防患于未然，专业监理工程师必须依据相关的标准、规范、规程及施工检评标准，对可能出现偏差的工序写出监理实施细则，以便做到事前控制，防止可能出现偏差。

2. 落实实施项目计划，规范项目施工行为

在项目施工过程中，不同专业间有不同的施工方案。作为专业监理工程师，要想使各项施工工序做到规范化、标准化，如果没有一个详细的监督实施方案，那么要想达到预期的监理规划目标是难以做到的。因此，对于较复杂和大型工程，专业监理工程师必须编制各专业的监理实施细则，以规范专业施工过程。

3. 明确专业分工和职责，协调各类施工过程中的矛盾

对于专业工种较多的工程建设项目，各个专业间相互影响的问题往往在施工过程中逐渐出现，如施工面相互交叉、施工

顺序相互影响等，产生这些问题当然是在所难免的，但若专业监理工程师在编制监理实施细则时就考虑到可能影响不同专业工种间的各种问题，那么在施工中就会尽可能减少或避免，使各项施工活动能够连续不断地进行，减少停工、窝工等事情的发生。

11.4.2 监理实施细则的编写依据

（1）国家有关的法律、法规。

（2）勘察、设计等技术文件。

（3）合同文件。

（4）已批准的监理规划。

（5）施工组织设计。

（6）专业施工验收规范及检验评定标准。

11.4.3 监理实施细则编写要求

（1）严格执行国家标准、规范、规程，并考虑项目的自身特点。国家的标准、规范、规程及施工技术文件等，是开展监理工作的主要依据。但是对于国家非强制性的规范、规程可以结合项目当地专业施工的自身特点和监理目标，有选择地采纳适合项目当地自身特点的部分，决不能照抄、照搬。

（2）对技术指标量化、细化，使其具有可操作性。监理实施细则的目的是指导项目实施过程中的各项活动，并对各专业的实施活动进行监督和对结果进行评价。因此，专业监理工程师必须尽可能地依据技术指标来进行检验评定。在监理实施细则编写中，要明确国家规范、规程和规定中的技术指标及要求。只有这样，才能使监理实施细则更具针对性、可操作性。

（3）统筹兼顾，突出本专业特点但要兼顾其他专业的施工。监理实施细则虽然是具体指导各专业开展监理工作的技术性文件，但一个项目的目标实现，必须靠各专业间相互配合协调，才能实现项目的有序进行。如果各管各的专业特点而不考虑别的专业，那么整个项目的有序实施就会出现混乱，甚至影响到目标的实现。

11.4.4 监理实施细则的主要内容

监理实施细则的编写应突出专业监理工作的特点和目标控制的重点，其主要内容有：监理项目的特点、监理工作的流程、监理工作控制的要点及目标值、监理工作的方法及措施。具体到各个阶段的监理实施细则的编制，应有各自的侧重点。

施工阶段监理实施细则的编写主要内容有：

（1）工程进度控制

1）要求施工单位根据合同要求提交工程总进度计划，项目总监理工程师提出审查意见，要求施工单位修改完善。

2）在总的进度计划前提下，审查施工单位的季、月各工种的具体计划与安排，组织各专业监理工程师，就计划能否落实提出意见，经项目总监理工程师审核后督促施工单位调整计划。

（2）工程进度控制

1）现场监理部应建立工程监理日志制度，详细记录工程进度、质量、设计变更、洽商等问题和有关施工过程中必须记录的问题。

2）组织工程进度协调会，听取施工单位的问题汇报，对其中有关进度问题提出监理意见。

3）督促施工单位按月提出施工进度报表，由各专业监理工程师审查认定，最后由项目总监理工程师汇编出监理月报，报送监理单位和建设单位。

（3）工程质量控制

1）各专业监理工程师应认真熟悉施工图纸及有关设计说明资料，了解设计要求，明确土建与设备、安装相关部位及工序之间的关系，审查图纸有无差错和表达不清楚的地方，对工程关键部位和施工难点做到心中有数，并做好设计图纸会审工作。

2）图纸会审要求施工单位做好会审纪要的记录、整理及各方的签认工作，经建设单位、设计单位、监理单位、施工单位签字后成为设计文件的补充资料，是施工单位的施工技术资料。

3）要求施工单位严格按照施工安装规范、验收标准、设计图纸进行施工，并经常深入现场检查施工质量和保证质量措施的落实情况。

4）执行国家、部门和地方政府有关施工安装的质量检验报表制度，严格要求施工单位按照施工质量检验程序的规定，认真填报，各专业监理工程师对施工单位交验的有关施工质量报表，应进行核查或认定。对于隐蔽工程，未经总监理工程师核查签字，不能开始施工。

（4）审查设计变更、洽商

1）对各方提出的设计修改应通过项目总监理工程师，报请建设单位后由设计单位研究确定并提出修改通知，经专业监理工程师会签后交施工单位施工。

2）对有关设计变更、洽商经监理工程师签字并经建设单位同意后，由施工单位向设计单位办理设计变更、洽商。

3）监理工程师会签有关各种设计变更，应侧重审查对工程质量、进度、投资是否有不利影响。如发现影响监理目标的实现时，应明确提出监理意见，必要时向建设单位提出书面意见。

（5）监督检查施工安全防护措施

1）审查施工单位提出的安全防护措施方案，并监督其实现，但施工安全防护的责任仍由施工单位承担。

2）施工过程中的安全防护措施，应由施工单位负责定期检查，监理部配合监督。如发现施工中存在重大安全隐患，可直接提出停止施工通知，写出书面监理意见，并向建设单位及政府主管部门反映。

（6）审查主要建筑材料、设备的订货和核定其性能

1）主要建筑材料、构配件及设备订货前，施工单位应提供样品（或看样）和有关供货厂家资质证明以及单价等资料，向专业监理工程师申报。经专业监理工程师会同设计、建设单位研究同意后方可订货。

2）主要设备订货，在订货前施工单位应向监理部提出申请，由专业监理工程师会同设计、建设单位研究同意后方可订

货。设备到货后应及时向项目监理部报送出厂合格证及有关设备的技术参数资料，由监理工程师核定是否符合设计要求。

3）对用于工程的主要材料，进场时必须具备正式的出厂合格证和材质化验单。如不具备或对检验证明有疑问时，应向施工单位说明原因并要求施工单位补做检验。所有材料检验合证必须经专业监理工程师验证，否则一律不准用于工程。

4）工程中所用各种构配件必须具有生产厂家、批号和出厂合格证。由于运输安装等原因出现的构配件质量问题，应进行分析研究。采取措施处理后经专业监理工程师同意方能使用。

5）专业监理工程师应检查工程上所采用的主要设备是否符合设计文件或标书所规定的厂家、型号、规格和标准。

6）对进口设备必须具有海关商检证书。

（7）认定工程数量，签发（或会签）付款凭证

1）对施工单位工程进度月报所反映完成工程数量，专业监理工程师应进行认真核实。

2）按照建设单位与施工单位签订的承包合同规定的工程付款办法，根据核实的完成工程数量，在扣除预付款和保修金等后，签发（或会签）付款凭证。

3）对超出承包合同之外的设计变更、洽商，由施工安装单位做出预算，项目监理部可根据建设单位委托审查预算由此而引起的追加合同价款，并于当月付款时予以调整。

（8）工程验收

1）现场监理部根据施工单位有关阶段的、分部工程的以及单位工程的竣工验收申请报告，负责组织初验。工程的各阶段、各分部和单位工程的正式验收由建设单位组织完成。

2）监理部接到施工单位有关竣工验收申请报告后，项目总监理工程师负责组织有关专业监理工程师进行初验，并将初验意见书面答复施工单位。对工程存在的质量问题和漏项工程限定处理期限和再次复验日期。

3）项目总监理工程师应严格掌握阶段的或部位的工程正式

验收，通过正式验收合格后，方可同意继续下阶段施工。单位工程正式竣工验收合格后方可办理移交手续。

4）经初验全部合格后，由项目总监理工程师在相应的工程竣工验收报告单上签认，然后向建设单位提出竣工验收报告，要求建设单位组织有关部门和人员参加相应阶段的正式验收工作。

（9）整理工程有关文件并归档

1）督促检查施工单位完成各阶段的竣工图和最后全套竣工图的工作。

2）检查施工过程中的各种设计变更、洽商和监理文件等整理工作，并交建设单位存档。

（10）组织工程质量事故的处理

1）监理工程师对工程质量事故，负责组织有关方面进行事故原因分析，并责成事故责任方及时写出事故报告和提出处理方案。

2）责任方提出的质量事故处理方案，经监理工程师同意后，由责任方提出事故处理文件并对处理技术负责，监理工程师监督检查实施情况。

第12章 工程监理单位用表

工程监理用表格是监理单位和监理人员开展工作所用的工具和工作成果记录，目前建设工程监理中形成的表格形式可以满足现阶段项目监理活动的实践应用，体现了科学性、规范性、系统性。它是《建设工程监理规范》（GB 50319—2013）的组成部分，统一采用。以下根据规范中相关监理用表格式摘录于后，供学习参考。实际应用时，应按《建设工程监理规范》要求的格式、顺序编号、填写内容填写、归档。

12.1 监理单位用表

1. 工程监理单位用表

（1）总监理工程师任命书应按表12-1的要求填写。

总监理工程师任命书 **表12-1**

工程名称： 编号：

致：________________（建设单位） 兹任命__________（注册监理工程师注册号：____________）为我单位项目总监理工程师。负责履行建设工程监理合同、主持项目监理机构工作。 工程监理单位（盖章） 法定代表人（签字） 年 月 日

注：本表一式三份，项目监理机构、建设单位、施工单位各一份。

(2) 工程开工令应按表 12-2 的要求填写。

工程开工令 **表 12-2**

工程名称： 编号：

<table>
<tr><td>致：________________（施工单位）
经审查，本工程已具备施工合同约定的开工条件，现同意你方开始施工，开工日期为：____年____月____日。
附件：开工报审表

项目监理机构（盖章）
总监理工程师（签字、加盖执业印章）
年 月 日</td></tr>
</table>

注：本表一式三份，项目监理机构、建设单位、施工单位各一份。

（3）监理通知单应按表12-3的要求填写。

监理通知　　表 12-3

工程名称：	编号：
致：________________（施工项目经理部） 事由： 内容： 项目监理机构（盖章） 总/专业监理工程师（签字） 年　　月　　日	

注：本表一式三份，项目监理机构、建设单位、施工单位各一份。

（4）监理报告应按表 12-4 的要求填写。

监理报告 **表 12-4**

工程名称： 编号：

<table>
<tr><td>
致：________________________（主管部门）
由________________________（施工单位）施工的________________________（工程部位），存在安全事故隐患。我方已于____年____月____日发出编号为____________的《监理通知单》或《工程暂停令》，但施工单位未（整改或停工）。

特此报告。

附件：□监理通知单
□工程暂停令
□其他

项目监理机构（盖章）：
总监理工程师（签字）
年 月 日
</td></tr>
</table>

注：本表一式四份，主管部门、建设单位、工程监理单位、项目监理机构各一份。

（5）工程暂停令应按表 12-5 的要求填写。

工程暂停令 **表 12-5**

工程名称： 编号：

<table>
<tr><td>
致：________________（施工项目经理部）
由于____
____
原因，现通知你方于________年____月____日________时起，暂停________部位（工序）施工，并按下述要求做好后续工作。
要求：

项目监理机构（盖章）
总监理工程师（签字、加盖执业印章）
年　　月　　日
</td></tr>
</table>

注：本表一式三份，项目监理机构、建设单位、施工单位各一份。

（6）旁站记录应按表 12-6 的要求填写。

旁站记录 **表 12-6**

工程名称： 编号：

<table>
<tr><td>旁站的关键部位、关键工序</td><td></td><td>施工单位</td><td></td></tr>
<tr><td>旁站开始时间</td><td>年 月 日 时 分</td><td>旁站结束时间</td><td>年 月 日 时 分</td></tr>
<tr><td colspan="4">旁站的关键部位、关键工序施工情况：</td></tr>
<tr><td colspan="4">发现的问题及处理情况：

旁站监理人员（签字）：
年 月 日</td></tr>
</table>

注：本表一式一份，项目监理机构留存。

(7) 工程复工令应按表 12-7 的要求填写。

工程复工令 **表 12-7**

工程名称： 编号：

致：______________（施工项目经理部） 我方发出的编号为______《工程暂停令》，要求暂停__________部位（工序）施工，经查已具备复工条件。经建设单位同意，现通知你方于___年___月___日___时起恢复施工。 附件：复工报审表   项目监理机构（盖章） 总监理工程师（签字、加盖执业印章） 年 月 日

注：本表一式三份，项目监理机构、建设单位、施工单位各一份。

（8）工程款支付证书应按表 12-8 的要求填写。

工程款支付证书 **表 12-8**

工程名称： 编号：

<table>
<tr><td>致：______________________（施工单位）
根据施工合同约定，经审核编号为______工程款支付报审表，扣除有关款项后，同意支付该款项共计（大写）
__________________（小写：________）。

其中：
1. 施工单位申报款为：
2. 经审核施工单位应得款为：
3. 本期应扣款为：
4. 本期应付款为：

附件：工程款支付报审表及附件

项目监理机构（盖章）
总监理工程师（签字、加盖执业印章）
年 月 日</td></tr>
</table>

注：本表一式三份，项目监理机构、建设单位、施工单位各一份。

2. 施工单位报审、报验用表

（1）施工组织设计或（专项）施工方案报审表应按表12-9的要求填写。

施工组织设计或（专项）施工方案报审表　　表12-9

工程名称：　　　　　　　　　　　　　　　　　　　　编号：

<table>
<tr><td>致：________________（项目监理机构）
我方已完成__________工程施工组织设计或（专项）施工方案的编制，并按规定已完成相关审批手续，请予以审查。
附：□施工组织设计
□专项施工方案
□施工方案

施工项目经理部（盖章）
项目经理（签字）
年　月　日</td></tr>
<tr><td>审查意见：

专业监理工程师（签字）
年　月　日</td></tr>
<tr><td>审核意见：

项目监理机构（盖章）
总监理工程师（签字、加盖执业印章）
年　月　日</td></tr>
<tr><td>审批意见（仅对超过一定规模的危险性较大的分部分项工程专项施工方案）：

建设单位（盖章）
建设单位代表（签字）
年　月　日</td></tr>
</table>

注：本表一式三份，项目监理机构、建设单位、施工单位各一份。

（2）工程开工报审表应按表 12-10 的要求填写。

工程开工报审表 　　　　**表 12-10**

工程名称：　　　　　　　　　　　　　　　　　　　　编号：

致：________________（建设单位） 　　________________（项目监理机构） 我方承担的______________工程，已完成相关准备工作，具备开工条件，特申请于____年____月____日开工，请予以审批。 附件：证明文件资料 施工单位（盖章） 项目经理（签字） 年　月　日
审核意见： 项目监理机构（盖章） 总监理工程师（签字、加盖执业印章） 年　月　日
审批意见： 建设单位（盖章） 建设单位代表（签字） 年　月　日

注：本表一式三份，项目监理机构、建设单位、施工单位各一份。

（3）工程复工报审表应按表 12-11 的要求填写。

工程复工报审表 **表 12-11**

工程名称： 编号：

<table>
<tr><td>致：________________________________（项目监理机构）
编号为__________《工程暂停令》所停工的_________部位，现已满足复工条件，我方申请于___年___月___日复工，请予以审批。

附：证明文件资料

施工项目经理部（盖章）
项目经理（签字）
年 月 日</td></tr>
<tr><td>审核意见：

项目监理机构（盖章）
总监理工程师（签字）
年 月 日</td></tr>
<tr><td>审批意见：

建设单位（盖章）
建设单位代表（签字）
年 月 日</td></tr>
</table>

注：本表一式三份，项目监理机构、建设单位、施工单位各一份。

(4) 施工单位资格报审表应按表12-12的要求填写。

施工单位资格报审表　　表12-12

工程名称：　　　　编号：

<table>
<tr><td colspan="3">致：________（项目监理机构）
经考察，我方认为拟选择的________（分包单位）具有承担下列工程的施工或安装资质和能力，可以保证本工程按施工合同第____条款的约定进行施工或安装。分包后，我方仍承担本工程施工合同的全部责任。请予以审查。</td></tr>
<tr><td>分包工程名称（部位）</td><td>分包工程量</td><td>分包工程合同额</td></tr>
<tr><td></td><td></td><td></td></tr>
<tr><td></td><td></td><td></td></tr>
<tr><td></td><td></td><td></td></tr>
<tr><td></td><td></td><td></td></tr>
<tr><td colspan="2">合　计</td><td></td></tr>
<tr><td colspan="3">附：1. 分包单位资质材料
2. 分包单位业绩材料
3. 分包单位专职管理人员和特种作业人员的资格证书
4. 施工单位对分包单位的管理制度

施工项目经理部（盖章）
项目经理（签字）
年　月　日</td></tr>
<tr><td colspan="3">审查意见：

专业监理工程师（签字）
年　月　日</td></tr>
<tr><td colspan="3">审核意见：

项目监理机构（盖章）
总监理工程师（签字）
年　月　日</td></tr>
</table>

注：本表一式三份，项目监理机构、建设单位、施工单位各一份。

（5）施工控制测量成果报验表应按表12-13的要求填写。

施工控制测量成果报验表 **表12-13**

工程名称： 编号：

<table>
<tr><td>致：____________（项目监理机构）
我方已完成____________的施工控制测量，经自检合格，请予以查验。

附：1. 施工控制测量依据资料
2. 施工控制测量成果表

施工项目经理部（盖章）
项目技术负责人（签字）
年 月 日</td></tr>
<tr><td>审查意见：

项目监理机构（盖章）
专业监理工程师（签字）
年 月 日</td></tr>
</table>

注：本表一式三份，项目监理机构、建设单位、施工单位各一份。

（6）工程材料、构配件或设备报审表应按表12-14的要求填写。

工程材料、构配件或设备报审表　　　表12-14

工程名称：　　　　　　　　　　　　　　　　　　　　　　　编号：

致：________________（项目监理机构） 于____年____月____日进场的拟用于工程________部位的______，经我方检验合格，现将相关资料报上，请予以审查。 附件：1. 工程材料、构配件或设备清单 2. 质量证明文件 3. 自检结果 施工项目经理部（盖章） 项目经理（签字） 年　月　日
审查意见： 项目监理机构（盖章） 专业监理工程师（签字） 年　月　日

注：本表一式二份，项目监理机构、施工单位各一份。

（7）隐蔽工程、检验批、分项工程质量报验表及施工试验室报审表应按表 12-15 的要求填写。

＿＿＿＿＿报审、报验表　　　　表 12-15

工程名称：　　　　　　　　　　　　　　　　　　　　编号：

<table>
<tr><td>致：＿＿＿＿＿＿＿＿＿＿＿＿＿（项目监理机构）
我方已完成＿＿＿＿＿＿＿＿＿＿＿＿＿＿＿工作，经自检合格，现将有关资料报上，请予以审查或验收。
附：□隐蔽工程质量检验资料
□检验批质量检验资料
□分项工程质量检验资料
□施工试验室证明资料
□其他

施工项目经理部（盖章）
项目经理或项目技术负责人（签字）
年　月　日</td></tr>
<tr><td>审查或验收意见：

项目监理机构（盖章）
专业监理工程师（签字）
年　月　日</td></tr>
</table>

注：本表一式二份，项目监理机构、施工单位各一份。

（8）分部工程报验表应按表 12-16 的要求填写。

分部工程报验表 **表 12-16**

工程名称： 编号：

<table>
<tr><td>致：__________（项目监理机构）
我方已完成__________（分部工程），经自检合格，现将有关资料报上，请予以验收。

附件：分部工程质量控制资料

施工项目经理部（盖章）
项目技术负责人（签字）
年 月 日</td></tr>
<tr><td>验收意见：

专业监理工程师（签字）
年 月 日</td></tr>
<tr><td>验收意见：

项目监理机构（盖章）
总监理工程师（签字）
年 月 日</td></tr>
</table>

注：本表一式三份，项目监理机构、建设单位、施工单位各一份。

（9）监理通知回复应按表 12-17 的要求填写。

监理通知回复 **表 12-17**

工程名称： 编号：

致：________________（项目监理机构） 我方已接到编号为________的监理通知单后，已按要求完成相关工作，请予以复查。 附：需要说明的情况   施工项目经理部（盖章） 项目经理（签字） 年 月 日
复查意见：   项目监理机构（盖章） 总监理工程师或专业监理工程师（签字） 年 月 日

注：本表一式三份，项目监理机构、建设单位、施工单位各一份。

（10）单位工程竣工验收报审表应按表 12-18 的要求填写。

单位工程竣工验收报审表　　　　表 12-18

工程名称：　　　　　　　　　　　　　　　　　　　　　　编号：

<table>
<tr><td>致：________________（项目监理机构）
我方已按施工合同要求完成____________工程，经自检合格，现将有关资料报上，请予以验收。

附件：1. 工程质量验收报告
　　　2. 工程功能检验资料

施工单位（盖章）
项目经理（签字）
年　月　日</td></tr>
<tr><td>预验收意见：
经预验收，该工程合格或不合格，可以或不可以组织正式验收。

项目监理机构（盖章）
总监理工程师（签字、加盖执业印章）
年　月　日</td></tr>
</table>

注：本表一式三份，项目监理机构、建设单位、施工单位各一份。

（11）工程进度款及竣工结算款支付报审表应按表 12-19 的要求填写。

工程款支付报审表 **表 12-19**

工程名称： 编号：

<table>
<tr><td>致：________________（项目监理机构）
我方已完成________________工作，按施工合同约定，建设单位应在____年____月____日前支付该项工程款共（大写）________________（小写：__________），现将有关资料报上，请予以审核。
附件：
□已完成工程量报表
□工程竣工结算证明材料
□相应的支持性证明文件
施工项目经理部（盖章）
项目经理（签字）
年　月　日</td></tr>
<tr><td>审查意见：
1. 施工单位应得款为：
2. 本期应扣款为：
3. 本期应付款为：
附件：相应支持性材料
专业监理工程师（签字）
年　月　日</td></tr>
<tr><td>审核意见：
项目监理机构（盖章）
总监理工程师（签字、加盖执业印章）
年　月　日</td></tr>
<tr><td>审批意见：
建设单位（盖章）
建设单位代表（签字）
年　月　日</td></tr>
</table>

注：本表一式三份，项目监理机构、建设单位、施工单位各一份；工程竣工结算报审时本表一式四份，项目监理机构、建设单位各一份、施工单位两份。

（12）施工进度计划报审表应按表 12-20 的要求填写。

施工进度计划报审表 **表 12-20**

工程名称： 编号：

<table>
<tr><td>致：________________（项目监理机构）
我方根据施工合同的有关规定，已完成__________工程施工进度计划的编制和批准，请予以审查。
附件：□施工总进度计划
□阶段性进度计划

施工项目经理部（盖章）
项目经理（签字）
年 月 日</td></tr>
<tr><td>审查意见：

专业监理工程师（签字）
年 月 日</td></tr>
<tr><td>审核意见：

项目监理机构（盖章）
总监理工程师（签字）
年 月 日</td></tr>
</table>

注：本表一式三份，项目监理机构、建设单位、施工单位各一份。

（13）费用索赔报审表应按表12-21的要求填写。

费用索赔报审表 **表12-21**

工程名称： 编号：

<table>
<tr><td>致：________________（项目监理机构）
根据施工合同________条款，由于________________的原因，我方申请索赔金额（大写）________________，请予批准。
索赔理由：________________

附件：□索赔金额的计算
□证明材料

施工项目经理部（盖章）
项目经理（签字）
年 月 日</td></tr>
<tr><td>审核意见：
□不同意此项索赔。
□同意此项索赔，索赔金额为（大写）________________。
同意或不同意索赔的理由：________________

附件：索赔审查报告

项目监理机构（盖章）
总监理工程师（签字、加盖执业印章）
年 月 日</td></tr>
<tr><td>审批意见：

建设单位（盖章）
建设单位代表（签字）
年 月 日</td></tr>
</table>

注：本表一式三份，项目监理机构、建设单位、施工单位各一份。

（14）工程临时或最终延期报审表应按表12-22的要求填写。

工程临时或最终延期报审表　　　　表12-22

工程名称：　　　　　　　　　　　　　　　　　　编号：

致：________________（项目监理机构） 根据施工合同________（条款），由于________________原因，我方申请工程临时/最终延期____（日历天），请予批准。 附件： 1. 工程延期依据及工期计算 2. 证明材料 施工项目经理部（盖章） 项目经理（签字） 年　月　日
审核意见： □　同意临时或最终延长工期________（日历天）。工程竣工日期从施工合同约定的____年____月____日延迟到____年____月____日。 □　不同意延长工期，请按约定竣工日期组织施工。 项目监理机构（盖章） 总监理工程师（签字、加盖执业印章） 年　月　日
审批意见： 建设单位（盖章） 建设单位代表（签字） 年　月　日

注：本表一式三份，项目监理机构、建设单位、施工单位各一份。

12.2 各方共用表格

各方共用的通用表。

（1）工作联系单应按表12-23的要求填写。

工作联系单 **表12-23**

工程名称： 编号：

致：________________
发文单位 负责人（签字） 年 月 日

（2）工程变更单应按表 12-24 的要求填写。

工程变更单 **表 12-24**

工程名称： 编号：

<table>
<tr><td colspan="3">致：____________________
由于____________________原因，
兹提出____________________工程变更，请予以审批。
附件
□ 变更内容
□ 变更设计图
□ 相关会议纪要
□ 其他

变更提出单位：
负责人：
年 月 日</td></tr>
<tr><td>工程数量增或减</td><td colspan="2"></td></tr>
<tr><td>费用增或减</td><td colspan="2"></td></tr>
<tr><td>工期变化</td><td colspan="2"></td></tr>
<tr><td colspan="2">施工项目经理部（盖章）
项目经理（签字）</td><td>设计单位（盖章）
设计负责人（签字）</td></tr>
<tr><td colspan="2">项目监理机构（盖章）
总监理工程师（签字）</td><td>建设单位（盖章）
负责人（签字）</td></tr>
</table>

注：本表一式四份，建设单位、项目监理机构、设计单位、施工单位各一份。

（3）索赔意向通知书应按表 12-25 的要求填写。

索赔意向通知书 **表 12-25**

工程名称： 编号：

<table>
<tr><td>致：________________________
根据《建设工程施工合同》__________（条款）的约定，由于发生了事件，且该事件的发生非我方原因所致。为此，我方向__________（单位）提出索赔要求。

附件：索赔事件资料

提出单位（盖章）
负责人（签字）
年 月 日</td></tr>
</table>

参考文献

[1] 国家标准．建设工程监理规范（GB 50319—2013）．

[2] 郑大勇．建筑工程监理员一本通．武汉：华中科技大学出版社，2008.

[3] 盖卫东．监理员．北京：机械工业出版社，2011.

[4] 韩明．工程建设监理基础．天津：天津大学出版社，2013.

[5] 陈远吉．监理员．南京：江苏人民出版社，2012.

[6] 赵亮．建设监理概论．大连：大连理工大学出版社，2009.

[7] 吴冰琪．建设工程监理概论．南京：东南大学出版社，2010.

[8] 杨效中．建筑工程监理基础知识．北京：中国建筑工业出版社，2013.

[9] 曲学杰．监理员．武汉：华中科技大学出版社，2010.

[10] 杨峰俊．工程建设监理概论．北京：人民交通出版社，2011.

[11] 刘景园．土木工程建设监理．北京：科学出版社，2005.

筑境

中国精致建筑100

1 建筑思想

风水与建筑
礼制与建筑
象征与建筑
龙文化与建筑

2 建筑元素

屋顶
门
窗
脊饰
斗栱
台基
中国传统家具
建筑琉璃
江南包袱彩画

3 宫殿建筑

北京故宫
沈阳故宫

4 礼制建筑

北京天坛
泰山岱庙
闾山北镇庙
东山关帝庙
文庙建筑
龙母祖庙
解州关帝庙
广州南海神庙
徽州祠堂

5 宗教建筑

普陀山佛寺
江陵三观
武当山道教宫观
九华山寺庙建筑
天龙山石窟
云冈石窟
青海同仁藏传佛教寺院
承德外八庙
朔州古刹崇福寺
大同华严寺
晋阳佛寺
北岳恒山与悬空寺
晋祠
云南傣族寺院与佛塔
佛塔与塔刹
青海瞿昙寺
千山寺观
藏传佛塔与寺庙建筑装饰
泉州开元寺
广州光孝寺
五台山佛光寺
五台山显通寺

6 古城镇

中国古城
宋城赣州
古城平遥
凤凰古城
古城常熟
古城泉州
越中建筑
蓬莱水城
明代沿海抗倭城堡
赵家堡
周庄
鼓浪屿
浙西南古镇廿八都

目录

凤凰古城

凤凰县属湘西故地。湘西的范围很广，在地理上以沅水流域各县为主体，包括湘西北的吉首、桑植、大庸、龙山、永顺、保靖、古丈、花垣、泸溪、凤凰等县。湘西是古代荆蛮由云梦洞庭湖泽地带被汉人逼迫退守的一隅。战国时被放逐的楚国诗人屈原驾舟溯流而上的许多地方，似乎在这里还可寻觅到。在这位伟大诗人的诗篇中常见的山精洞灵和臭草香花，在湘西也俨然随处可见。尤其是《楚辞》那个时期盛行的酬神仪式同今凤凰苗巫主持的大傩酬神仪式亦有相类处，似可见其远古习俗之踪影，那么可以说，湘西文化应属于楚巫文化系。

苗疆自乾隆六十年（1795年）用兵以后，整饬军制，声势称雄，苗路如梳，在各县范围内设关墙及屯堡，添建碉卡，结合地形星罗棋布。至于攻守之人则挑选本地之丁勇，亦战亦耕，不出梓里，因而多数丁勇纯善如平民。统治者为达到“以苗制苗”的目的，各寨又添设苗弁，使互相稽查。民国时地方与政府军形成几股军事力量。过去苗民为反压迫，有部分苗勇进入山区，劫富济贫，这也成为湘西社会的特殊之处，在外地人的眼里，湘西似乎是匪患肆虐的贫瘠之地。

凤凰县春秋时属楚，为黔中地，其建制经各朝多次变革，至清康熙四十六年（1707年）废除土司制度，设镇台、道台、厅治、县治。民国时改凤凰厅为凤凰县，1957年成立湘西土家族苗族自治州。

凤凰城（又名沱江镇）为县城所在地，四面环山，地势低洼，形如釜底，全城面积约6平方公里，1988年人口16000人，这里自然环境十分优美，古往今来，有很多名人志士，赋诗作画，给予高度评价，吸引了不少远方游人，如新西兰作家艾黎，曾情不自禁地说：“中国有两个美丽的小城，第一个是湖南凤凰，第二个是福建长汀。”研究著名作家沈从文的美国学者金介甫先生也曾说：“我到过中国许多地方，给我印象最深的是凤凰。”凤凰城不但山清水秀，而且人才辈出，如清朝著名将领田兴如，北洋时曾任内阁总理的熊希龄；孙中山大元帅府的高级顾问田星六，现代著名作家沈从文，著名画家黄永玉等，不胜枚举，可谓群星灿烂。凤凰是名副其实的金凤之乡。

图0-1 厅境图

木图取自《凤凰厅志·卷一》。环绕这僻壤孤城约有500个碉堡，200个营汛，可以依稀想见当时角鼓齐鸣、火炬传警的光景。

廳境圖

西南至銅仁縣界八十四里

南至沅州府麻陽縣界

西至貴州銅仁縣界八十四里

西北至貴州松桃廳界七十里

北至永綏廳界八十

俱係民村

南華山

前營守備汛

中營守備汛

屯守備分駐

鳳凰廳

南門

西門

東門

北門

各廟宇詳城圖

烏巢河

苗寨坡

右營守備汛

图0-2 厅城周围环境图

本图取自《凤凰厅志·卷一》，它反映了昔日凤凰古城的全貌。城池、月城以及沱江北岸的小校场布局清晰。石头城墙围合了一个曲线自由形城池，5个城门巍然屹立，城内厅、镇、道以及庙、堂布置得当。城外庵堂庙宇星罗棋布，与周围山势相呼应。

縣城圖
小校場
西關
北門
南門
小東橋
化龍塘
大校場
臥虹橋
通濟橋
鎮署
城隍廟

● 保护古迹

图0-3 凤凰城古迹分布图

1.朝阳宫；2.北门；3.古梁桥；4.西关；5.田家祠堂；6.东关；
7.万寿宫；8.遐昌阁、自平关；9.万民塔；10.准提庵；
11.回龙阁；12.三王庙；13.东门；14.杨氏宗祠；15.城隍庙；
16.南华门；17.志成关；18.古井；19.民居；20.文庙；
21.奇峰山；22.观景山；23.笔架山；24.沈从文墓

一、古城凤凰

图1-1 凤凰古城鸟瞰

自青龙山上可鸟瞰凤凰城全景，近处是万寿宫。遐昌阁古建筑群，横跨沱江的是古虹桥。沱江自城的东北面流过。远处是笔架山，在古城的西北，勾勒出凤凰城三角形的轮廓。

图1-2 东门
自城墙根街看东门。有石阶可逐级上到城楼，登楼可观赏虹桥、沙湾河道美景。昔日连接城楼的城墙被民房所取代，城楼也因年久失修严重破损，但雄姿依旧。

秀美迷人的凤凰城，位于县境东南部的沱江中游。这里群山环绕，林木葱茏，一湾碧水傍城而过，使山城显得格外俊秀。民间传说，在很久以前，有慈悲的神仙在山城栽下了梧桐树，引来了凤凰鸟，使这里贫瘠的土地变为青山秀水，从此，象征吉祥幸福的青鸟就成了县城的名字。

凤凰城古称镇筸城，据《凤凰厅志》记载，东北有坪称筸子，西北有所曰镇溪，故统称“镇筸”。凤凰筑城始于唐。明嘉靖三十五年（1556年）始建砖城。清康熙五十四年（1715年）改砖城为石城。乾隆五十四年（1789年）增设笔架城。嘉庆二年（1797年）又修西月城，全城有东、南、北三门，建月城后又设内外两个西门，至此共有五门。南曰“静澜”，北曰“壁辉”，东曰“恒升”，内西门名“阜城”，外西门名“胜吉”。城墙周长2公里有余。1941年，国民党第九战区司令长官薛岳，通令各县拆除城墙，将县内各城城墙拆除，唯沿沱江一带因防洪需要，仅拆去城垛与碉楼。1949年后，随着县城的扩建，陆续将沿江城墙也拆除，现仅东门、北门保存完好，并有半壁城垣连接其间，显示着当年古城的雄姿。

凤凰城内古建筑物星罗棋布，每当黎明黄昏时分，遥望周围群山，在花红草绿苍松翠柏之间映掩着青瓦灰墙的庵堂庙宇，香烟缭绕，钟鼓齐鸣，余声在山城中回荡不绝。

现代著名作家沈从文在他的散文《我所生长的地方》中以无限的深情对故乡作了如下描述。

“……我想把我一篇作品里所简单描绘的那个小城，介绍到这里来，这虽然只是一个轮廓，但那地方一切情景，欲浮凸起来，仿佛可用手去摸触。”

“一个好事人，若从二百年前某种较旧一点的地图上去寻找，当可在黔北、川东、湘西一处极偏僻的角隅上，发现了一个名为‘镇筸’的小点。那里同别的小点一样，事实上应当有一个城市，在那城市中，安顿下三五千人口。不过一切城市的存在，大部分都在交通、物产、经济活动情形下面，成为那个城市枯荣的因缘，这一个地方，却以

图1-3 十字街尽头的东门

自十字街看东门楼，一改对外的石墙炮眼的冷漠面孔，它的楼阁形式和木质材料，给人一种亲切感，似乎是笑对故里人民。

另外一个意义无所依附而独立存在。试将那个用粗糙而坚实巨大石头砌成的圆城作为中心，向四方展开，围绕了这边疆僻地的孤城，约有五百左右的碉堡，二百左右的营汛。碉堡各用大石块堆成，位置在山顶头，随了山岭脉络蜿蜒各处走去；营汛各位置在驿路上，布置得极有秩序。这些东西在一百八十年前，是按照一种精密的计划，各保持相当距离，在周围数百里内，平均分配下来，解决了退守一隅常作‘蠢动’的边苗‘叛变’的。两世纪来满清的暴政，以及因这暴政而引起的反抗，血染了每一条官路同每一个碉堡。到如今，一切完事了，碉堡多数业已毁掉了，营汛多数成为民房了，人民已大半同化了。落日黄昏时节，站到那个巍然独在万山环绕的孤城高处，眺望那些远近残毁碉堡，还可依稀想见当时角鼓火炬传警告急的光景。……”

图1-4 南华门

a

b

图1-5 沱江风光之一

a. 沱江船影

b. 虹桥及江边民居

“凡有机会追随了屈原溯江而行的那条长年澄清的沅水，向上游去的旅客和商人，若打量由陆路入黔入川，不经古夜郎国，不经永顺、龙山，都应当明白‘镇筸’是个可以安顿他的行李最可靠也最舒服的地方。……兵卒纯善如平民，与人无悔无扰。农民勇敢而安分，且莫不敬神守法。商人各负担了花纱同货物，洒脱的向深山中的村庄走去，同平民作有无交易，谋取什一之利。地方统治者分数种：最上为天神，其次为官，又其次才为村长同执行巫术的神的侍奉者。人人洁身信神，守法爱官。……城中人每年各按照家中有无，到天王庙去杀猪，宰羊，磔狗，献鸡，献鱼，求神保佑五谷的繁殖，六畜的兴旺，儿女的长成，以及作疾病婚丧的禳解。人人皆依本分担负官府所分派的捐款，又自动地捐钱与庙祝或单独执行巫术者。一切事保持一种淳朴习惯，遵从古礼；春秋二季农事起始与结束时，照例有年老人向各处人家敛钱，给社稷神唱木傀儡戏。旱暵祈雨，便有小孩子共同抬了活狗，带上柳条，或扎成草龙各处走去。春天常有春官，穿黄衣各处念农事歌词。岁暮年末居民便装饰红衣傩神于家中正屋，捶大鼓如雷鸣，苗巫穿鲜红如血衣服，吹镂银牛角，拿铜刀，踊跃歌舞娱神。城中的住民，多当时派遣移来的戍卒屯丁。此外则有江西人在此卖布，福建人在此卖烟，广东人在此卖药。地方由少数读书人与多数军官，在政治上与婚姻上两面的结合，产生一个上层阶级，这阶级一方面用一种保守稳健的政策，长时期管理政治，一

a

b

c

图1-6 沱江风光之二

a. 雾桥远眺

b. 雾桥

c. 沱江夜色

方面支配了大部分属于私有的土地；而这阶级的来源，却又仍然出于当年的戍卒屯丁。地方城外山坡上产桐树杉树，矿坑中有朱砂水银，松林里生菌子，山洞中多硝。城乡全不缺少勇敢忠诚适于理想的士兵，与温柔耐劳适于家庭的妇人。在军校阶级厨房中，出异常可口的饭菜，在伐树砍柴人口中，出热情优美的歌声。”

沈从文先生的优美文字，把我们带回到古代的遥远年代，再现了那古老而淳朴的苗乡民风。

二、山水之间的小城

凤凰古城，绿水青山，钟灵毓秀，自然环境得天独厚，人工巧作锦上添花。

群山环抱的小城，四周都是绵延起伏的山脉。重峦叠嶂，奇峰突起，沱江穿流其间，把小城衬托得更加清秀俊美。城的南面有南华山森林公园，苍翠的绿叶覆盖着坡顶沟谷，起伏蜿蜒，如同翻滚的绿浪。城东的东岭有迎晖公园。东岭一峰矗立天表，初日东升独迎朝霞，雾烟弥漫之处晓辉晃荡，时隐时现，景色变幻。山中有一亭，峙于峰顶，造型轻盈，信步登临，凭柱四望，万山奔来眼底，又消逝于云海朦雾之间；俯瞰小城，紫气腾升，金辉尽染小城。远远望去，小城仿佛是沱江这条玉带上的一颗明珠，在重山环绕绿丛万千之中，分外夺目。城中有座笔架山，形似笔架，使古城倍增了一种文风雅气。城中楼舍参错，粉墙灰瓦，分外古朴，街巷如线如丝编织其间，树绿草青杂处其间，使小城有一种盎然生机。

图2-1 凤凰城沿沱江景色
这是凤凰古城的东北面，雄伟高大的北门面对沱江，两边簇拥着低矮的民居，展现出小城主次分明的优美轮廓线。沱江两岸的苍翠树林和远处的层层山峦，构成一幅山水画卷。

图2-2 北门外古码头、古梁桥风光

北门外至江边有较宽阔的空间。这是昔日的古码头，现在被保留下来并进行了铺装，可供人们逗留、观景和休息。

另一处景曰“奇峰挺秀”，该景于一平川之上，奇峰如笋，穿地而出直拔千丈，步行石蹬似游蛇般地迂回于树荫花影之间，时隐时现引步而上至峰顶有一寺，时有磬音荡响，尤感幽雅寂静如入仙境。城北一高山称“喜鹊坡”，坡坳上有一座古亭楼，名“靖进关”，自山脚有红石铺成的古道直达此“关”。城以山为依托，如屏如画，山以城为中心，如花似芯，美不胜收。

沱江清流自西向东缓缓穿越城边，使小城显得十分妩媚。东门外的凤凰古桥横跨沱江，长约150米，驻步桥上举目四望，但见壮阔的江水冲破黛色迷雾般的山峦，滚滚而来。俯视近岸浅滩水清见底；裸露水面的巨大岩石，被江水长年累月的冲刷变得圆滑斑斓。江水还不时激起微微浪花，闪出粼粼的光点，由远而近。在这碧绿洁净的沱江两岸，一排排参差错落的吊脚楼，连同蓝天白云绿树在水中的倒影，构成一幅幅动人的画面。在晨曦和晚霞的

图2-3 青山绿水间的新居
沿沱江新建的住宅，环境十分优美，几乎看不到历史留下的痕迹。

图2-4 沱江新貌

过去在沱江沿岸都是连绵的木吊脚楼民居，今天随着社会的前进，沿江有些地段已改造成新式民居。从它们的马头墙和挑出的外廊，我们能依稀想象出过去吊脚楼的影子。

图2-5 沙湾风光

凤凰古城的东北面，以清澈的沱江为界。沱江在沙湾处转折，流向东南。凤凰八景中的“溪桥夜月”、“龙潭渔火”、“梵阁回涛”三处景点都在附近。

图2-6 龙潭渔火

龙潭渔火是凤凰城古八景之一，这里水深流急。右面是古虹桥，左面可见回龙阁阁顶及准提庵正殿。

图2-7 回龙阁门洞与准提庵入口

图2-8 水上人家
这是沿沱江的几户吊脚楼民居，用杉杆支撑在河床岸边的石头上或斜撑在江的岸壁上。悬挑出的小楼通常是苗家姑娘的绣楼，也是选择意中人的场所。她们站在开敞的吊脚楼上与船上的青年对歌，传递情感，歌声回荡在水上、山间，汇成了浓郁的苗乡风情。

辉映下小城的上空弥漫着淡蓝色的缕缕炊烟，岸边常有妇女洗衣，欢笑和捶衣声此起彼伏，充满小城生活的温馨。

凤凰环境之美自古有八景为证：东岭迎晖、南华叠翠、奇峰挺秀、梵阁回涛、山寺晨钟、溪桥夜月、龙潭渔火、兰径樵歌。如今，大部分景点尚存。在晨曦之下，如若登上城东青龙山麓的遐昌阁，仍可观赏到“初日东升，晚烟未散，晓晖晃荡，紫气满城”的美景。回龙阁依然矗立，与白潭和沱江的涛声依然辉映成景。

三、乡土古风犹存

凤凰古城，因其特有的自然环境和经济发展条件以及民族和地域的历史文化传统，小城的布局及街容巷貌十分有特色，与中国传统城镇方正规矩的棋盘式布局截然不同，而呈现出因地制宜的自由形态。由文化广场（过去的莲花池）为中心散发出的主要街巷，因地就势，便捷通达地连接着各个街区，且多数街巷均通至沱江江岸。从街巷这种明显的亲水倾向，可以看出古城自江边向山地发展的脉络，表现了古城的生存与发展对沱江的依赖。

古城的母亲河——沱江，水流急湍清澈，深浅不一，浅处枯水季节人可涉足而过，深处有潭，可泛舟进行每年一度的龙舟赛。届时锣鼓齐鸣，呐喊喧天，龙舟如脱弦利箭，划破滔滔江水，勇往直前，给欢乐的人群以巨大的振奋，为幽悠古城增添几分生机。沱江两岸河床宽约六七十米至一百米不等，宽阔的河面提供了开敞的视野，使雄踞江岸地势较高地段的北门和东门城楼更加高耸壮观。登临城楼则全城风貌及沱江秀色尽收眼底。古城沿江两岸是绿树青竹组成的一簇簇碧绿屏障及隐匿于绿丛之中的小巧民居。

图3-1 古梁桥/对面页
古梁桥，是将杉木用串钉连成梁板，放在桥墩上，长期以来靠它联结沱江两岸。如遇特大洪水，便将杉木梁板收起，以防被冲走。这座桥成为凤凰城的一处独特景观。

依法治水造福人民

图3-2 沱江渔夫
清澈的沱江水上经常漂流着这样的小舟。这颀长轻巧的小船是凤凰城渔民的作品，既美观又灵便，一个强壮的汉子便可扛起。船上悠然自得的渔民，似乎把我们带回到古老的岁月。

凤凰城由于很好地利用了地形地貌，使建筑同自然浑然一体，故具有一种迷人的魅力。北门城楼、东门城楼、文庙大成殿等重点建筑，在古城内起到视觉焦点作用，同时也是主要街巷的底景，对视线起到组织和引导作用。若自城外远眺古城，这些重点建筑形成十分生动的起伏轮廓线，成为城镇的重要标志，也是小城居民认同的乡土符号。在城东观景山的三王庙，位于城南虎尾峰麓的文昌阁，还有镇山庙等，它们居高临下，依偎于绿丛之中，也是古城内外呼应、整体结构的组成部分。

古城尺度宜人，曲折伸展的条条街巷将垣壁相连成片的居民院落穿插分割，如龙游蛇舞般直至户门院外，形成曲街窄巷深院高墙的雅静居住环境。若自高处俯瞰，在大片的灰色屋顶间，插入许多纵横交错、高耸于屋面的白色马头墙，组成线与面交织成的奇妙图案，使我们赞叹人的创造力之伟大。

图3-3 苗族妇女/上图

这是现代苗族妇女的外貌，服饰已比过去简化了许多，头上盘扎头巾，偏襟无领上衣，下配宽大的喇叭裤，常在领边、袖口、裤脚处缀以编织或刺绣的花边，黑白色的强烈对比，十分有特色。

图3-4 赶集/下图

在湘西还沿袭着逢五、逢十赶集的传统。在集市上的人群中可以发现，进入现代社会以来，年轻人已不穿民族服装了，仅中年以上的妇女仍然穿民族装，男性的服装与汉族无多大区别，只是在头上常年盘扎一个大头巾。

图3-5 从虹桥看沱江沿岸吊脚楼民居
这是一幅沱江岸边永远失去的风景。这里的吊脚楼已大部分拆除。冬季沱江水位降低，江边裸露着大片石头，浅处人们可涉足过江。

湘西民间笃信风水术，古城城池的选址、坛庙等建筑的选址与方位确定以及街巷的走向等，无一不是遵循了风水择地的原则。位于沱江拐弯处的遐昌阁、万寿宫和万名塔一组建筑，其基址便是风水中的穴位。其背后有谓之龙脉的青龙山，两侧有奇峰山、观景山，形成青龙、白虎合抱之势；前方远处在古城之西有笔架山平缓如案，是为案山，过去绿树成荫环境极为优美。位于沱江转折处的有利地形，是保住了古城“水口”的生气。若从现代城市设计原理来看，遐昌阁建筑群形成了沱江河道轴线的底景，符合城市景观设计的原则。过去古城中心有个荷花池，是象征吉祥的风水池。城内几条主要的街巷都汇集于荷花池，池边有石板小路和一块宽阔地，可供人们休憩逗留。古城街巷的一侧均有石砌水渠，清澈的水流淌不息，或汇流于荷花池，或自荷花池与护城河贯通，整个古城的水系，如人之血脉，通畅流动，生生不息。

四、古道惜别处

——凉亭

凤凰地处多山区，山高路险，河溪纵横，昔日交通十分不便。以凤凰城为中心通往四方乡镇，如所里（吉首）、泸溪、麻阳、浦市等地，只有供人步行的古道。古道以碎石或岩板铺砌，崎岖难行。有些古道极为险峻，如通往火炉坪、两头羊、乌巢河等道路，既高又陡，路侧峭壁千丈，崖下溪谷幽深，行人肩挑背负，十分艰难。每条古道都设有凉亭，一般建在山坳较平坦之地，供过往行人休息。全县有史可查的凉亭有32处，为村民集资修建，并立碑文以传后世。在城外通往各地的道路旁都建有凉亭，称为送别亭。如通向高村、麻阳的古道较为平坦，为县内外大米、食盐、桐油及土产等货物出入的运输路线。在离城1公里处有“接官亭”，是专为迎送重要官员而设。往所里方向的有擂草坡凉亭，名靖边关，建于清同治九年（1870年）；往水打田方向有冷风坳凉亭，名迎风关，可容百余人休息，建于清光绪十六年（1890年）；往高村方向的有芦荻坳凉亭，名清风关。凉亭不仅是过往行人歇息的场所，也是泣别之地。过去苗乡交通闭塞，出家远行要冒许多风险，若遇抽丁服役远行更是苦不堪言，生离情同死别，远行人怀着黯然神伤的心绪，在凉亭与亲人依依话别，故人走远了，送人的还在凭栏眺望，直到人影消失在树海云烟中，才含着眼泪，插下一枝柳或撒下几粒花籽，以此寄托自己的情感。这样，一次送别添一丛绿荫，经年累月，凉亭周围便花团锦簇，绿荫丛丛了。但是尽管花繁叶茂，凉亭送别总改变不了悱恻凄凉的气氛。进入现代社会以来，苗乡经济逐渐繁荣，社会安定，随着

图4-1 凉亭（廊式）

湘西多山，旧时人们出行多靠步行，因此，在山间路旁，择地修建凉亭，以避风雨、休息。过去人们走出大山，因路途遥远，交通不便，有的没有了音讯，有的甚至客死他乡，因此临别时家人要送一程，送君千里，终有一别。凉亭也是送别亭。

交通状况的改变，进山出山由难变易，代替长亭道别挥泪上路的是另一幅情景了。每当花丛月下，亭子里常有青年男女啾啾细语，欢笑之声。人们说时代变了，民俗风情也变了，“伤心亭”变成了“恋爱亭”。

建立在山坳间的凉亭多半是单间或两间的，也有三间长廊式建筑。在山腰水畔的住屋旁，还有一种半边凉亭，是附建在主体建筑旁的。凉亭的结构多为梁柱式的，以四根柱子支撑，柱间是过梁，以便马帮、轿子和滑竿通过。柱子的下部有长凳将柱子联结，供行人休息纳凉，遮蔽风雨。凉亭很少装饰或仅以纯朴的民间图案装饰屋脊、檐口与横梁。

图4-2 凉亭（亭式）

20世纪60年代修建公路拆掉部分凉亭，通车后崎岖小路上的凉亭失去了昔日的功能，多数则闲置破损或先后被拆除。如今，乘坐汽车或火车穿行武陵山区，间或可以看到往日的凉亭，这历史的片断剪影会使人想起它那遥远的过去。

五、宗祠与庙宇

图5-1 三王庙
三王庙位于城东观景山上，面向凤凰城，在庙前广场可鸟瞰古城全景。

凤凰古城过去曾修建许多庵堂庙宇。据记载，古城内外共有五十多处，历经时代变迁，有些已被毁坏，尚存的古建筑二十余处，但都不同程度受到破损。

三王庙 又名天王庙、三侯祠，位于古城东南观景山麓，始建于清嘉庆三年（1798年）。三王庙是祭三王神的，相传三王是杨业八世孙应龙、应虎、应豹，昔日庙内曾塑有白、赤、黑三神塑像，还有大戏台一座，平日香火不断，也是县城的一个娱乐场所，节日唱戏歌会等民间艺技尽展风采。这是一组工艺精巧的古建筑群，地处险要，人们从东门进，需沿百级石阶登山进庙，经两座山门来到正殿前宽阔坪坝。正殿华丽堂皇，三开间，由28根朱红大柱支撑，周围敞廊，仅用木栅栏作门。中央木栏上嵌有圆形“双龙抢宝”大型浮雕。屋顶为两坡，两端为马头墙。屋脊中间饰有巨大的“双龙戏珠”饰物；檐下梁、雀替都雕有

图5-2 三王庙正殿

三王庙正殿，为两坡屋顶马头墙，与一般民居相同，但尺度高大，装饰精美。两扇栅门关闭后组成一个圆形“双龙抢宝”透雕图案。屋脊上正中为“双龙戏珠”饰物。中央间檐下用通长雀替，作“双凤朝阳”透雕；两侧枋下缀有“金童玉女”雕饰。这些透雕玲珑剔透，色彩鲜艳，十分华美。

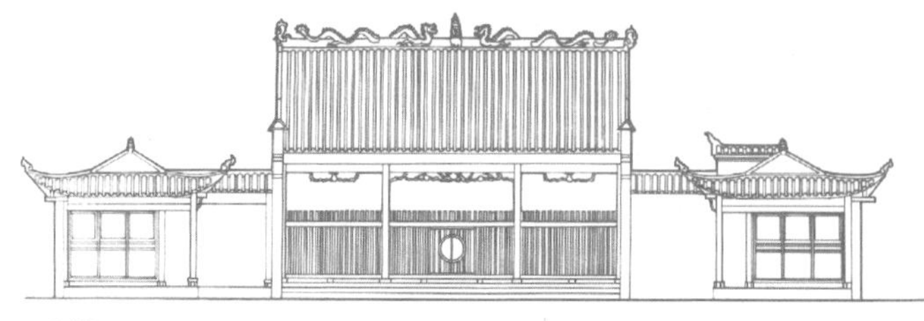

a 立面

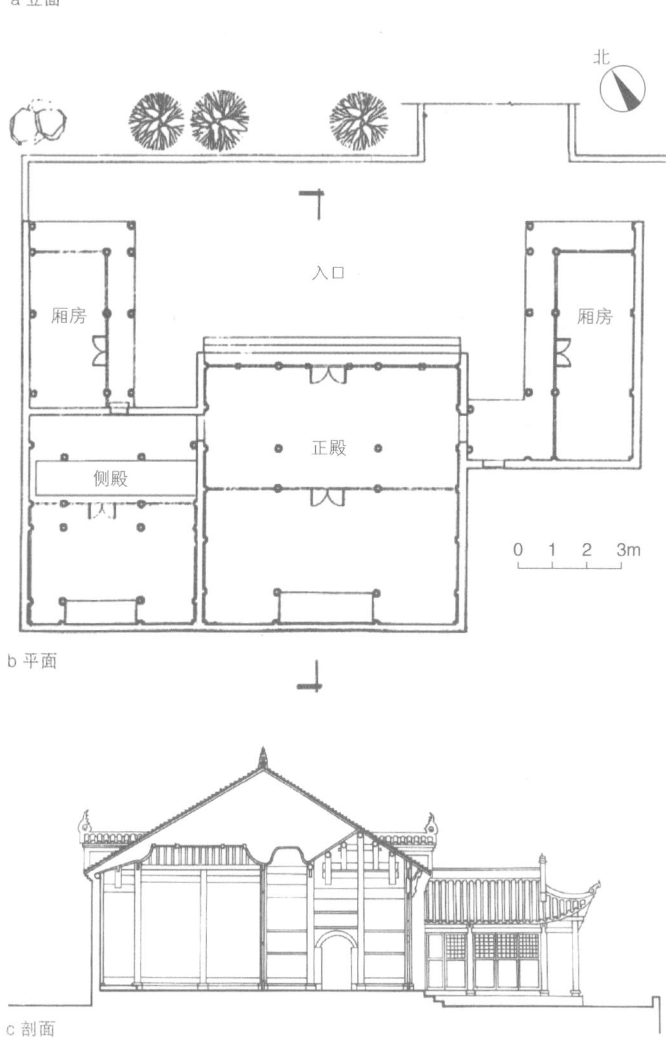

图5-3 三王庙平面、立面和剖面图

庙宇建筑有正殿（长14米，宽15米，高约10米），正殿左右各有三间侧厅，为1984年修复。

图5-4 文庙大成殿
现仅存的大成殿为两层籥木结构，歇山式屋顶。屋顶陡峻，披檐部分很大，外形显得十分厚重，是荆楚建筑风格。在建筑前的石台阶及廊柱上有“双龙戏珠”浮雕；在次间墙上各有一个很大的扇形窗，形式别具一格。

“双凤朝阳”、“金童玉女”等题材的彩色浮雕和透雕。正殿左右有厢房。坪坝前有金鱼池和花园，花园栽植橘、桃、李和芭蕉树，四季争艳，花果飘香。三王庙除戏台已毁外其他保存完好，被列为州级重点文物保护单位。

文庙大成殿 位于城北登瀛街，据《凤凰厅志》记载，大成殿始建于清康熙四十九年（1710年），历经雍正、乾隆、嘉庆各朝增建完善，成为规模宏大的建筑群。大成殿前有泮池，其前还有棂星门、照墙；殿后为崇圣祠。祠东是明伦堂；此外尚建有名宦祠、乡贤祠、省性所等。1949年之后，文庙为县第一中学校址，先后拆掉厅堂祠舍，现仅存大成殿，已被列为县级重点保护单位。大成殿为重檐歇山屋面，面阔三间，柱

图5-5 文庙大成殿屋顶侧面/上图

图5-6 朝阳宫入口立面/下图

朝阳宫（即陈家祠堂），立面对称为跌落的马头墙形式，门墙高大。两侧院墙上各有六幅山水花鸟浮雕，墙檐为灰白两色，墙体为朱红色，区别于周围民居，颇具乡土特色。

图5-7 朝阳宫平面及剖面图

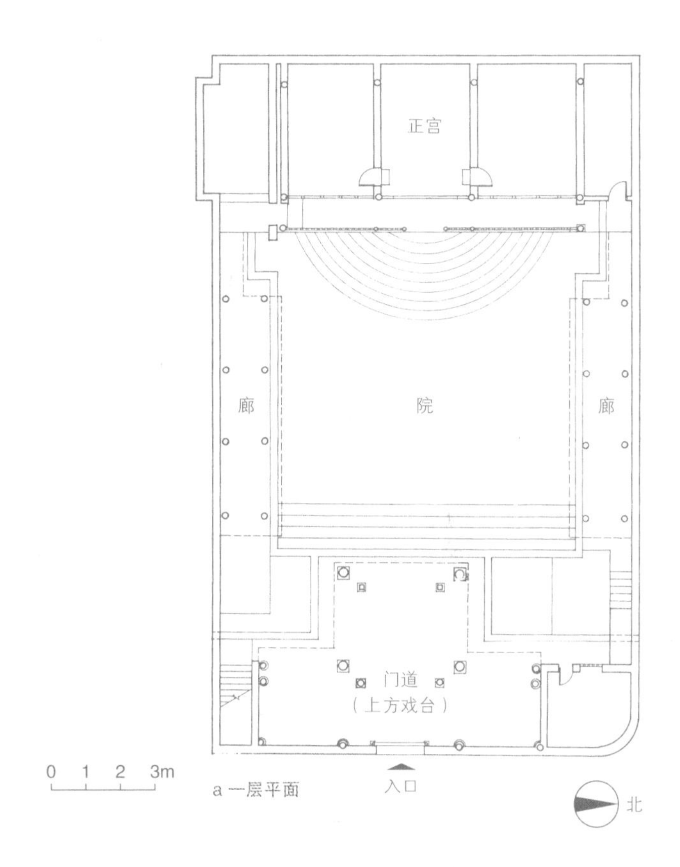

a 一层平面

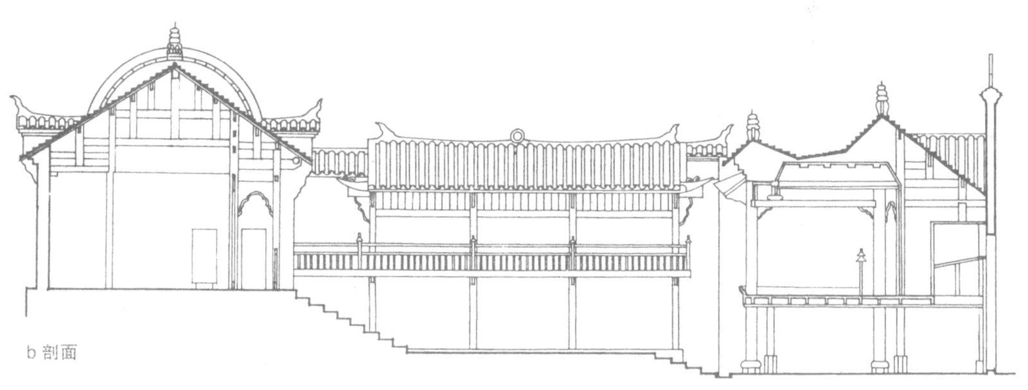
b 剖面

a

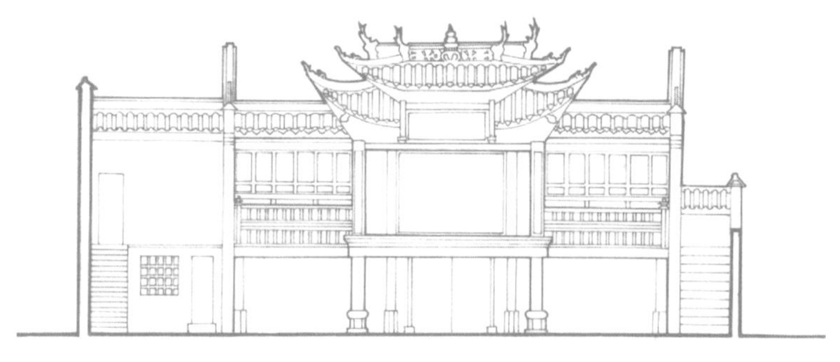

b

图5-8 朝阳宫戏台及立面图
朝阳宫戏台在入口上方，故入口空间压得很低。戏台为重檐，下檐中部断开，嵌额："观古鉴今"；台两侧对联："数尺地方可家可国可天下，千秋人物有贤有愚有神仙"。台后屏上有一幅大彩画"福禄寿"。

上有金龙缠绕，梁上饰有飞龙、山水和花鸟图案；中开间悬挂"大成殿"匾额。一层檐四角饰金龙，二层檐四角饰金凤，均系有铜铃。殿内正中挂孔圣人的巨幅画像。

朝阳宫　位于古城北西侧，原名陈家祠堂，建于民国4年（1915年）。外墙高10余米，下为紫石墙基，上为红色砖墙，墙之上方两端均有精美翘角鳌头，别具特色。墙中央的

a

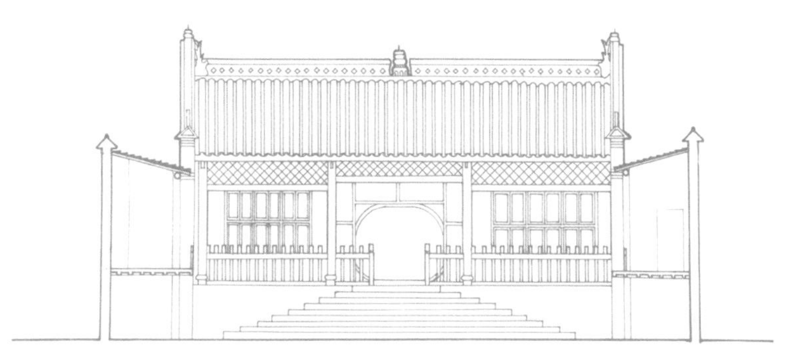

b

图5–9 朝阳宫雅座及立面图

雅座对着戏台，是观看表演的最佳位置，从朝阳宫整体建筑布置来看，雅座即正殿。殿前有半圆形石阶。建筑装修朴素，尤以椭圆形花罩门和两侧花窗十分精细，在粉墙的衬托下，亦显其清秀。

大门为半圆形，其上方正中题有“朝阳宫”三个大字，两旁还刻有一副对联曰：“瑞鸟起蓬蒿翼搏云天高万里；嘉宾莅边隅眼看楼阁总多情”。两侧红墙上还有山水花鸟浮雕12幅，构图别致。入大门后，门道很低，上方是戏台，穿过这幽暗的空间来到一个近方形的院落，顿觉豁然开朗。用青石板铺砌的院落长宽均不足20米，可容数百人观戏。戏台为木结构，高10余米，重檐屋顶，两檐正中悬匾额“观古鉴今”，一语双关。台前两侧对联为：“数尺地方可家可国可天下，千秋人物有贤有愚有神仙”，十分贴切。台后正中还绘有一幅巨大彩画。戏台对面是在高约1.2米石台之上的正宫建筑，前面有半圆形的紫砂石大台阶。雅座厅（正宫）为三开间，外廊可供赏戏，内厅可以品茶休息。建筑为红柱青瓦，雕梁画栋，华丽精美，特别是内厅与外廊之间的椭圆形花罩门，工艺精细，造型优美。院子的两侧各有二层敞廊，均可观戏。

城隍庙 位于城内东南部，清雍正十三年（1735年）重修，现尚存部分殿宇。

杨氏宗祠 位于城北门附近，清道光十六年（1836年）建，太子少保、果勇侯、镇筸总兵杨芳，率杨姓合族人等捐资兴建，现保存完好。该祠堂又名德星聚奎祠。大门为八字形，门前有紫砂石砌筑的扇形石阶。方形门框也是用石材做的，上方悬刚劲隶书“德星聚奎”匾额。两边为高大的石墙，亦用紫砂石砌筑，对称地镶着20余幅浮雕，内容多取自于民间风

图5-10 城隍庙一角/对面页
城隍庙建筑群现已残损不全，从仅存的建筑看，它与一般民居十分接近，也是两坡屋顶和马头墙，只是加大了尺度和在檐下木构部分增加了简单的装饰。

图5-11 杨氏宗祠/上图

图5-12 杨氏宗祠古戏台/下图

图5-13 杨氏宗祠院落

物，画面清隽。入门为庭院，正面为正殿，两边为二层木楼厢房。厢房外立面亦为高大的紫红石墙。过去城内居民定期在此集会：春季有清明会，夏季有夏至会，秋季有中元会等。人们在此祭祀、娱乐，举行礼仪，按民间习俗要鸣礼炮，奏乐，十分隆重。

城内尚存的古建筑还有文昌阁、回龙阁、准提庵、万寿宫、遐昌阁、万名塔等。过去还有多处祠宇寺庙，如奇峰寺、东岳殿、玉皇阁、将军庙、火神庙、关帝庙、镇山庙、武侯祠、吕祖庙、社稷坛、先农坛、龙王庙、药王庙、观音阁、节孝祠、忠勇祠、伏波庙、傅公祠、报国寺、水府庙等，均先后毁圮。

六、石板古街

图6-1 十字街之一
十字街是凤凰城内一条传统商业街，北连古老的正街，南抵南门。

图6-2 十字街之二/对面页
这是十字街保存较完好的街段，被列为古城中保护的街段。

街道是城镇面貌的画卷，也是城镇民俗民风展现的舞台。凤凰城内的石板古街，便是古城风貌的最佳写照。这些具有浓郁乡土气息的街道与居民生活息息相关，它是民众的交流场所、工作场所，也是休息场所、娱乐场所。古城内的石板街交错形成网络。其中有两条在城中心垂直相交的丁字街和另一条文星街，是小城街道网络的主干，最具代表性。它们是传统的商业性街道。一条由文化广场向东延伸再转向东北，直达古城东门门楼，称为正街；另一条其北端与正街中部相交成丁字形，向南直抵南门，称十字街。正街自古以来便是商贾云集处，商店、作坊鳞次栉比。沿街店铺全部向街道敞开，五颜六色的招幌或悬于街心或挂

图6-3 正街

正街是凤凰城的一条传统商业街，贯穿古城东西，东端是东门，西端可达文化广场。街道狭窄，两侧店铺林立。

图6-4 小街

凤凰城的街巷大多狭窄，有着亲切宜人的尺度，

街侧的屋檐犬牙交错，露出狭长曲折的天空。

于店侧，令人目不暇接。由于店铺沿街一面无墙阻隔，室内外空间融为一体，故街道虽较狭窄，但无紧迫压抑之感，时有店家遮阳的布篷斜撑于街心，使天空时隐时现，露出一线白云蓝天。沿着两侧参差不齐、高低错落的屋檐，略有曲折的天际线逐渐伸向远方，令人有天高路遥之感。路面是用不规则的矩形石板镶砌拼接的，长短不一的板缝与大小交错的板面，交织出韵律感很强的连绵不断的图案，人行其上仿佛走进了一个万花筒，情趣倍增。一些小的居住性街巷则又是另一景象。巷窄墙高，幽雅寂静。那高耸的马头墙将一幢幢合院住宅分隔开来，马头墙上装饰的白色花纹，形式各异，给错落有致的屋顶增添了可以识别的符号和趣

图6-5 河街

这是东门外沿沱江的一条小街，街的左面是沱江。沿街都是店铺，是传统的前店后宅式建筑。小街石板铺路，尺度宜人，两边的屋檐勾画出一线天光。

图6-6 沟通河街的桥洞

/对面页

河街因近沱江岸，地势低下，比虹桥桥面约低4米。这是河街从虹桥引桥下通过的桥洞，如同城门起到了限定空间的作用。

味。文星街可说是居住性街道的代表，它的全长不过百米，中间略有转折，有二十多户人家，住宅的入口处一般都向内退入呈八字形，留出一隙空地。建筑物似乎也显得更加和谐谦让，彬彬有礼。文星街的石板路在古城的街巷中是第一流的，十分平整规矩。石板下的排水道既宽又深，下雨天如穿着乡间的木屐行走在这条石板路上，咚咚作响的敲击声格外清晰悦耳。街后是文庙大成殿。从前文庙内荷塘两侧各有一颗硕大的古丹桂树，枝壮叶茂，夏秋间桂花遍枝，香气四溢，通街可品。全街二十多户人家中有两户手工作坊，其中一户是刘姓染匠铺，湘西蜡染古朴雅丽，染匠们神奇地把蓝白两色运用到变幻莫测的程度。他们的作品已漂洋过海，到了欧美。另一户是龙姓银匠铺，

图6-7 城墙根街

城墙根街，是面对古城墙的单面街，民宅入口前大多有较高的台阶。

a

b

c

图6-8 文星街

文星街是凤凰古城比较有名气的一条小巷。曾任民国总理大臣的熊希龄先生的故居就坐落在这条街上。

用细如蛛丝的银线，盘龙绕凤地打制的银器首饰，精巧绝伦，是苗族妇女必备的装饰物。

静谧安详的文星街，随着时代的变迁，似乎在讲述一个没有尽头的故事，孩子们在街上开始了解家以外的天地，长大自立门户，多数人在街上默默地走完一生，代复一代；少数人从这里走向另一个世界，求学、谋生甚至作了大事情。在这条普通的小街里，也曾孕育了一代名流，民国第一任总理大臣熊希龄，当代著名画家黄永玉都出生在这条古老的石板街上，因而有文星街出文曲星的传说。

七、沱江沿岸景点

图7-1 东门和东门外街
自东门外街看东门，城楼简洁朴素。在歇山屋顶下大面积的石砌墙面上，有序地布置着小的方形炮眼，似乎仍在虎视眈眈地控制着周围的空间。

沱江沿岸的风土环境是在长期发展过程中逐渐形成的。以现代的旅游景观学的观点分析，可以说是形成了一个点线结合的完整网络。如以古城东门为起点，可经杨家祠堂至北门，过古码头抵古跳岩，渡沱江达北岸的西关，再往东行到东关，随即可至自平关、万寿宫、遐昌阁、万名塔等多处景点。另一条路线是自东门沿沱江往东，经虹桥（又称卧虹桥）可观赏沿江吊脚楼民居。再东行可达回龙阁、准提庵、志成关。再往东南行约1公里，即达听涛山，此处有现代文学巨匠沈从文之墓。再一条路线是由东门经正街，沿文星街抵北门，再接沿沱江的风土景线。

1. 古城门与关门

东门 名升恒门。巍然屹立于城东沱江江边的城楼，是城内正街东端的底景。城楼为重檐歇山木构建筑，朝向城外的一面，在墙体上分布着整齐的箭孔，十分雄伟壮观。朝向城内的一面则露出梁柱，门窗剔透，在古朴中蕴含着轻巧秀丽。城台上筑有炮台。城墙基座用紫红砂岩砌筑，十分坚固。此门是人、车马出入城池必经之地，每当夏季骄阳似火，或阴雨泥泞，城门门洞兼为行人遮阳避雨，或歇脚纳凉于此，故常有摊贩于此兜揽生意。附近的老人也乐于在此饮茶聊天，儿童在此嬉戏。如今东门已被列为县重点文物保护单位。

北门 名“壁辉门”，位于古城城北的沱江南岸，城门深7米，宽3.4米，高4米。城门外有一半圆形瓮城，瓮城门朝西，足见当年此门在防卫上的重要。出瓮城城门经石阶至沱江江边便是古码头。北门城楼楼宇及城门结构与东门相同，近年来，自北门向西至红岩井，修复了沿江一段城墙，使北城楼面貌更加完整。

关门 过去凤凰城与外界往来，都是通过步行古道，在古道近城的几处要冲之地，都建有关门。如去吉首方向有栗湾关，至麻阳方向有志成关。古道艰辛，关门一方面有歇脚避风遮雨的功能，同时也是城池防御体系的组成部分。沱江北岸风景线上还有西关、东关、自平关三个关门。西关、东关是古代

图7-2a 北门与城墙
北门楼正面是城堡式，侧面处理成楼阁式，转换得十分自然。近处的城墙是近年修复的。

图7-2b 北门与修复城墙

图7-3 自平关关门
自平关关门，是由东南麻阳县方向进入凤凰城的关门，它与万寿宫古建筑群的院墙毗邻，在过去除了具有防卫功能外，人们在这里也可以歇脚。

小校场的关门；自平关则是沱江北岸自东进到古城的关门。今天城池的防御功能已不复存在，这些粗犷质朴的关门成为颇具乡土特色的古迹。

2. 万寿宫古建筑群

万寿宫、遐昌阁、万名塔建筑群，是沱江沿岸的一个重要景点。万寿宫又名“江西会馆”。明末清初，凤凰城商业逐渐繁荣，经商者多为江西人，故建此会馆。该建筑于乾隆二十年（1755年）建成，有殿宇房舍二十余间，其中戏台为楼阁式，高10米有余。戏台对面是正殿，平面长28米，宽15米，体量宏大宽敞，其正门上额题有“铁柱功崇”，两边各有一配殿，合院式布局，装饰工艺精湛。万寿

a

b

c

d

图7-4 万寿宫

万寿宫又名“江西会馆”。位于凤凰古城沙湾，濒临沱江，门前可望凤凰古城标志——虹桥风雨楼，左临万名塔，是殿宇楼台荟萃的建筑艺术大观，也是凤凰城美景最集中的地方。

a. 万寿宫入口

b. 万寿宫

c. 万寿宫古戏台

d. 万寿宫旁边的遐昌阁及万名塔

宫的东南角建有遐昌阁，六角形楼阁式结构，三层重檐，高20米，一层内经9米。正门额题为“览胜抒怀”。主柱上均悬楹联。后柱长联曰：“登杰阁，瞰沱江，看清河荡漾，裁将乡土情谊，汇入湖海波涛，缠绵萦绕台湾岛；望边城，钟剑气，喜林壑幽深，孕育民族节概，驰骋文坛疆场，荟萃风云武陵山”。楼阁自一层至三层的檐角装饰各异，分别为“鲤鱼跳龙门”、“金凤展翅”和“金鱼游天”。檐角下方还悬挂着铜铃，微风习习，铜铃叮当，妙趣横生。万名塔位于遐昌阁的南面，六角形，塔高22.98米，一层直径4.5米，往上每层缩小0.30米。装饰雅致，塔身挺拔、秀丽，亭亭玉立于沱江畔。万名塔是在古时的“字纸炉”石基上重建的。古字纸炉“文革”期间毁坏。1985年由著名画家黄永玉先生倡议重修该塔。于1986年3月始建，1988年10月完工。黄永玉根据民众集资建塔的义举，定名为万名塔。

图7-5 遐昌阁/对面页

遐昌阁是沙湾建筑群中最高的建筑，造型挺拔优美。人可上至顶层，远眺“东岭迎辉”、“南华叠翠”、“奇峰挺秀”等景色。近瞰“梵阁回涛”、“溪桥夜月”、“龙潭渔火”等风光。

梁桥（古跳岩） 湘西多河溪又是丘陵地带，许多河溪除雨季以外，常年水量不大，人们可涉水过河，或以石礅代桥，一步一石礅，引导行人过河。在较宽和较深的河段，则架设梁桥。河道中均匀布置石砌桥墩，桥墩为楔形，以减弱水势，桥墩上架设石梁或将杉木用串钉连在一起的木桥板供行人通过。梁桥结构简单，造型轻灵，由于接近水面，使人感到安全、亲切。北门面向沱江，昔日人们进到凤凰城必须经过梁桥。1980年在梁桥的上游，修建了公路桥——凤凰桥，是吉首市进到凤凰城的门户。现在人们进城，可不经梁桥和北门了。梁桥和北门成为古城一处美丽的风景点。今天连接沱江两岸虽添建了现代桥梁，但人们仍然乐于就近经梁桥过河，为了欣赏沱江两岸风光。

虹桥 原名卧虹桥，又名凤凰桥，始建于清康熙九年（1670年），民国3年（1914年）重建，改名虹桥。虹桥在东门外，全长112米，桥面宽8米，高9.8米，为三孔石桥，横跨沱江，形似卧虹，造型雄伟美观，是凤凰城八景之一，称作“溪桥夜月”。古人曾咏诗曰：“川平风静，皓月当空，清光荡漾，近则两岸烟村，远则千山云树，皆入琉璃世界中。桥上徘徊，恍似置身蓬岛。”虹桥桥下有“龙潭渔火”一景，又是观看沱江秀色的最佳处。昔日，桥上建有桥屋，桥的两侧有12间吊脚楼式木板房，开设百货、饮食等店铺，中间是2米宽的人行长廊，所以曾是别具一格的桥市街。1955年修建公路时，桥上的桥屋被拆除；1999年桥屋又予以修复。

图7-6 虹桥小景

a

b

c

图7-7a~c 虹桥

虹桥是三孔石桥，原桥上有桥屋，1955年因修公路被拆除，1999年又恢复了桥屋。

a. 虹桥全景；

b. 桥屋入口；

c. 桥屋内景

回龙阁与准提庵 回龙阁位于城东南的沱江南岸，这里地势险要，河道险峻。阁下江边有一突出江面的红砂石，江水流经此处，卷起阵阵波涛和巨浪，水声回荡，为凤凰城之一景，曰“梵阁回涛”。回龙阁形似城楼，在基座部分有供人通过的大门，门头有“回龙阁”三字。城台上原来是秀美的楼阁，清朝廷为镇压苗民起义，改楼阁为炮台。准提庵在其南侧，紧邻回龙阁外石板小街。经临街几步石阶可至庵的大门，沿扇形石阶而上，便是正殿前的开阔地。正殿长25米，宽12米，高10余米，两坡屋顶、马头墙。正殿南面有一配殿，其山墙面对庵院大门，与主殿呈不对称式布局。庵后山坡上有泉一眼，称泓山泉，常年不竭。由于这里地势较高，立于正殿前北望，可观奇峰挺秀和东岭迎晖，远山叠翠，景色极佳。

图7-8 风雨桥

湘西村寨多沿河溪，村民进入村寨或道路穿越河溪都要架桥，当地常在桥上修建桥屋，覆盖桥面，以遮风避雨，故称“风雨桥”。相对侗族，湘西的风雨桥十分简朴。常见的是几片穿斗架与悬山屋面组成，或同样构造做成重檐。也有在桥中或桥头设简洁桥亭的。有些桥亭加以乡土装饰。近年来由于拓建公路，风雨桥多被拆毁，所存无几。

a

b

图7-9 准提庵

图7-10 准提庵旁的回龙阁古街

回龙阁街在古城东门以外，回龙阁以东，较之城内街巷更狭窄，两侧的屋檐在有的地方几乎搭接，街巷经常笼罩在阴影之中，正午时分才有阳光射入。

沈从文墓地 沈从文墓地位于听涛山，听涛山依傍苍松翠柏的南华山麓，伫临岸柳依依的沱江，可谓拥天地之灵气。这里崖壁叠翠，泉水从岩石洞穴中流出，清滢舒缓，满山古木苍茫。沈从文先生的墓地是遵照他生前遗愿建造的，可谓举世称奇。墓地既无坟茔也无碑文，只有一块硕大状如云菇的五彩石，石下是抛撒沈老骨灰于沱江后保留的骨灰。骨灰也未曾用骨灰盒盛着，而是与泥土掺和，以润泽地气。五彩石取自听涛山，置于石壁之前，犹如天然生就，未经雕琢和打磨，近乎一种原始的状态，是一代文豪归宿的象征。五彩石正面刻有沈老的手迹："照我思索，能理解'我'；照我思索，可认识'人'。"此文出自《沈从

图7-11 沈从文墓/上图

沈从文墓（图中圈出者）是按照先生生前的遗愿建造的，其主旨是：贴近山水，朴素自然，不事夸张、不要头衔，不要墓穴。只有一块背靠听涛山，面向沱江水的五彩天然石，重约12700斤，高1.9米，宽1.5米，未经雕琢，如天然生成。充分体现了文学泰斗那“不折不从，亦慈亦让”的性格和他淡泊的一生。

图7-12 沈从文墓碑/下图

墓碑仅用一块天然五彩石，在正面打磨出一方平面，镌刻着沈先生手迹。碑下是简单的毛石挡土墙，环境优美，朴素无华，显出沈老的人格力量。

文自传》。五彩石的背面雕着："不折不从，星斗其文；亦慈亦让，赤子其人。"若每句取最后一个字则为："从文让人"，高度评价了沈从文的人格。此文取自1988年沈老去世时，沈夫人的四妹张充和的挽联。张充和为美国耶鲁大学教授，汉学家、书法家。1993年10月18日张充和专程从美国到凤凰拜谒了沈老墓地后题词："凤凰是一座美丽的古城，有沈从文墓地，这是最特出、最雅致，为现代作家最独特的墓地，可算是古城中最美丽的地方，可以传之不朽，我有幸得瞻仰墓地，是我一生之幸事也！"

八、合院民居和吊脚楼民居

凤凰城的传统民居有两类。一类是城镇型合院民居，多数分布于城内，相互连接成坊。坊是最基本的居住单位，坊与坊之间则以街巷划分。另一类是吊脚楼，这类民居多分布于沿江两岸或建于古城周围及城内的山坡、峭壁上，它是湘西地区具有特色的建筑形式。传统的吊脚楼，除屋瓦以外的其他部分全用木材建造，因之易于失火难以长久保存。进入现代社会以来，木材资源逐渐匮乏，新的建筑材料和技术不断出现，民居的形式也随之变化。现在吊脚楼民居在古城内已保存不多了，仅在沱江两岸还可寻觅到。

1. 城镇型合院民居

如果说吊脚楼是湘西本土生长的居住形式，那么合院式民居则是一种引进的文化形式。但是与纯粹汉族的合院式民居的方正规矩又有很大不同，而是随山就势，其平面多呈不规则几何形；又因街巷也不恪守正南正北向，故其布局亦呈现出不规则的自由倾向。稍大一些的住宅多为二层，以天井为中心，沟通门厅、敞厅及上下楼层。天井前有门道，后有敞厅，侧有敞棚，楼梯设于敞棚中（也有设于敞厅一侧的）。二层设回廊环绕天井。天井之上覆亭，以遮蔽风雨。亭通常是独立结构，四周不加围护，亭顶高出四面屋宇，利于遮蔽和通风采光。也有利用房屋外缘的柱子加高设顶，但天井空间更感封闭，为保持天井亮敞，常用亮瓦覆顶。这个天井兼有户内和户外功能，是居民生活起居和家庭劳作的重要空间。三合院式住宅是另一种紧凑的居住形式，正房及厢房

图8-1 沈从文故居鸟瞰/左图

故居位于城南中营街，是一幢简朴的合院式住宅，正屋、门屋各三间，两侧还有四间厢房。1902年12月28日沈从文先生诞生于此。经整修后的沈从文故居，陈列着先生的遗墨、遗稿、遗物和遗像，正式对外开放。

图8-2 沈从文故居入口/右图

一般均为两层，其外墙及山墙常因顺应街巷而与正房不平行，常出现一些梯形空间。大门一般开在侧面，进门后经敞廊直对一侧的厢房。一般人家的大门装饰朴素简洁，仅在石门框上雕刻简单花纹，门上常有一单披屋檐，覆盖在凹进的方寸之地，可供家人停留歇息和路人遮雨之需。

图8-3 沈从文故居内院

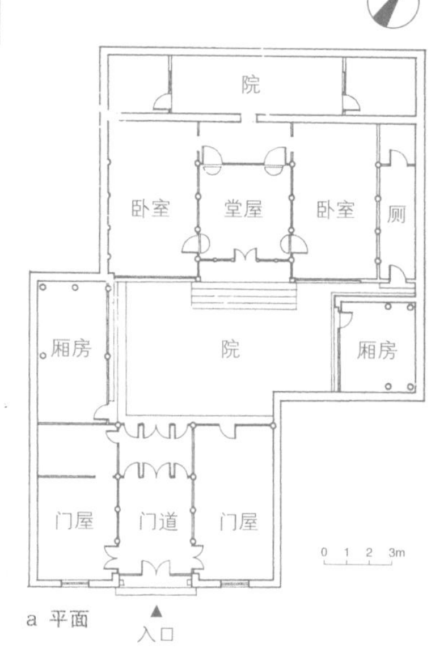

a 平面

图8-4 沈从文故居平面、剖面图
该宅前后两部分左右错移，比较特殊。中间及后部分设天井。布局紧凑，外观简朴。

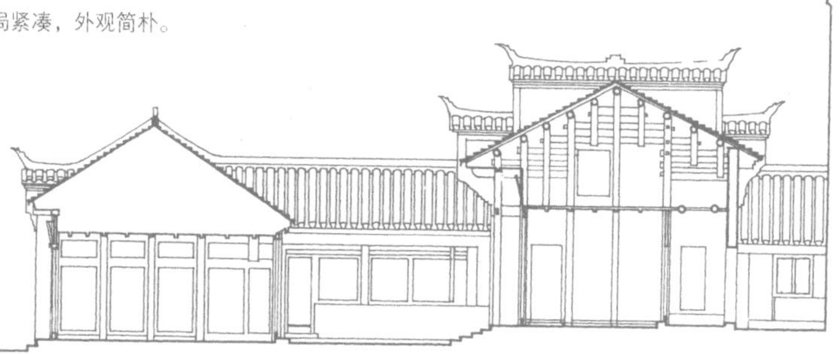

b 剖面

图8–5 向宅鸟瞰

主要入口在东侧，建筑为二层，平面为不规则门字形，围成一内院。上层为卧室，下层为厅堂，布局十分紧凑。

图8–6 向宅大门

向宅在一个狭窄的小巷内，大门稍向内退入，侧墙略成八字形，这就是在湘西常见的“八”字门，具有谦让、迎客之寓意。

图8–7 向宅剖面图

向宅是三合水住宅的典型形式。向宅布局紧凑，正房及厢房均为两层。宅院围墙及厢房山墙因顺街布置而与正房不平行，致使两侧厢房开间大小亦不相同。

图8-8 熊希龄故居入口与门廊

熊希龄自幼聪慧过人，被誉为“神童”，少年时凭着他的才智和勤奋，先后考取童生、秀才、举人，并中了进士，由此走出了凤凰，成为知名的政治家，曾任民国第一任内阁总理。熊希龄故居在凤凰古城文星街一条小巷内，环境静谧，建筑风格质朴大方，做工精美。

图8-9 熊希龄故居内院

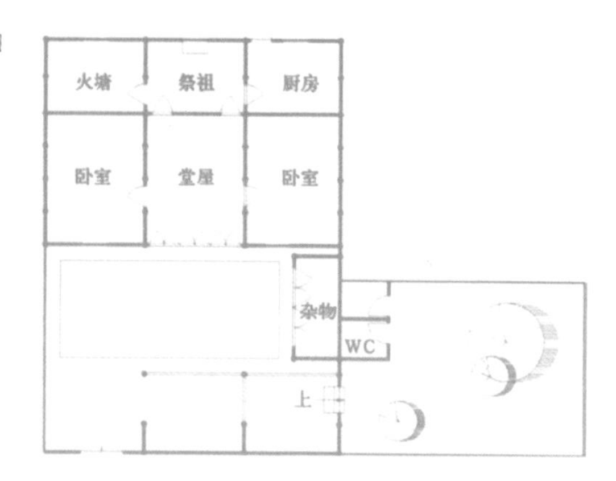

图8-10 熊希龄故居平面图

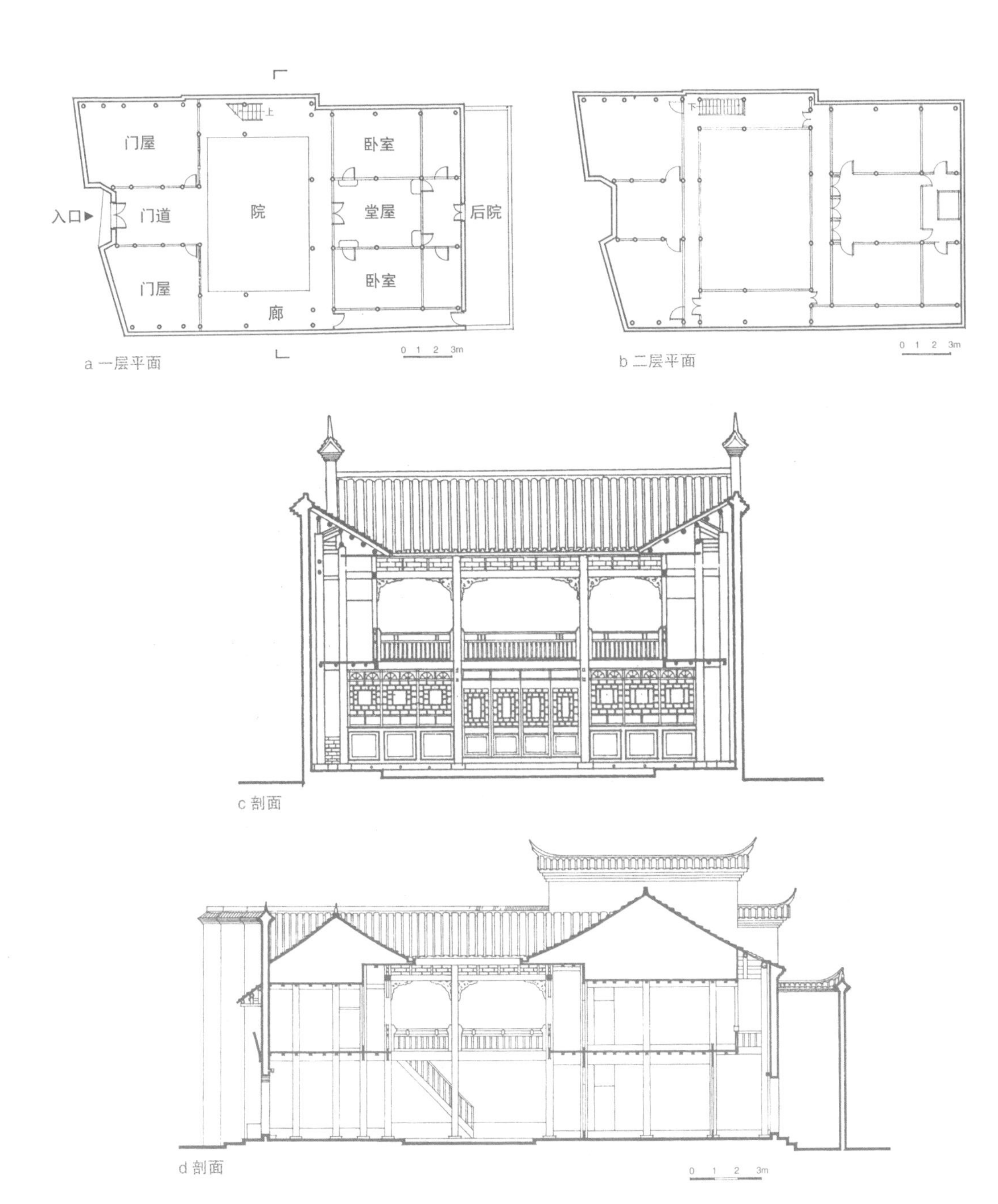

图8-11 “银屏之家”平面、剖面图

“银屏之家”为周姓住宅，因曾在此宅内拍摄电影而得名。住宅前后均为两层，天井一侧的直跑楼梯通至二层跑马廊，故天井起到连接前后和上下各部分住房的交通枢纽作用。住宅后部设一狭长小天井，并一侧有通道至前院，形成环路。院中植树种花，清新怡人。

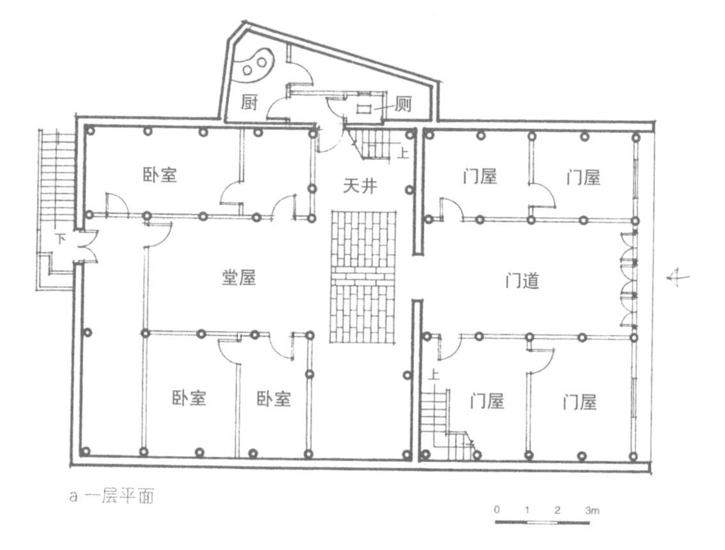

a 一层平面

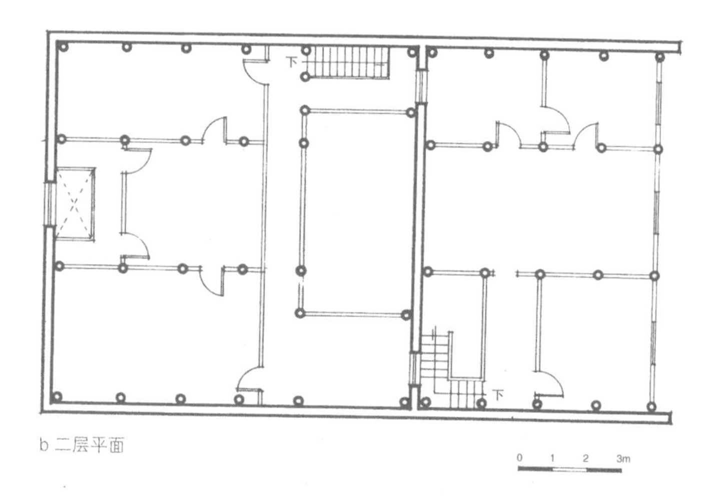

b 二层平面

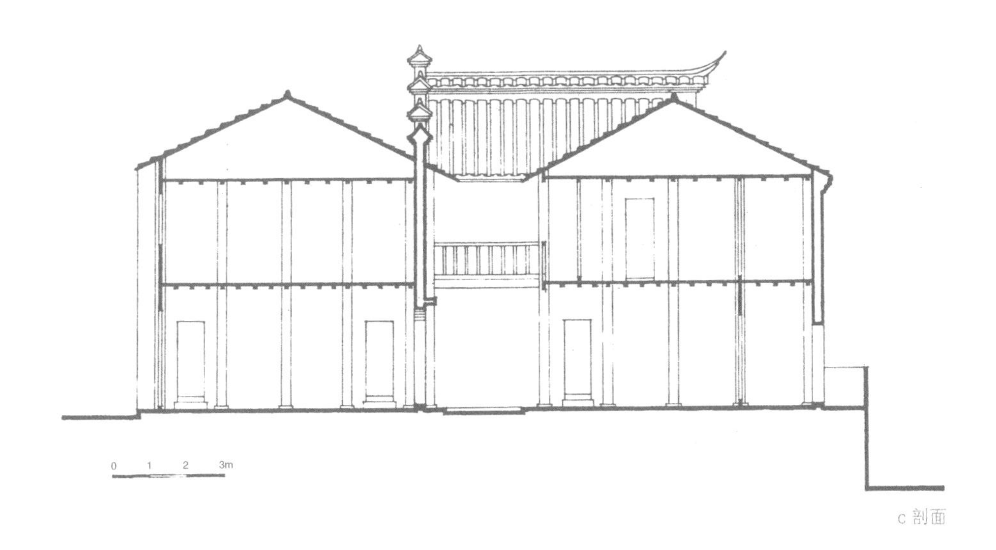

图8-12a~c 熊范文宅平面、剖面图

熊宅位于城内，前后临街，布局紧凑整齐。天井狭小，一侧设厨房及厕所。二层天井三面设廊，底层天井内设楼梯；但前部二层与天井内廊并不相通，另设楼梯自成一体。

2. 吊脚楼民居

吊脚楼这种建筑形式具有悠久的历史，有人认为它是由古老的居住形式——巢居进化而来。在湘西随着地域的不同、民族的差异以及地形环境的变化，吊脚楼的形式也有所不同；有挑廊式与干阑式两种。沿沱江两岸的吊脚楼是干阑式。干阑式是底层用木柱架空，上层为居住空间。这种吊脚楼似与河滩地形结下不解之缘。它们往往沿着河滩成群连片，浩浩荡荡地伸展，这是干阑式吊脚楼择地的主要特征。它们气势磅礴的群体，常常给人一种震撼的力量。吊脚楼多为二层，局部三层，屋顶用悬山式檐口，腰檐、腰廊形成的水平线和腰檐下的带形窗形成的光影变化，使楼群的外观更加生动，并与下部密集支柱的垂直线条产生强烈的对比。沿河的吊脚楼每隔一段距离要设一个通道，有石阶通至码头。在通道的上方，楼体并不断开，而是一个过街楼。

图8-13 沿沱江吊脚楼民居
这是虹桥南岸东侧沿江的吊脚楼民居，它的另一面就是河街。挑出江面的吊脚楼连绵不断，成为沿沱江的景观。由于木材匮乏，易于失火的缺点，这类民居剩下的已不多了。这是在古城规划中列为保护的八户民居，将来要改善内部空间，提高居住条件，或改作旅游旅馆。

吊脚楼的平面，每户大多是两开间或三开间，微呈扇形，是结合江岸曲线自然形成。沿江一侧设廊，也是苗家少女刺绣和与江上青年船工对歌的地方；另一侧则是沿街的店铺。吊脚楼为穿斗式结构。由于要与河岸地形契合，其开间和进深尺寸有很大的灵活性。一般开间约3米，进深约10米不等。

图8-14 吊脚楼的支撑体系/上图
吊脚楼的支撑用材多为杉杆，辅以竹子等其他材料。根据受力情况，支撑有直立的也有斜撑的，形式不拘一格。

图8-15 沿护城河民居/下图
凤凰城的东南面、南面有护城河环绕，并与城中心的莲花池相通。护城河水与沱江亦相通，水质清澈流动不息，两岸都是吊脚楼民居，景观优美。随着护城河逐渐淤塞，水量减少，环境污染，使得两岸住屋也渐趋衰落了。

a 立面

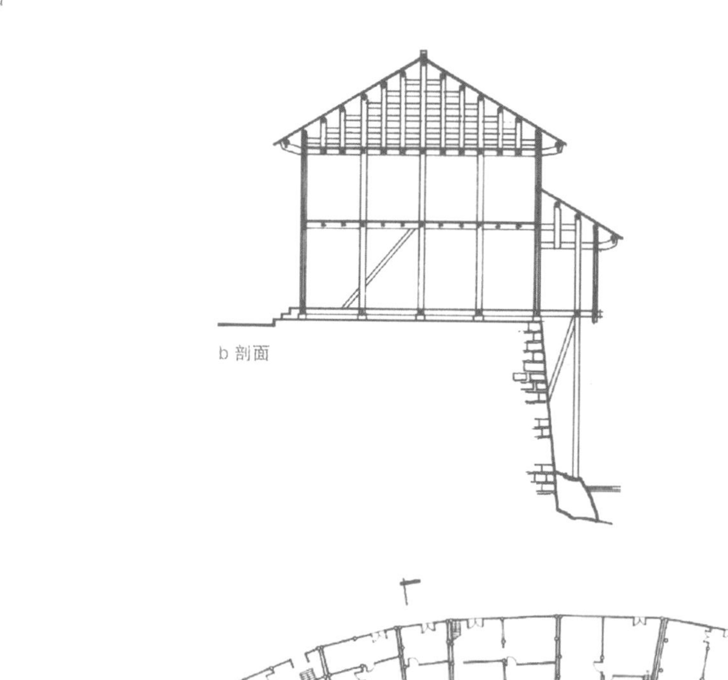

b 剖面

c 平面

图8-16 沱江沿岸吊脚楼民居立面、剖面、平面图

沱江沿岸吊脚楼可谓湘西地区水边吊脚楼的典型。这类吊脚楼依河岸形式自由布置，平面略成扇形，向河面挑出。其支撑木柱或斜撑在岸壁上或直立在河床的岩石上。各户之间不留空隙，相互连接成错落有致的景观。现在，这类吊脚楼多已拆除，或被河水冲垮。

图8-17 沿护城河民居/对面页

大事年表

朝代	年号	公元纪年	大事记
清	康熙三十九年	1700年	设凤凰厅
	康熙四十九年	1710年	建孔庙，庙址在厅城内登瀛街
	康熙五十四年	1715年	将镇筸城改为石城。城高一丈五尺，周长四里余
	乾隆十二年	1747年	创办敬修书院，供童生、生员肄读。院址在登瀛街
	乾隆二十三年	1758年	乾州厅同知（原凤凰营通判）潘曙与凤凰营通判杨胜芳为主编纂第一部《凤凰厅志》
	乾隆六十年	1795年	正月初，湘黔边境苗民发动反清起义。本县苗民首领吴天丰、吴陇登（后叛变）率众响应
	嘉庆元年	1796年	凤凰厅同知傅鼐在县境推行屯政，收缴民间刀枪，设立屯官，修筑碉卡，屯田养勇，以镇压苗民反抗
	嘉庆三年	1798年	修建三侯祠（又名天王庙）。祠址在东门外观景山麓
	嘉庆五年	1800年	傅鼐就任凤凰厅同知后，从嘉庆二年起到嘉庆五年止，在凤凰厅境内修复边墙110里，修建炮台、关门、碉、卡848座
	嘉庆十二年	1807年	厅内设屯义学27馆，招收丁勇、汉民子弟入学；又设苗义学25馆，招收苗民子弟入学
	道光四年	1824年	进士孙均铨、监生黄元复主编的《凤凰厅志》完成。全书共10册12卷
	道光十七年	1837年	湖广总督林则徐视察镇筸。向清政府建议将道光十一年至十四年所欠屯租5000余担全数减免。将历年被冲沙损坏的屯田233亩报废

朝代	年号	公元纪年	大事记
清	同治十三年	1874年	得胜营苗族人士吴自发在署理贵州贵东兵备道时，以其故乡文化落后，集资创建三潭书院于得胜营碑亭坳
	光绪三十二年	1906年	创建凤（凰）乾（州）永（绥）晃（州）四厅中学，敦聘从日本弘文师范留学归来的田星六任校长
	宣统三年	1911年	武昌起义消息传到本县，农历十月二十七日，地方人士唐世钧、田应全等率众响应，组织光复军，袭击县城受挫，牺牲170多人
中华民国		1912年	集结松桃、凤凰、乾州、永绥等四厅苗、汉、土家等族人民起义。1月1日（辛亥年十一月十三）在凤凰宣告建立新政权——湘西军政公府
		1914年	立复汉烈士墓及纪念碑，以表彰先烈，激励后世；创办女子工艺讲习所，由留日归来的田应弼任校长，校址在西门坡滕家湾；又创办国画专科学堂，阙鸿源任校长，校址在老营哨田家祠堂
		1917年	湘西镇守使田应诏率筸军东下沅陵，组成护法联军湖南第一路军
		1925年	灾情严重，田土无收。熊希龄捐赈济款60000元，梅兰芳捐款40000元。人民卖儿卖女及饿死者众
		1926年	长沙的美国教会景则会派美籍、英籍教士二人来，在县城正街设福音堂传教。基督教开始传入本县
		1929年	沅陵天主教派神甫杨梦麟来，在县城正街设教堂，天主教开始传入本县

朝代	年号	公元纪年	大事记
中华民国		1937年	7月，国民党凤凰县党部创办机关报《凤凰民报》，初期内容以摘抄抗日战争新闻和县政府公报为主
		1938年	春季，中共湖南工作委员会决定利用湖南省政府在凤凰建立难民妇孺教养院的机会，派白云华（该院教员）为书记，黄绍湘（该院院务主任）为委员，以教养院为掩护，组成中共凤凰县委员会。3月进入凤凰正式开展工作
		1941年	第九战区司令长官薛岳通令各县拆除城墙。凤凰将城墙全部拆除，唯沿江一带因防洪需要仅拆去城垛与碉楼
中华人民共和国		1949年	凤凰县和平解放，成立凤凰县临时治安委员会。是年全县总人口15.63万人，其中苗族为8.14万人

"中国精致建筑100"总编辑出版委员会

总策划：周　谊　刘慈慰　许钟荣

总主编：程里尧

副主编：王雪林

主　任：沈元勤　孙立波

执行副主任：张惠珍

委员（按姓氏笔画排序）

王伯扬　王莉慧　田　宏　朱象清　孙书妍

孙立波　杜志远　李建云　李根华　吴文侯

辛艺峰　沈元勤　张百平　张振光　张惠珍

陈伯超　赵　清　赵子宽　咸大庆　董苏华

魏　枫

图书在版编目（CIP）数据

凤凰古城 / 魏挹澧撰文 / 摄影. —北京：中国建筑工业出版社，2013.10
（中国精致建筑100）
ISBN 978-7-112-15947-5

Ⅰ. ①凤… Ⅱ. ①魏… Ⅲ. ①古城-建筑艺术-凤凰县-图集 Ⅳ. ① TU-092.2

中国版本图书馆CIP 数据核字（2013）第233610号

©中国建筑工业出版社

责任编辑：董苏华 张惠珍 李 婧 孙立波
技术编辑：李建云 赵子宽
图片编辑：张振光
美术编辑：赵 清 康 羽
书籍设计：瀚清堂·赵 清 周伟伟 康 羽
责任校对：张慧丽 陈晶晶 关 健
图文统筹：廖晓明 孙 梅 骆毓华
责任印制：郭希增 臧红心
材料统筹：方承艺

中国精致建筑100
凤凰古城
魏挹澧 撰文/摄影

中国建筑工业出版社出版、发行（北京西郊百万庄）
各地新华书店、建筑书店经销
南京瀚清堂设计有限公司制版
北京顺诚彩色印刷有限公司印刷

开本：889×710 毫米 1/32 印张：3 插页：1 字数：125 千字
2016年11月第一版 2016年11月第一次印刷
定价：**48.00**元
ISBN 978-7-112-15947-5
（24344）

版权所有 翻印必究
如有印装质量问题，可寄本社退换
（邮政编码 100037）